面向数字化时代高等学校计算机系列教材·大数据与人工智能

机器学习

Python版·微课视频版

刘昶 余化鹏 周安然 编著

清華大學出版社
北京

内容简介

本书理论和实践并重，强化算法思想讲解，既有理论的系统讲解、公式的详细推导，也有 Python 代码实现的详细讲解，同时突出独立思考、提出问题能力的培养。

全书共 9 章，涵盖了机器学习的基本内容，主要包括概述、离散变量与分类、连续变量与线性回归、维数灾难与降维、K 均值聚类、生成模型与贝叶斯分类器、自监督与大语言模型、环境监督与强化学习、综合实验等。本书适用于本科生及研究生的课程教学。模型和算法采用 Python 从零实现，只依赖 Python、NumPy 和 Matplotlib，不依赖已有的机器学习库，是学习机器学习的最小知识集。

本书可作为高等院校计算机类相关专业的"机器学习"课程教材，也可作为对机器学习感兴趣的读者的自学读物，还可作为相关行业技术人员的参考用书。

图书在版编目（CIP）数据

机器学习：Python 版：微课视频版 / 刘昶，余化鹏，周安然编著. -- 北京：清华大学出版社，2025. 3.
（面向数字化时代高等学校计算机系列教材）. -- ISBN 978-7-302-68624-8

Ⅰ. TP181

中国国家版本馆 CIP 数据核字第 2025SR1311 号

策划编辑：魏江江
责任编辑：葛鹏程　薛　阳
封面设计：刘　键
责任校对：韩天竹
责任印制：宋　林

出版发行：清华大学出版社
　网　　址：https://www.tup.com.cn，https://www.wqxuetang.com
　地　　址：北京清华大学学研大厦 A 座　　**邮　　编**：100084
　社 总 机：010-83470000　　**邮　　购**：010-62786544
　投稿与读者服务：010-62776969，c-service@tup.tsinghua.edu.cn
　质量反馈：010-62772015，zhiliang@tup.tsinghua.edu.cn
　课件下载：https://www.tup.com.cn，010-83470236
印 装 者：三河市龙大印装有限公司
经　　销：全国新华书店
开　　本：185mm×260mm　　**印　张**：10　　**字　　数**：266 千字
版　　次：2025 年 5 月第 1 版　　**印　　次**：2025 年 5 月第1 次印刷
印　　数：1～1500
定　　价：39.80 元

产品编号：103749-01

前言

党的二十大报告指出：教育、科技、人才是全面建设社会主义现代化国家的基础性、战略性支撑。必须坚持科技是第一生产力、人才是第一资源、创新是第一动力，深入实施科教兴国战略、人才强国战略、创新驱动发展战略，这三大战略共同服务于创新型国家的建设。高等教育与经济社会发展紧密相连，对促进就业创业、助力经济社会发展、增进人民福祉具有重要意义。

编写本书的初心是想写一本合适的教材，应用于本校人工智能本科专业的机器学习相关课程。所谓“合适”主要体现在以下几方面。

(1) 理论和实践并重。既有理论的系统讲解、公式的详细推导，也有 Python 代码实现的详细讲解，基本概念紧接代码讲解。在代码讲解过程中，特别强调与理论和公式的对应，一方面是为了进一步加深对理论和公式的理解，另一方面也可以体现理论落地的过程和编码过程中需要考虑的各种因素。

(2) 模型和算法采用 Python 从零实现。本书只依赖 Python、NumPy 和 Matplotlib，不依赖已有的机器学习库，是学习机器学习的最小知识集。采用最小知识集有两个显著的优点：学生的精力可以专注于核心知识，从而减少学习负担；从零实现机器学习算法更有利于练好基本功。

(3) 面向应用的习题和实验。以培养高水平应用型人才为导向，将丰富的应用融入课程材料(特别是习题和实验)中，切实加强学生解决实际问题能力的培养。应用实例由浅入深、丰富而有趣。一些应用反复出现，有利于不同模型之间的比较和选择。

(4) 强化算法思想讲解。通过可视化等方式讲解算法思想及其发展过程，更有利于学生对算法思想的深入理解和把握，从而进一步对其进行创造性的应用。

(5) 突出独立思考、提出问题能力的培养。讲解过程中突出问题驱动下的思考过程，在习题和实验中也会进行类似的引导，以培养学生独立思考、提出问题的能力。

本书要求读者已经学习过 Python 程序设计基础，具备高等数学、线性代数、概率与统计相关数学知识。全书共 9 章，涵盖了机器学习的基本内容。第 1 章是概述，从整体上对“机器学习”进行一个概要性的介绍，从机器学习的基本概念开始，以机器学习的历史与现状收尾，谈及其术语、任务、分类等重要部分及其相互间的内在联系。第 2 章介绍离散变量与分类，包括经典的 K 近邻、决策树、对数几率回归、支持向量机，以及近年来发展最为迅猛、应用最为广泛、影响最为深远的神经网络。第 3 章介绍连续变量与线性回归，包括基本线性回归、岭回归、局部加权线性回归、LASSO 回归等。第 4 章介绍维数灾难与降维，包括基本概念、主成分分析、奇异值分解等。第 5 章介绍 K 均值聚类，包括聚类的基本概念、K 均值聚类、K 均值++ 聚类等。第 6 章介绍生成模型与贝叶斯分类器，包括贝叶斯最优分类器、朴素贝叶斯分类器、半朴素贝叶斯分类器和贝叶斯网等。第 7 章介绍自监督与大语言模型，包括 Transformer、GPT 与大语言模型的预训练等。第 8 章介绍环境监督与强化学习，包括 ChatGPT 的三阶段训练流程、强化学习的形式化、策略最优化算法、环境构建与训练奖励模型等。第9章是综合实验部分。

为便于教学，本书提供丰富的配套资源，包括教学课件、电子教案、教学大纲、程序源码、习题答案和微课视频。

资源下载提示
数据文件：扫描目录上方的二维码下载。
微课视频：扫描封底的文泉云盘防盗码，再扫描书中相应章节的视频讲解二维码，可以在线学习。

在此特别感谢成都大学教务处、成都大学计算机学院、成都大学计算机学院人工智能课程协同体对本书从谋划、立项到出版全过程的大力支持！感谢清华大学出版社的专业指导和辛苦工作！最后感谢所有参与本书从谋划、立项到出版全过程的各位老师、同学和朋友们！

限于时间和编者专业水平，书中疏漏和不足之处在所难免，敬请广大读者批评指正。

编　者

2025年2月

资源下载

目录

第1章 概述

第2章 离散变量与分类

第 4 章 维数灾难与降维

第 5 章 K 均值聚类

第 6 章 生成模型与贝叶斯分类器

第7章 自监督与大语言模型

第8章 环境监督与强化学习

第9章 综合实验

附录 kNN的最大后验概率解释

参考文献

第1章 概述

机器学习赋予计算机从数据中学习的能力

学习一个学科或一门课程，要避免"瞎子摸象，不得要领"，就需要先知其全貌、了解其大概及各部分之间的关系。这样在脑海中先形成一个全局的图景，之后就是让这个图景逐渐变得清晰、完整。本章所起的作用就是让读者先"知其概貌"。为达到此目的，本章将从整体上对"机器学习"进行一个概要性的介绍，从机器学习的基本概念开始，以机器学习的历史与现状收尾，谈及其术语、任务、分类等重要部分及其相互间的内在联系。虽然比较粗略，但期望达到"知其概貌"的目的。细节的详细阐述是后续章节的任务。

1.1 什么是机器学习

视频讲解

什么是"机器学习"？可以用一句话来概括：机器学习赋予计算机从数据中学习的能力。这句话里面的关键词汇是"学习"。当然读者对这个词汇再熟悉不过了，读者不就是正在"学习"机器学习这门课程吗？那么，读者学习的目的是什么呢？当然是希望通过这个过程来提升自己解决相关问题的能力。所以可以说，如果一个系统能够通过执行某个过程来提升它的能力，这就是学习。

类比人的学习，可以在老师的指导下进行学习，也可以在没有老师的指导下自学，还可以在实践试错的过程中来学习，等等。所以，据此可以将机器学习粗略地划分为几大类：有监督、无监督、自监督、环境监督①。接下来分别谈一谈。

1.1.1 有监督学习

类比人的学习，"有监督学习"就是指在老师指导下的学习，或者说给定"正确答案"的学习。例如，从学习材料中学习了一个新的知识点，就会去做题，做完以后通过与正确答案进行比较，就会发现哪里存在问题，从而去纠错，下次遇到了新的类似的问题，就有很大可能性不会再犯错了，也就是解题能力或者说对知识的运用能力就得到提升了。

用机器学习的术语来讲，"学习材料（包括习题及其正确答案）"就是事先收集好的训练数据（称为训练集），"新的类似的问题"就是测试数据（称为测试集）。"做题、对答案、纠错"就是有监督学习过程。

更正式地，用集合 $D=\{(\boldsymbol{x}_1,y_1),(\boldsymbol{x}_2,y_2),\cdots,(\boldsymbol{x}_N,y_N)\}$ 表示有 N 个样本的训练集，其中，第 i 个元素 $(\boldsymbol{x}_i,y_i)$，$i=1,2,\cdots,N$ 是一个有序对（可以对应为 Python 中的元组），$\boldsymbol{x}_i$ 表示

① 半监督也是比较常见的一类，本书限于篇幅不予涉及。简单来说，半监督就是针对部分样本有标签、部分样本无标签的数据集的学习。其介于有监督和无监督之间。

第 i 个数据（第 i 个习题）——一般称为“特征向量”，y_i 表示第 i 个数据对应的标签（第 i 个习题的正确答案）——一般是一个标量。类似地，用集合 $T=\{(\boldsymbol{x}_1,y_1),(\boldsymbol{x}_2,y_2),\cdots,(\boldsymbol{x}_M,y_M)\}$ 表示有 M 个样本的测试集。那么，有监督学习就是要在训练集 D 上学习一个函数 $y=f(\boldsymbol{x})$，并在测试集 T 上取得较好的效果。等价地，也可以说有监督学习是要在训练集 D 上学习一个条件概率分布 $p(y|\boldsymbol{x})$。后面这种基于概率的形式化方式有一个显著的优点，考虑到了不确定性——做新的类似的题目，一般也不会有100%的把握做对。实际上，机器学习也常被称为“统计机器学习”或“统计学习方法”就是这个原因。

将学习到的函数 $y=f(\boldsymbol{x})$ 或条件概率分布 $p(y|\boldsymbol{x})$ 称为机器学习模型，有了这个模型，给定一个输入 $\boldsymbol{x}_i$，就可以给出预测值 $\hat{y}_i$ 或 $p(\hat{y}_i)$。特别地，对于训练过程，需要定义一个损失函数 $L(\hat{y}_i,y_i)$ 或 $L(p(\hat{y}_i),p(y_i))$，用来度量预测值偏离真实值的程度。这样，训练目标就是让 L 的值尽可能小。例如，对于一个单选题，可以定义一个简单的损失函数：只有答对了损失才为 0，其他情况下损失都为 1。这就是所谓的“0-1”损失函数。

有监督学习根据标签 y_i（也称为目标变量）是否连续可以进一步分为分类（y_i 是离散变量）和回归（y_i 是连续变量）①。第 2 章和第 3 章将分别讨论这两种情况。这里先给出一些简单的例子。

图 1.1 给出了一个二分类任务的例子。如图 1.1 所示，共有 30 个训练样本，每个样本 $\boldsymbol{x}$ 有两个特征（x_1,x_2），即特征向量 $\boldsymbol{x}$ 为二维。在 30 个样本中，有 15 个样本为正类（图中用带“+”号的圆圈表示），有 15 个样本为负类（图中用带“－”号的圆圈表示）。注意，标签 y_i 是离散变量，只能取两个值，分别对应正类和负类。目标是通过有监督学习得出一个合理的规则，即找到一个决策边界（图中虚线所示），能够将两类样本完全分开。然后，对于新的测试样本，也能对其进行正确分类。细心的读者一定注意到了一点，图 1.1 中刻意让正负样本数刚好相同，这其实是机器学习对于数据的一个基本要求——“样本数类间平衡”。实际中，不一定能做到各个类别的样本数刚好相同，但是应该努力做到基本相同。如果确实存在一些类别的样本数差异较大，就需要从样本难度、损失权重等角度加以补偿，如样本数多的类别丢弃一些简单样本、加大样本数少的类别对应的损失权重等。

多分类任务的一个典型例子是手写数字识别。首先，收集包含 0～9 所有数字（共 10 个类别）的手写样本，构建“类别平衡的”训练集。然后，在训练集上通过有监督学习得到一个模型 $y=f(\boldsymbol{x})$ 或 $p(y|\boldsymbol{x})$。当输入新的手写数字时，该模型能够以较高的正确率将其识别为正确的数字（即 0～9 中的某一个）。

图 1.2 是线性回归的一个例子。如图 1.2 所示，特征向量 $\boldsymbol{x}$ 为横轴，标签 $y\in R$ 为纵轴，目标是拟合出一条直线（如图中虚线所示）使得所有训练样本点（图中用带“+”号的圆圈表示）与其对应的直线上样本点的距离（图中用短实线标出了两个距离）在总体上达到最小。之后，对于测试样本 $\boldsymbol{x}$，就能给出预测值 $\hat{y}$。读者可以思考一下，为何不采用样本点到该直线的垂直距离呢？

① 离散变量是取有限个值的变量，如表示 10 个数字（0～9）的变量就是一个例子。而连续变量是一个实数，如每天的气温就是一个例子。

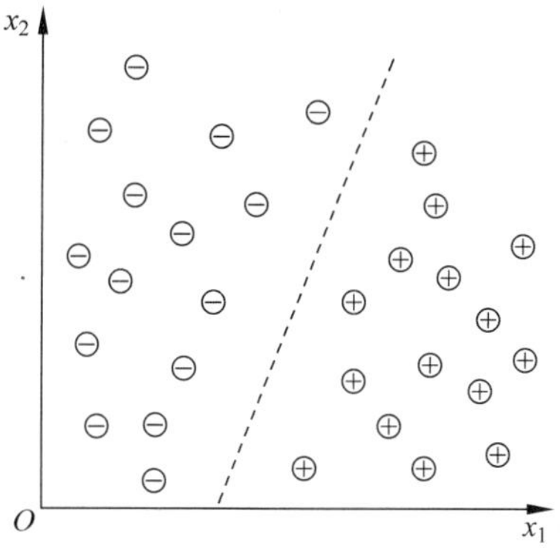

图 1.1 一个二分类任务

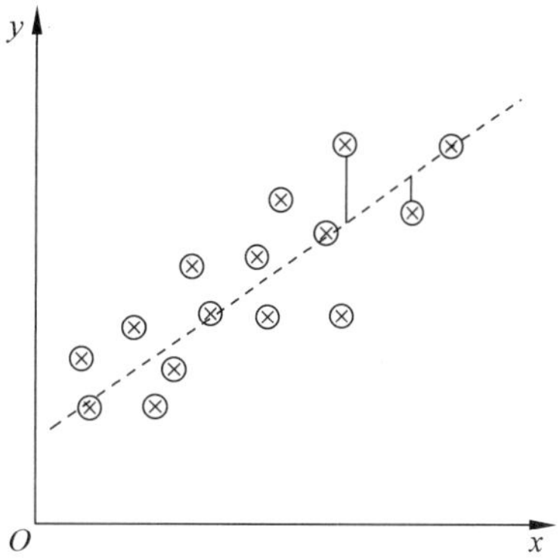

图 1.2 一个线性回归任务

▶ 1.1.2 无监督学习

类似地,没有老师指导下的学习或者说未给定"正确答案"的学习,就被称为"无监督学习"。在这种情况下,训练集 $D=\{\boldsymbol{x}_1,\boldsymbol{x}_2,\cdots,\boldsymbol{x}_N\}$,其中,第 i 个元素 $\boldsymbol{x}_i$,$i=1,2,\cdots,N$ 表示第 i 个训练样本。注意,不再有 x_i 对应的标签 y_i。测试集 $T=\{\boldsymbol{x}_1,\boldsymbol{x}_2,\cdots,\boldsymbol{x}_M\}$类似。

尽管没有了标签 y_i,仍然要学习关于目标变量 y 的函数 $y=f(\boldsymbol{x})$或条件概率分布 $p(y|\boldsymbol{x})$,从而探索数据蕴含的结构及信息,实现对未知的预测。降维与聚类是常见的两种无监督学习任务,将分别在第 4 章和第 5 章进行讨论。这里先看一个关于聚类的简单例子。如图 1.3 所示,目标是将一些无标签数据(图中的实心圆点所示)根据特征 x_1 和 x_2 的相似性分成三个"簇"(图中的虚线圆所示)。读者会发现,这里的"簇"比较类似于有监督学习中"类"的概念(所以聚类也常被称为"无监督分类")。但是要特别注意,"簇"和"类"有一个关键区别,前者事先并不知道,而后者则是事先给定的。例如,图 1.3 中,找到每个"簇"具体是什么就是需要完成的任务。对比 1.1.1 节给出的二类任务和多类任务,这些"类"都是由类别标签事先给定的。

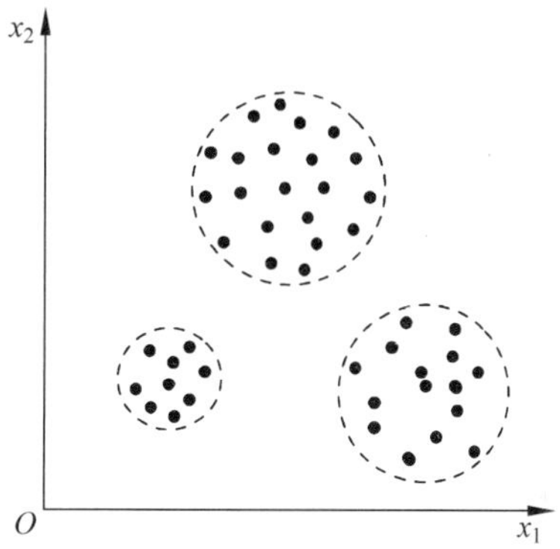

图 1.3 一个聚类任务

说到这里,聪明的读者马上会问一个问题:没有了"正确答案",那如何来度量模型的预测值 $\hat{y}_i$ 或 $p(\hat{y}_i)$是好还是坏呢?确实,在这种情况下,不可能再像有监督学习一样,定义一个损失函数 L。能做的只是提供一些客观的或主观的评估标准,然后基于这些标准对模型性能进行度量和评估。以聚类为例,可以提供一个参考模型(相当于给一个"参考答案"),如领域专家给出的"簇"划分,这可以认为是一个客观的标准;也可以定义一些来自于几何直观的度量,如每个聚类"簇"的平均直径、不同聚类"簇"之间的最小距离等,这可以认为是一些主观的标准。具体细节在第 5 章中再详谈。

通过上面的介绍,读者一定体会到了无监督学习的核心特点:好与坏的标准自己来定!这就给了模型设计相当大的自由发挥空间,当然是一个显著的优势了。由此启发,可以进一步追问两个问题:无监督与有监督一定是"井水不犯河水,各自独善其身"吗?无监督与有监督可以相互结合甚至融合,形成"你中有我,我中有你"的局面吗?这些问题同样放在第 5 章再详谈。

▶ 1.1.3 自监督学习

对于互联网上的海量数据，有监督学习面临一个基本的困境——这些数据没有标签，一般而言也不太可能给所有这些数据人工打上标签，因此“先人工后智能”的方式行不通。那么，无监督学习呢？读者会说，无监督学习不需要打标签。确实如此，这正是我们思考的方向。

“自监督学习”其实可以认为是无监督学习的一种，只不过随着其近些年的快速发展，人们就将其单独列出来了，作为一种独立的重要的学习方式进行研究。这样，我们在1.1.2节中探讨的无监督学习就特指传统的无监督学习方法，如降维和聚类。

简单来说，自监督学习就是利用数据自身包含的信息进行学习。这样说还是比较笼统，下面举一个自然语言处理的例子来进行说明。例如，“今天的气温比昨天的气温高出2℃”这句话，为了充分利用句子本身包含的信息，可以将句子中的“字词”（称为token）进行随机遮挡，然后让模型来预测这些被遮挡的字词。这样，被遮挡的句子本身就提供了标签，我们就可以类似有监督学习，定义一个损失函数L，用来度量预测值偏离真实值的程度。由此就形成了一种典型的自监督学习机制——遮挡语言建模。

对于遮挡语言建模，可以给出一个形式化的描述。训练集$D=\{\boldsymbol{x}_1,\boldsymbol{x}_2,\cdots,\boldsymbol{x}_N\}$包含$N$个句子，其中，第$i$个句子$x_i=\{w_1,w_2,\cdots,w_M\}$，$w_j$，$j=1,2,\cdots,M$表示该句子的第$j$个字词。目标是预测句子$\boldsymbol{x}_i$中被遮挡的第$j$个字词是某个字词的条件概率，即$p(w_j|\boldsymbol{x}_i)$。损失函数$L(p(\hat{w}_j),p(w_j))$用来度量预测值偏离真实值的程度。

关于自监督学习，第7章将进一步讨论。

▶ 1.1.4 环境监督与强化学习

环境监督与强化学习被认为是生物适应环境的基本方式，所以其重要性不言而喻。举一个读者都熟悉的例子——小孩学习走路。刚开始，小孩很容易摔倒，经过一段时间反复的试错，小孩慢慢地就越走越稳了。这里“环境”起到了教师的作用，所以可以称为“环境监督”，对应的学习方式称为“强化学习”。

更正式地，假设模型在时刻t处于状态$\boldsymbol{s}_t\in S$（S称为“状态空间”），接下来模型将根据策略$\pi_{\boldsymbol{\theta}}(\boldsymbol{a}_t|\boldsymbol{s}_t)$选择一个动作$\boldsymbol{a}_t\in A$（$A$称为“动作空间”）。由于采取了动作$\boldsymbol{a}_t$，模型将立即接收到来自环境的反馈$r_t=r(s_t,a_t)$，并且到达时刻$t+1$的状态$\boldsymbol{s}_{t+1}$。这里，$r(s,a)$被称为“奖励函数”。重复这个过程，直到到达某个结束状态，就称为完成了一轮训练。根据需要，可以进行多轮训练。训练的最终目标是最大化整个过程中的“总奖励”。注意，总奖励可能即时获得，也可能延后获得，这恰恰是强化学习的难点所在。图1.4给出了一个原理框图。

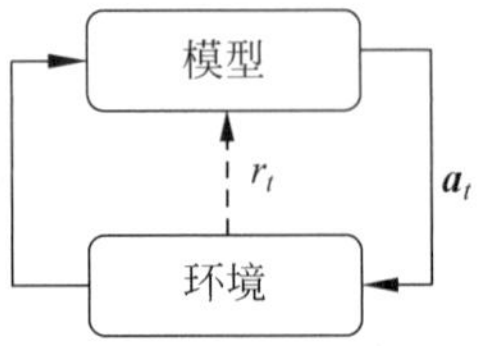

图1.4 强化学习原理框图

对应小孩学习走路的例子。小孩的身体状态构成状态空间S，当前小孩的身体状态是$\boldsymbol{s}_t$，根据他自身的判断（即策略$\pi_{\boldsymbol{\theta}}(\boldsymbol{a}_t|\boldsymbol{s}_t)$）选择了动作$\boldsymbol{a}_t$（如左脚迈出一小步）。如果动作$\boldsymbol{a}_t$（即左脚迈出一小步）比较恰当，那么环境就会立即给予一个正向的反馈——对的，继续走；如果不恰当，可能摔倒在地就是环境的立即反馈，从而先得爬起来才能继续往前走。可见，环境的反馈$r_t=r(s_t,a_t)$将使得小孩到达新的状态$\boldsymbol{s}_{t+1}$。正是这样一个试错的过程，使得小孩不断调整自己并学习到如何走稳的策略。

第8章将对环境监督与强化学习进行讨论。

视频讲解

1.2 机器学习的三个重要方面

通过 1.1 节的学习，相信读者对机器学习的基本流程已经有了一个初步的认识：第一步，准备数据（包括训练集和测试集）；第二步，在训练集上训练模型；第三步，在测试集上评估模型。其实，这三步恰恰反映了机器学习的三个重要方面：数据的表示（见 1.2.1 节）、模型的最优化（见 1.2.2 节）、模型的评估（见 1.2.3 节）。本节就来进一步探讨这三个方面，目的是借此介绍相关的基本概念，完善机器学习的基本知识体系，从而加深对机器学习的认识。

▶ 1.2.1 数据的表示

数据及其表示是机器学习基本流程的第一环。不同的数据表示，往往意味着不同的机器学习范式。为什么这么说呢？读者可以想一想，机器学习应用在各种模态（数值、文本、语音、图像、视频等）和各行各业（农业、工业、服务业、教育等），其数据的形态千差万别，可能都用一种统一的方式来对其进行表示吗？笔者认为答案是否定的，因为数据的表示方式取决于具体的应用。举个有代表性的例子，语音一般是经过采样、量化、编码的过程（称为 PCM 编码）存储为.wav 文件，这是语音数据的原始表示。然而，为了提高语音识别的精度，需要对其进行傅里叶变换，得到频率域的表示（其实就是基于傅里叶级数的表示）。

根据数据是否需要先进行变换，可以将机器学习的范式划分为两阶段方式和端对端方式。两阶段方式是经典的机器学习范式：先对原始数据（如语音的 PCM 编码）进行变换（如傅里叶变换）得到特征表示（如傅里叶级数表示），然后将特征表示作为机器学习模型的输入，进而完成模型的训练。可见，所谓两阶段就是“特征提取”＋“模型训练”。这种学习范式的成败很大程度上取决于“特征提取”的好坏。好的特征表示配合一个相对简单的模型往往也能取得较好的效果，而坏的特征表示即使把模型搞得很复杂可能也无济于事。由于“特征提取”强烈依赖于人的专业知识和经验，所以研究者们也将其称为“特征工程”或“手工特征”，这是非常恰当的。

端对端方式就是针对两阶段方式存在的关键问题而提出的。既然“特征提取”强烈依赖于人的专业知识和经验，对于人的要求很高，那么为什么不让机器去干这件事呢？给机器原始数据，让机器自己去学习应该采用哪种特征表示。这就是所谓的端对端方式，“特征提取”也成为“模型训练”的一部分。输入原始数据（如语音的 PCM 编码），输出最终结果（如语音对应的文本）。这就很好地解决了两阶段方式存在的关键问题——“特征提取”强烈依赖于人的专业知识和经验。由此，大幅拉低了应用机器学习解决实际问题的门槛，只要有数据有需求，就可以训练模型并将其应用到实际中。

话说回来，两阶段方式真的就只能被扔进历史的垃圾堆里了？事实并非如此！对于一些常见问题或者一些已经解决得比较好的问题，没理由不采用两阶段方式——模型更容易训练、更容易解释等，这些都是优点。一方面，模型更简单，所以模型更容易训练、更容易解释；另一方面，“手工特征”就是人设计的特征，当然更容易解释了。

无论是两阶段方式还是端对端方式，数据在变换或送入模型之前，一般都要经历一个预处理阶段。这个阶段可能会涉及数据清洗（去掉无效数据和明显错误的数据）、数据缺失值填充（填充什么值颇有讲究）、数据归一化或标准化、数据降维与可视化等。这些将在后面的章节中结合具体的问题和具体的机器学习模型来详谈。

▶ 1.2.2 模型的最优化

从1.1节读者一定注意到了一点,机器学习模型的训练最终都归结为一个最优化问题,例如,有监督学习的损失函数最小化、强化学习的奖励函数最大化等。不同的机器学习模型需要解决不同的最优化问题,有些问题很简单、有些问题就要复杂得多,有些问题能够找到全局最优解、有些问题却只能找到局部最优解或近似解。这些具体情况,后面结合具体的机器学习模型来详谈,此处不做展开。这里重点讲一讲两个带有全局性、普遍性的方面。

第一,根据机器学习模型是否含有需要优化的模型参数,可以分为含参模型和非参模型。回顾1.1.1节中用函数 $y=f(\boldsymbol{x})$ 或条件概率分布 $p(y|\boldsymbol{x})$ 来表示机器学习模型,那么对于含参模型,应该将其改写为 $y=f(\boldsymbol{x};\boldsymbol{\theta})$ 或 $p(y|\boldsymbol{x};\boldsymbol{\theta})$,其中,$\boldsymbol{\theta}$ 就是需要优化的模型参数。模型学习就是要找到 $\boldsymbol{\theta}^*$,使得 $L(\boldsymbol{\theta}^*)$ 取得最小值。大多数的机器学习模型都属于含参模型,因此本书也会将其作为重点进行介绍。非参模型的典型例子是K近邻(见2.1节),其基本特点是不(显式的)含有需要优化的模型参数。为什么要加上"(显式的)"?原因如下。K近邻模型有一个超参数 k,这个正整数 k 指定了要找几个相邻样本点,决定了模型的复杂程度,k 取1则模型最复杂。因此,如果假设训练集有 N 个样本点,则可以视为K近邻模型有 N/k 个参数。这些参数并不需要显式地去优化,所以称为"不(显式的)含有需要优化的模型参数"。

读者要注意区分"模型参数"和"超参数"这两个概念。"模型参数"是需要优化的目标,而"超参数"更多是根据经验来设定的。当然,也有所谓的"自动机器学习",会根据一些规则或算法进一步去搜索超参数,这也是很有意义的工作。

第二,不要把机器学习和最优化混为一谈。最优化本质上就是求解一个数学问题(如找到函数的最小值),求解出来了,问题就解决了。机器学习则不同,最优化只是其解决问题的一个环节,最优化求解出来的结果好不好,还得在测试集上进行测试和评估。具体来说,既然是在训练集上求解的最优化问题,那么这个求解的结果只能保证对于训练集最优。而我们更关心的是对于训练集之外的数据,这个求解的结果究竟表现如何。训练集之外的数据一般是无穷多的,所以一般选择其中一部分作为测试集,并在其上对最优化求解的结果进行测试和评估。如果测试集上的表现也比较好,才能说最优化求解的结果(即训练得到的模型)比较好。

这就自然引出了机器学习的三个核心概念:训练误差、推广误差和测试误差。训练误差和测试误差好理解,分别对应训练集和测试集上的误差。那么,推广误差指的是什么误差呢?为了说清楚这一点,首先要回顾一下概率与统计里讲到的"独立同分布"概念。

"独立同分布"指的是,对于一个概率分布 P(如伯努利分布),对其进行独立采样,每采样一次就得到一个样本。由于随机性,显然这些采样得到的样本不尽相同(如扔硬币的实验,采样得到的结果是有些为正面、有些为反面)。虽然采样得到的样本不尽相同,但如果将所有这些样本拿到一起来看(如扔硬币的实验,计算一下总共有多少次正面、多少次反面),会发现采样的结果是符合概率分布 P 的(如扔硬币的实验结果符合正反面概率均为50%的伯努利分布),采样次数越多符合度就越高(由大数定律保证)。我们称这些采样得到的样本是"独立同分布"的(如这里的伯努利分布)。

实际上,"独立同分布"是机器学习的基本假设之一。设数据的真实分布为 P,对其进行独立采样,得到训练集 D,然后在 D 上训练模型。训练得到的模型究竟怎么样,训练误差显然不足以作为标准。如同学习一门课程,把平时的习题反复做了很多遍,一道都不会出错,但这也不能代表这门课程就学得很好了。只有对所有没见过的题都能做对,才能代表确实学得很好了。由此可以说,"推广误差"指的就是模型在训练集 D 之外的所有数据上的误差。"推广误差"低才能真正说明模型性能好、精度高。

读到这里,聪明的读者一定会发问:"训练集 D 之外的所有数据"这个在实践中办不到啊?确实如此,所以"推广误差"一般只能是一个理论值。所以如上面所说,实践中只能从真实分布 P 中再采样一部分数据,将其作为测试集,这样通过测试误差来逼近推广误差。

尽管推广误差一般只能是一个理论值,真正理解它对于理解机器学习却是至关重要的。例如,关于训练集 D 和测试集 T 的样本数比例问题,为了得到较低的推广误差,从而在测试集 T 上有良好表现,会让训练集 D 的样本数 N 倍于测试集 T(N 的一个典型值为 9)。为什么这么说呢?考虑极限情况,假设 D 穷尽了真实分布 P 的所有样本,那么这时候 D 上的训练误差就等于推广误差。这充分说明 D 的样本数确实越多越好。由此,还可以引申出一个问题供读者思考:除了数量上越多越好,质量上有没有要求呢?

实践中,为了在训练过程中对推广误差及时进行估计,还会从真实分布 P 中采样一部分数据,将其作为验证集 V。这样,对于迭代式的训练算法(如 2.3 节将介绍的梯度下降),每迭代完一轮就可以在 V 上进行一次测试和评估,得到验证误差。关于这一点,紧接着的"模型的评估"还会进一步详谈。

总结一下第二点,机器学习关心的是模型对数据真实分布 P 的拟合情况。由于数据真实分布 P 并不知道(如果知道了,就不用再搞什么机器学习了),因此,在实践中,需要通过训练误差和测试误差来衡量模型的好与坏。如果训练误差和测试误差都高,说明模型处于"欠拟合"状态;如果训练误差和测试误差都低,说明模型处于"最佳拟合"状态;而如果训练误差低、测试误差高,则说明模型已经处于"过拟合"状态。

如图 1.5 所示,纵轴表示误差,分别画出了训练误差(图中实曲线所示)和测试误差(图中虚曲线所示);横轴为训练轮数或模型参数量。如果横轴为训练轮数,则图 1.5 反映的是拟合情况随着模型的训练程度而变化的情况:以图中的垂直虚线为界,左边为训练不够(欠拟合)、垂直虚线为训练合适(最佳拟合)、右边为训练过度(过拟合)。如果横轴为模型参数量,则图 1.5 反映的是拟合情况随着模型的复杂度而变化的情况:同样以图中的垂直虚线为界,左边为模型过于简单(欠拟合)、垂直虚线为模型合适(最佳拟合)、右边为模型过于复杂(过拟合)。我们的目标是通过对模型性能的评估,进而选择合适的训练程度和模型复杂度。

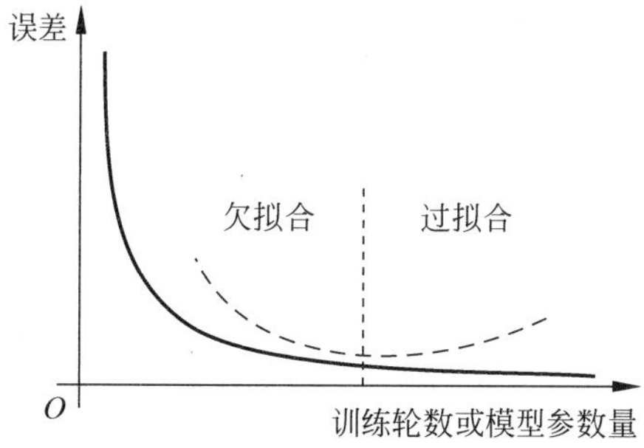

图 1.5　误差与训练轮数或模型参数量的变化关系

图 1.5 假定了训练集和测试集都是固定的。实际上,训练数据的多少和复杂程度也会影响到模型的拟合状态。一般而言,训练数据太少太简单,而模型过于复杂,则模型将对数据过拟合;相反,训练数据太多太复杂,而模型过于简单,则模型将对数据欠拟合。一些模型(如线性模型)的主要问题是欠拟合;而另外一些模型(如多层神经网络)的主要问题则是过拟合,需要海量的训练数据。

1.2.3 模型的评估

紧接 1.2.2 节，训练误差、验证误差和测试误差是模型性能评估的三个基本指标。以有监督学习为例，“误差”反映的是模型预测值 $\hat{y}_i$ 和真实值（标签）y_i 的差异。以分类为例，如果 $\hat{y}_i$ 和 y_i 相同，则误差为 0；否则，记误差为 1，如式（1.1）所示。

$$\text{Err} = \sum_{i=1}^{N} I(\hat{y}_i, y_i) \tag{1.1}$$

其中，$I(\hat{y}_i, y_i)$ 为指示函数：$\hat{y}_i = y_i$，则值为 0；$\hat{y}_i \neq y_i$，则值为 1。所以，误差 Err 反映的就是有多少个样本被分错。将 Err 除以总样本数 N，就得到错误率 $E=\text{Err}/N$。而 $1-E$ 则被称为“精度”，显然精度反映的就是正确率，即样本被分对的比例。

如 1.2.2 节所说，实践中往往需要在训练过程中对模型的推广误差及时进行估计。虽然上面讲到的是直接计算训练误差和验证误差，实际操作中更常见的是直接使用训练损失和验证损失。“误差”和“损失”关系紧密，但概念上不能混淆。1.1.1 节中讲到了损失函数 $L(\hat{y}_i, y_i)$，其实式（1.1）定义的误差就是最简单的关于分类问题的损失函数——0-1 损失：分类正确，损失为 0；否则，损失为 1。损失函数往往还有额外的要求，如需要“正则项”来提高模型推广能力，再如需要“可导”以满足梯度下降优化算法的要求等，后面会跟具体的模型结合起来详谈。

有了评估标准，那么紧接着的一个问题就是：如何基于有限的数据对模型的性能进行可靠的评估呢？如果就是一个训练集、一个验证集（或测试集），那也就是一次训练一次评估（称为“留出法”），这在“统计”的意义上是不充分的。为了解决这个问题，人们提出了“交叉验证”的评估方法。即把训练集 D 划分为 k 个相同的子集，然后依次选择 $k-1$ 个子集进行训练，并用剩下的一个子集进行测试，从而得到一个评估结果。这样，在 D 上就能进行 k 次训练和评估，故而称之为“k 折”交叉验证。对这 k 个评估结果，既可以求“均值”作为最终评估结果，也可以进一步计算“方差”考察每次评估的稳定性如何等。这种统计分析使得我们对评估结果的客观性、可靠性更有把握。例如，图 1.6 给出了训练集 D 上的 10 折交叉验证。特别地，如果取 $k=N$（N 为 D 中样本个数），就得到一种特殊的评估方法——留一法。这种方法的优点是用于训练的样本比较充分，仅比 D 中样本数 N 少一个，因而往往能更好地发掘出模型的能力。缺点是不适合 N 很大的场合，计算量太大。

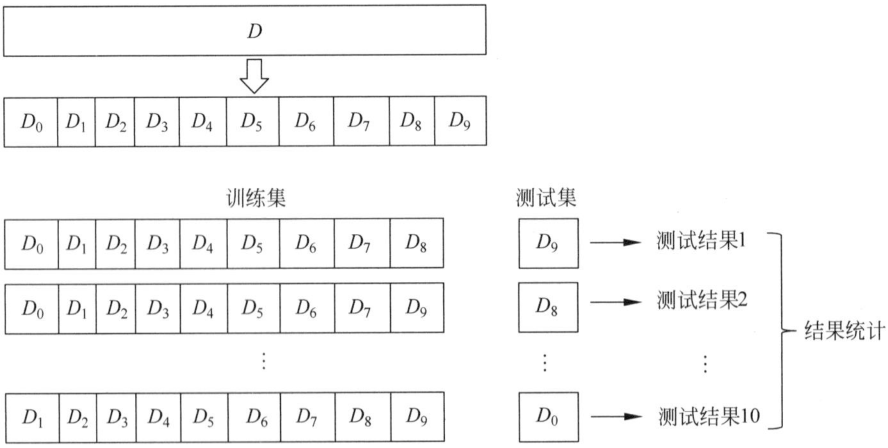

图 1.6 训练集 D 上的 10 折交叉验证

划分数据集的时候，还有一个问题需要引起特别注意：要保持原数据集中的类别比例。例如，训练集 D 中正负样本都为 500 个，那么从其划分出的 10 个子集里(每个子集 50 个样本)，每个子集都应该有 25 个正样本和 25 个负样本。这种保持类别比例的划分方式，在统计学中被称为“分层采样”，目的是避免因类别分布的差异而导致的模型偏差。

误差或精度是对模型性能的有效评估方式，但还是比较粗，不能反映具体是什么样的错：是把 A 类分成了 B 类，还是反之。为了分清楚具体的错误类型，人们提出了“混淆矩阵”的概念。如表 1.1 所示，有 A、B、C、D、E 共 5 个类别，最左列表示真实值(标签)，最顶行表示预测值。那么，真实值和预测值一致的情况记为 TX(X 对应具体的类别，即 A、B、C、D、E 中的任意一个)，对应表 1.1 中的主对角线元素(表中用粗体标出)；否则记为 FY(Y 对应预测错误的类别，是除去正确类别之外的任意一个类别)。例如，“类 A”被识别为“类 A”，则记为 TA；“类 A”被识别为“类 B”，则记为 FB；以此类推。混淆矩阵清楚地反映出了出错的具体情况：有哪些错误，每种错误有多少。这对于模型的进一步改进和设计的权衡都有着重要的指导意义。

表 1.1　混淆矩阵

真实值/预测值	类 A	类 B	类 C	类 D	类 E
类 A	**TA**	FB	FC	FD	FE
类 B	FA	**TB**	FC	FD	FE
类 C	FA	FB	**TC**	FD	FE
类 D	FA	FB	FC	**TD**	FE
类 E	FA	FB	FC	FD	**TE**

在具体的数据集上，可以统计出所有 TX 和 FY 的值，进而可以定义“查准率”(Precision)和“查全率”(Recall)。如式(1.2)所示，类 X 的“查准率”P_X 定义为 TX 和 $\left(\mathrm{T}X+\sum \mathrm{F}X\right)$ 的商，反映的是被预测为类 X 的样本中有多少是准确的(故而命名为“查准率”)。例如，$P_A=\mathrm{TA}/(\mathrm{TA}+\sum \mathrm{FA})$，其中，TA 和 FA 对应表 1.1 中“类 A”一列中的各项。如式(1.3)所示，类 X 的“查全率”R_X 定义为 TX 和 $\left(\mathrm{T}X+\sum \mathrm{F}Y\right)$ 的商，反映的是类 X 的所有样本有多少被召回来了(故而命名为“查全率”)。例如，$R_A=\mathrm{TA}/(\mathrm{TA}+\mathrm{FB}+\mathrm{FC}+\mathrm{FD}+\mathrm{FE})$，其中，TA 和 FB～FE 对应表 1.1 中“类 A”一行中的各项。

$$P_X=\frac{\mathrm{T}X}{\mathrm{T}X+\sum \mathrm{F}X} \tag{1.2}$$

$$R_X=\frac{\mathrm{T}X}{\mathrm{T}X+\sum \mathrm{F}Y} \tag{1.3}$$

对于某个具体的模型来讲，总是可以通过调整超参数(如阈值)而使得 P_X 等于 1 或 R_X 等于 1。因此，使得 P_X 和 R_X 同时靠近 1 的模型才是真正好的模型。然而一般来讲，查准率和查全率是存在矛盾的，提高了前者往往就会降低后者，反之亦然。P-R 曲线很好地反映了这一点。如图 1.7 所示，对模型选用一系列的不同超参，从而得到一系列的 P_X 和 R_X，然后，以 P_X 为纵轴、以 R_X 为横轴，标出这些点，并将这些点连接成平滑的曲线，就得到了所谓的

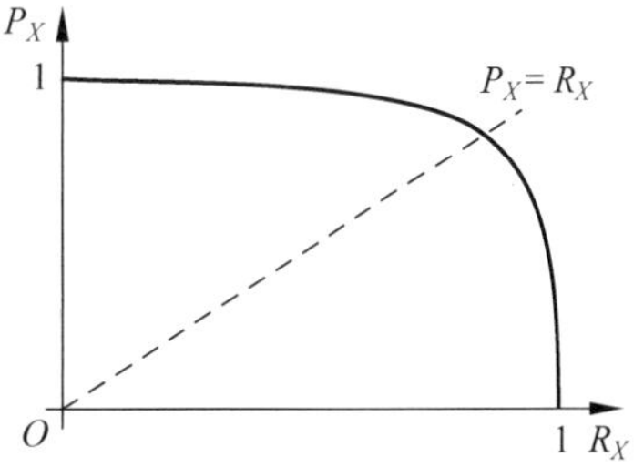

图 1.7　P-R 曲线

P-R 曲线。显然，P-R 曲线与两个坐标轴所围的面积越大，模型整体性能越好，这就自然引出了“曲线下面积(Area Under Curve，AUC)”这个概念。曲线下面积一般不方便计算，所以为了方便比较，提出了“平衡点”的概念：即 P 等于 R 的那个值。这个值既方便(越大认为越好)，又综合考虑了 P 与 R。

平衡点还是过于简单，因此为了更好地综合考虑 P 与 R，进一步提出了 F_1 度量，如式(1.4)所示。下面通过几种典型情况来分析式(1.4)：如果 $P=1$ 而 $R=0.01$，得到 F_1 约等于 0.02；如果 $P=0.01$ 而 $R=1$，得到 F_1 也是约等于 0.02；如果 $P=R$，则 $F_1=P=R$。可见，F_1 确实较好地综合考虑了 P 与 R，而且 P 与 R 是平等的，并不会偏向于哪一个。当然，如果在实践中，确实需要对 P 或 R 有所偏向，还可以使用更一般的 F_β 度量，这里就不再展开了。还有一点，以上都是针对一般的多分类而谈的，那么对于二分类这种特殊又常用的情况，有什么相同之处和不同之处呢？

$$F_1=\frac{2PR}{P+R} \tag{1.4}$$

基于以上这些评估标准，都可以类似画出图 1.5，从而选择出训练程度和复杂度都达到最佳的模型。特别地，对于一个复杂度确定的特定模型，我们关注训练程度，如梯度下降的训练轮数。一旦发现测试误差开始由低向高变化的时候，训练就应该停止了，这被称为“早期停止”，是常用的模型选择方法，简单而有效。

至于模型的复杂度，这里先举一个简单的例子。如图 1.8 所示，有 10 个数据点(如图中空心圆所示)，目标是拟合一条曲线 C(如图中点画线所示)，使其对新的测试数据(此处未给出)也能表现良好。可以看到，最简单就是拟合一根直线(1 次多项式)，使其从这些点的中间穿过，如图 1.8(a)所示。显然，这时候模型过于简单，处于欠拟合的状态。因此需要进一步增加模型的复杂度，如图 1.8(b)所示，曲线(5 次多项式)比较好地反映了数据点的整体趋势，可以认为复杂度合适，处于最佳拟合状态。如果进一步增加复杂度，如图 1.8(c)所示，曲线(9 次多项式)穿过了所有 10 个数据点，也就是说训练误差为 0。但是，一般而言，这种情况下模型过于复杂，处于过拟合状态。实际上，这个例子就是典型的回归问题，第 3 章将会谈到。

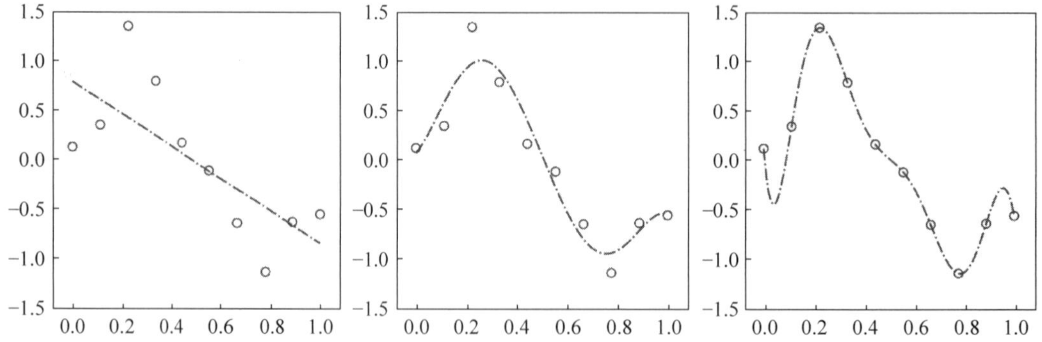

(a) 拟合直线　(b) 拟合简单曲线　(c) 拟合复杂曲线

图 1.8　模型复杂度

既然谈到了回归，聪明的读者一定会问一个问题：前面只谈到了对于分类问题的评估标准，那么对于回归问题应该如何评估呢？图 1.7 可以给到一些启发。对于图 1.7 中的某个数据点(x,y)，设拟合曲线对于 x 给出的值为 $\hat{y}$，可以自然地用 $|y-\hat{y}|$ 来度量拟合误差，称为“绝对误差”。每个数据点都这样计算，把这些绝对误差加起来，再除以总的数据点数，就得到了常用的“平均绝对误差(Mean Absolute Error，MAE)”，如式(1.5)所示。如果考虑到损失函

数一般要求可导，也可以对平均绝对误差稍做修改，定义“均方误差（Mean-Square Error，MSE）”，以保持与损失函数的一致性，这个损失函数就是用得最多的“均方损失”，如式(1.6)所示。还有一系列衍生出来的回归度量方式，如均方根误差（Root Mean Square Error，RMSE）等。

$$\mathrm{MAE}=\frac{1}{N}\sum_{i=1}^{N}\mid y_i-\hat{y}_i\mid \tag{1.5}$$

$$\mathrm{MSE}=\frac{1}{N}\sum_{i=1}^{N}(y_i-\hat{y}_i)^2 \tag{1.6}$$

1.3 机器学习的历史与现状

视频讲解

“机器学习”这个词是由 Arthur Samuel 于 20 世纪 50 年代发明的，与“人工智能”的发展息息相关。本节简要地梳理一下机器学习的历史与现状，大致划分为感知机、神经网络、支持向量机、深度学习、大模型几个阶段。这样划分的基本考量是：第一，不求完备，但求便于读者形成一个比较简洁、清晰的发展脉络；第二，有所偏重，紧密结合当今的最新发展，由此回溯。

感知机由 Rosenblatt 于 20 世纪 50 年代提出，基于 1943 年 McCulloc 和 Pitts 提出的“M-P 神经元模型”。它只有输入和输出两层，可以从数据中进行自适应的端对端学习。虽然由于缺乏隐层和非线性变换函数（激活函数）而不能解决“非线性可分”问题，但是其历史意义是重大的、奠基性的。如今大行其道的端对端学习方式、深度学习、大模型都应该追溯到这里。

在感知机的基础上引入隐藏层（一个或多个）和激活函数，就形成了经典的“前馈神经网络”。而其学习算法则依赖于 20 世纪 80 年代由 Rumelhart 等重新发明的误差反向传播算法（BP 算法）。限于当时数据和计算能力的缺乏，对前馈神经网络（也包括其衍生出来的用于序列数据的循环神经网络等）无法进行有效的训练，从而无法有效解决实际问题，因此发展严重受阻。大概唯一的例外是 20 世纪 90 年代由 Yan Lecun 发展并应用到手写数字识别上的卷积神经网络（Convolutional Neural Networks，CNN），这个网络源于日本科学家福岛邦彦提出的神经认知机。

统计学习理论的提出和支持向量机（Support Vector Machines，SVM）的空前繁荣是 20 世纪 90 年代的主旋律。SVM 以其严格的理论支撑、可靠的全局最优求解、避免过拟合等优点，被广泛研究和应用，更是发展出“核方法”，影响了众多的机器学习模型。

2006 年，Hinton 提出“深度学习”的概念，并带领学生在 2012 年的 ImageNet 图像识别竞赛中一骑绝尘、以巨大优势胜出。这个网络就是大名鼎鼎的 AlexNet。卷积神经网络、随机丢弃（Dropout）、GPU 并行计算等重要技术手段是其制胜的法宝。至此，神经网络所依赖的三个要素（算料、算法、算力）都已具备，接下来的 10 年就是“神经网络与深度学习”对各个技术领域（文本、语音、图像等）的彻底革命，一路狂飙，高歌猛进。其影响早已不限于技术领域，而是扩展到科学和社会的方方面面，有可能形成新的科学范式，而且被普遍认为将引领第四次工业革命，从而深刻影响人类社会。

“深度学习”的关键在于“深度”，而传统的神经网络受限于“梯度不稳定问题（表现为梯度消失或梯度爆炸等）”，网络的深度一旦加深，就很难通过误差反向传播算法成功训练出来。尽管人们从多方面（如激活函数的选择、损失函数的选择等）尝试解决这个问题，但真正从根本上解决这个问题的是微软亚洲研究院何恺明等人提出的残差网络（ResNet），这种新型的网络结构可以使神经网络的深度达到数百层甚至上千层。事实上,残差网络已经成为现代神经网络(包括近年来影响巨大的 Transformer)的标配,其影响具有基础性,也正由于此而获得 2023 年度未来科学大奖的数学与计算机科学奖,实至名归。

最近的大模型快速发展和巨大影响,则源于 2017 年谷歌(Google)公司提出的 Transformer 这种新型神经网络。基于此,谷歌和 OpenAI 分别发展出 Bert 和 GPT 两条主要技术路线。2022 年年底,OpenAI 发布 ChatGPT,一时席卷互联网,成为有史以来增长最快的互联网应用。ChatGPT 基于 GPT 基础模型,综合运用了自监督、有监督、环境监督和强化学习等学习范式,具有高达 1750 亿的模型参数,其对互联网数据和 GPU 算力的需求也是空前的。ChatGPT 在自然语言方面所表现出来的前所未有的"理解和思考能力"让人们感到惊叹,因为无法清楚地解释,而被粗略地称为"智能涌现"(海量神经元之间的大规模相互作用导致智能的涌现)。人们普遍认为这是通用人工智能(Artificial General Intelligence,AGI)的第一缕曙光。

当前,大模型正在席卷各行各业,专门化、多模态和内容生成也在进一步助推这个过程。例如,北京大学的一个研究团队发布了法律大模型,这是专门化大模型深入改变垂直应用领域的典型案例。

尽管"神经网络与深度学习"近十年来一路高歌猛进,然而对其质疑的声音也一直不绝于耳。"可解释性"就是被关注最多的一个问题。例如,神经网络的每个神经元究竟学到的是什么?"不可解释"意味着"不能被信任"或者"不能被充分信任",这是"神经网络与深度学习"所面临的一个尴尬处境。以当前如火如荼的大语言模型为例,它会一本正经地胡说八道,编造不存在的事实等。尽管人们一直在尝试解决这些问题,但目前来看进展很有限,尚不能从根本上解决问题。

既然谈到可解释性,本书介绍的机器学习模型中,K 近邻、决策树、对率回归、基本线性回归、朴素贝叶斯这些都是可解释的典型例子。而源于线性模型的 SVM、由对率回归单元堆叠而成的全连接神经网络都有其不可解释的一面。虽然如此,本书仍将深入其原理、详细剖析,从而充分把握其可解释的一面。从统计学习理论的角度来看,人们追求的是"概率近似正确(Probably Approximately Correct,PAC)",因而随机性和不确定性就是必须接受的现实,这或许也能从一个侧面帮助人们理解"不可解释性"。

在机器学习的发展过程中,人们也总结出一些带有哲学意味的"定律"。一个是著名的"没有免费的午餐定律"。它说的是,一个实用的模型或算法必有其针对性(称为归纳偏好);而一个面面俱到的模型或算法则不可能具有实用性,因而只能存在于理论中。这个定律时时刻刻在提醒着我们,模型和算法是针对具体问题的,脱离具体问题泛泛而谈是没有意义的。另一个被广泛引用的定律是奥卡姆剃刀。它说的是,针对同一个任务,简单的机器学习模型更好。"简单"如何理解非常关键。笔者认为,这里的"简单"不能纵向地说(如线性回归比大模型更好),而应该横向地说,即相同效果下简单的模型更好。因为通过前面的介绍,我们知道复杂的模型往往与过拟合相伴。图 1.8 给出了一个很好的例子,如果二阶多项式模型和三阶多项式模型在测试集上具有相同的性能表现,人们则更愿意选择简单一些的二阶多项式模型。

内容方面,本书根据教学的需要进行了内容的取舍,不包含集成学习,也不包含机器学习所涉及的法律、伦理等方面的问题,但包含近年来发展迅速的自监督学习和环境监督学习。为了保证完整性,这里简单说一下集成学习。作为一种重要的"元学习"方式("元"是超越的意思),集成学习的核心思想是"三个臭皮匠,顶个诸葛亮"。即学习一组"弱学习器",这些学习器"好而不同",将它们集成起来(如投票)得到性能更好的"强学习器"。典型的集成学习方法分为“串行化”和“并行化”两大类，前者的代表是 Boosting，后者的代表是 Bagging 和随机森林。至于机器学习所涉及的法律、伦理等方面的问题，首先要认识到技术是把“双刃剑”，技术应该“以人为本”，造福人类，而不是相反。因而，在应用机器学习的同时，这些问题（如人与机器的关系）也必须得到同步的妥善解决。在大模型快速发展的当下，这些问题尤其突出，必须引起高度重视。

当前，机器学习（特别是深度学习）已经成为人工智能的主流方法，应用非常广泛，极大地方便了人们的日常生活。例如，翻译软件、语音识别软件、聊天机器人、智能垃圾邮件过滤器、可靠的网络搜索引擎、智能下棋程序等。再如，在医疗领域，深度学习模型检测皮肤癌的准确率与专业医生的检测结果已经很相近。

这里重点谈一下“自动驾驶”这个社会关注度高、影响面较广的重要应用。这里谈的“自动驾驶”特指在道路上行驶的机动车的驾驶。国际汽车工程师协会将机动车自动驾驶分为 L0～L5 共 6 级。其中，L0 级是无自动化，L1 级是辅助驾驶，L2 级是部分自动化，L3 级是有条件自动化，L4 级是高度自动化，而 L5 级就是最终的完全自动化（任何场景下都不再需要人的干预）。L1 级的典型代表是“定速巡航”，基本上已经成为标配，车辆并不需要感知周围环境的能力。L2 级的典型代表是“自适应巡航”，这在大多数中高端智能车上也已经成为标配，车辆已经具备了对周围环境的感知能力，如与前车的距离、道路标线等，因此可以自动控制速度、自动转向等。L3 以上的级别目前并不多见，主要还限于特定道路和特定场景。可以看到，从 L2 级开始，车辆已经具备了对周围环境的感知能力，机器学习（特别是深度学习）在其中扮演着核心角色，目标是建立一个车辆周围环境的 3D 模型，这就涉及从多模态数据（如图像、视频、测距、语音等）中进行学习。端对端的深度学习已经成为这一应用领域的主流技术方案。而当下快速发展的大模型也必将会进一步优化和提升这一技术方案。当然，由于深度神经网络的“黑盒”特性，对端对端自动驾驶方案的质疑声也一直不绝于耳，值得引起充分重视。毕竟人命关天的事，无法给出清楚、合理的解释，是无论如何也站不住脚的。

1.4 拓展阅读

视频讲解

1. 小故事：机器学习的由来

1956 年 2 月 24 日，来自 IBM 的科学家 Arthur Samuel 在 IBM 701 计算机上，通过电视节目向公众展示了他的跳棋程序（见图 1.9）。这是公认的第一个 AI 程序，也是 AI 的第一次公开展示。这个电视节目使公众第一次认识到，计算机不仅可以用于进行复杂的数学计算，也能用于游戏娱乐！人们首次了解到：计算机的确可以具有“智能”！

图 1.9 首个 AI 跳棋程序

其实，早在1949年，Samuel就有了开发跳棋程序的设想。因为跳棋相对简单，而下跳棋的策略又具有一定的思考深度。从1952年首次为IBM 701编写跳棋程序，到1956年2月24日的公众展示，在这个研发跳棋程序的过程中，Samuel首次提出了“机器学习”的概念，并将其定义为“不显式编程地赋予计算机能力的研究领域”。

Samuel为他的跳棋所设计的学习方法，叫作“时间差分学习”方法。从今天机器学习的分类来看，这属于强化学习。在学习过程中，Samuel跳棋程序会从随机位置开始，自我对战多局。程序每次都会选择能够最大化获胜机会的走法，并根据当前状态的价值函数进行决策。随着游戏的进行，该程序会使用一个公式来更新状态价值函数，这个更新被称为时间差分，因为它测量了当前状态的价值估计和下一个状态的价值估计之间的差异。通过反复进行这个过程，并不断更新状态的价值函数，程序会逐渐改善其下棋能力。

这是人工智能和机器学习领域的一项重大成就，得到了极其广泛的应用，为强化学习领域带来了重要的突破，并对现代机器学习产生了深远的影响。

2. 感悟与启迪

- 敢于首创。
- 理论和实践的紧密结合。
- 做科研就是做人。

1.5 习题

1. 试比较有监督学习和无监督学习，并举出生活中的一些例子加以说明。

2. 用生活中的例子说明强化学习中的“总奖励”可能即时获得，也可能延后获得。

3. 在1.2.3节中都是针对一般的多分类而谈的，那么对于二分类这种特殊又常用的情况，有什么相同之处和不同之处呢？

4. 对于二分类，除了P-R评估标准，与其紧密相关且比较类似的ROC也比较常用。请查阅相关文献资料，比较两者的异同。

5. 除了1.2.3节中谈到的，回归问题还有哪些评估标准呢？这些评估标准又会如何影响损失函数的设计呢？

6. 谈谈你对自动驾驶的认识。

7. 在图1.2给出的线性回归例子中，为何不采用样本点到回归直线的垂直距离呢？

第 2 章 离散变量与分类

本章学习目标

- 熟练掌握常用的分类算法。
- 了解各种分类器的优劣。

本章介绍学术界及业界常用的一系列机器学习分类算法，同时介绍了几种分类算法的差异及优劣所在。分类器是对样本进行分类的方法的统称，包含 K 近邻分类器、决策树、对率回归、支持向量机、神经网络等算法。

2.1 K 近邻(KNN)分类器

一种懒惰的学习算法

KNN 是一种常用的监督学习算法，也是所有机器学习算法中最简单的一种分类和回归算法。KNN 不是从训练数据集中学习概率分布，而是靠记忆训练过的数据集来完成任务。在训练阶段，仅将样本保存起来，训练时间开销为 0。

2.1.1 KNN 算法简介

视频讲解

俗话说，物以类聚，人以群分。判别一个人是一个什么样的人，常常可以从他身边的朋友入手，所谓观其友，而识其人。KNN 算法是物以类聚、人以群分思想的体现之一，判断待分类样本的类别，则从该样本的邻居出发。

KNN 的全称是 K-Nearest Neighbors，即 k 个最近的邻居。从字面意思可以猜测到，未知样本 x 的类别和 k 个最近的邻居有关。显然，k 的取值是一个关键因素。那么，什么是 k 个最近的邻居呢？未知样本 x 的类别是如何由 k 个最近的邻居的类别确定的呢？

用图形直观表示，如图 2.1 所示，样本共有三种已知类别，分别为五角星类别、三角形类别及圆圈类别。用方框表示的样本为需要预测类别的样本 x。

假设 $k=7$，那么 KNN 就会寻找与样本 x 最近的 7 个样本，看这 7 个样本中属于哪个类别的最多。显然，属于五角星的样本最多，因此，将样本 x 的类别判别为五角星。因此，在本例中，对于未知样本 x，如果其 k 个($k=7$)最近的邻居中大多数属于类别 i，则样本 x 也属于类别 i。

然而，样本 x 的类别和 k 的取值也有关系。假设 $k=9$，情形又会如何呢？如图 2.2 所示，KNN 会寻找与样本 x 最近的 9 个样本，看这 9 个样本中属于哪个类别的最多。显然，属于三角形的样本最多，因此，将样本 x 的类别判别为三角形。从本例可看出，k 的取值是一个重要因素，影响到了样本 x 的分类结果。

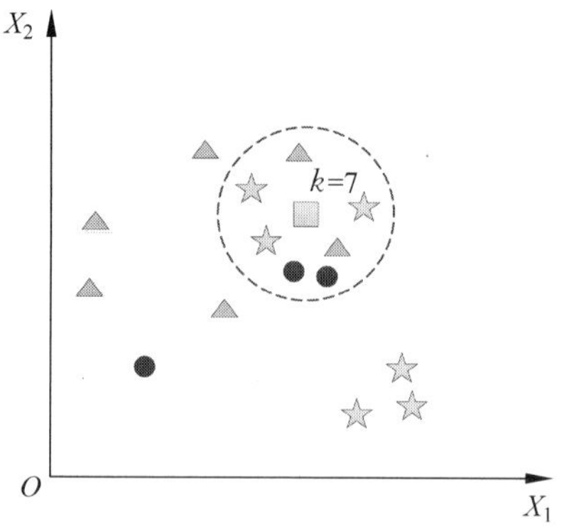

图 2.1　k 为 7 时样本类别的预测

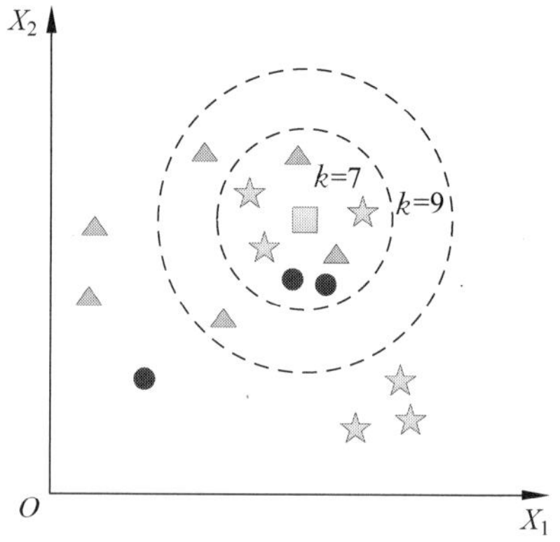

图 2.2　k 为 9 时样本类别的预测

综合以上两例分析可得，待预测样本 x 的类别取决于三个因素，分别为 k 的取值、距离的计算及决策规则的制定。

▶ 2.1.2　KNN 算法的距离计算

对于待预测样本 x，KNN 算法的基本思路是将其与其他所有样本点进行距离计算，并从中选出 k 个“最近”的样本。实际上，空间中点到点的距离度量有多种方式，如欧氏距离、曼哈顿距离、Minkowski 距离、马氏距离、余弦相似度等。Minkowski 距离是欧氏距离和曼哈顿距离的推广，即

$$d(x^{(i)},x^{(j)})=\left[\sum_k |x_k^{(i)}-x_k^{(j)}|^p\right]^{\frac{1}{p}} \tag{2.1}$$

若 $p=1$，为曼哈顿距离；若 $p=2$，为欧氏距离；若 $p\to\infty$，为切比雪夫距离。

马氏距离定义为两个服从同一分布且其协方差矩阵为$\boldsymbol{\Sigma}$ 的随机变量之间的差异程度。向量 $\boldsymbol{x}$ 到向量 $\boldsymbol{y}$ 的马氏距离为

$$d(\boldsymbol{x},\boldsymbol{y})=\sqrt{(\boldsymbol{x}-u_x)^{\mathrm{T}}\boldsymbol{\Sigma}^{-1}(\boldsymbol{y}-u_y)} \tag{2.2}$$

式中，$\boldsymbol{x}$ 和 $\boldsymbol{y}$ 都是 n 维向量，u_x 与 u_y 分别为 $\boldsymbol{x}$ 和 $\boldsymbol{y}$ 的均值，$\boldsymbol{\Sigma}$ 是 $\boldsymbol{x}$ 与 $\boldsymbol{y}$ 的协方差矩阵。

向量 $\boldsymbol{x}$ 到向量 $\boldsymbol{y}$ 的余弦相似度为

$$\operatorname{cossim}(\boldsymbol{x},\boldsymbol{y})=\frac{\sum_{i=1}^{n}x_iy_i}{\sqrt{\sum_{i=1}^{n}x_i^2}\cdot\sqrt{\sum_{i=1}^{n}y_i^2}}=\cos\theta \tag{2.3}$$

式中，$\boldsymbol{x}$ 和 $\boldsymbol{y}$ 都是 n 维向量，x_i 与 y_i 分别为 $\boldsymbol{x}$ 和 $\boldsymbol{y}$ 的第 i 个分量，θ 为向量 $\boldsymbol{x}$ 与向量 $\boldsymbol{y}$ 的夹角。

余弦相似度，通过计算两个向量的夹角余弦值（$[-1,1]$）来度量它们之间的相似性，值越大表明两个向量越相似。当两个样本（如两条新闻文本样本）夹角的余弦值越接近 1 时，两者越相似；反之，越接近 -1 则越不相似。相比欧氏距离，余弦相似度更注重两个向量在方向上的差异。欧氏距离注重的是空间各点的绝对距离，与各个样本点的位置坐标直接相关。余弦相似度在表达两个特征向量之间的关系时用处较大，可广泛用于人脸识别、推荐系统等应用。

如图 2.3 所示，$d(A,B)$表示空间点 A 和 B 之间的欧氏距离，$\cos\theta$ 表示空间点 A 和 B 之间的余弦相似度。从图 2.3 可以看出，欧氏距离与各个点的位置坐标直接相关，而余弦相似度衡量的是空间向量的夹角，体现为方向上的差异而不是位置。如果保持 A 点位置不变，B 点

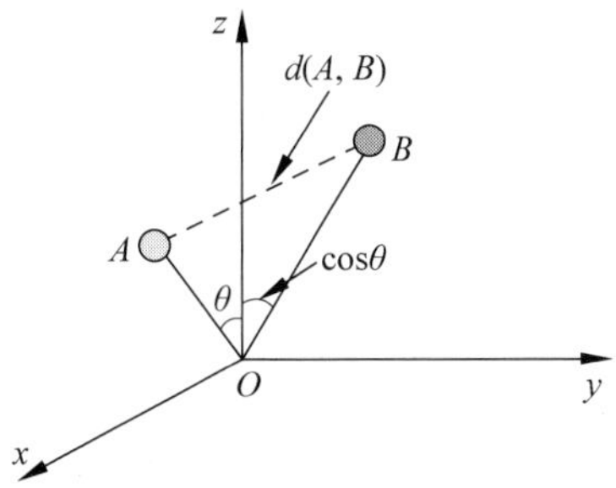

图 2.3　欧氏距离与余弦相似度的区别

朝原方向远离坐标轴原点，此时由于夹角 θ 不变，则余弦相似度 $\cos\theta$ 保持不变，而 A、B 两点的距离显然在变大，这就是欧氏距离和余弦相似度的不同之处。

除对距离度量本身的选择外，一般还需要对数据进行归一化或标准化，以确保每个特征都能对距离计算起同等的作用。例如，鸢尾花数据集中的花样本，虽然其 4 个特征都是以厘米为单位，但由于“花瓣的长度和宽度”相比“花萼的长度和宽度”的取值范围更大，为了消除这种取值范围不同（尺度不同）造成的影响，需要对特征进行归一化或标准化。

▶ 2.1.3　KNN 算法的 k 值选择

正确选择 k 值对在过拟合与欠拟合之间找到恰当的平衡至关重要。简单而言，当模型对训练数据拟合得太好时，会发生过拟合。也就是说，模型在训练集中的准确率很高，但在验证集中的准确率偏低，就预示着发生了过拟合的现象。当模型无法很好地拟合数据时，就会发生欠拟合。具体而言，如果模型在训练集中的准确率很低，则预示着出现了欠拟合的现象。过拟合和欠拟合都会导致模型对新数据集的预测效果不佳，因此在实践中要避免其发生。

从 2.1.1 节的例子中也可看出，k 的取值非常重要。那么该如何确定 k 的取值呢？

如果 k 值较小，相当于在一个较小的邻域内选择训练样本进行类别预测，只有距待预测样本 x 较近的训练样本才会对预测结果起作用。其缺点是预测结果对距离较近的训练样本非常敏感，如果距离近的样本点含有噪声，则预测结果易出错。换句话说，k 值的减小意味着整体模型变得复杂，容易发生过拟合。

如果 k 值较大，相当于在一个较大的邻域内选择训练样本进行类别预测，距待预测样本 x 较远的训练样本也会对预测结果起作用。这时可对邻近样本点的噪声起到一定的“缓冲”作用，但较远的训练样本易给预测类别带来偏差。k 值增大意味着整体的模型变得简单。原因在于，假设 k 取最大值，即训练集的大小，那么无论输入的预测样本是什么，都会将其类别预测为训练集中类别最多的类，这显然不合理。此时的模型非常简单，没有考虑到模型内部的子类信息，忽略了训练样本的具体概率分布。

如图 2.4 所示，为不同 k 值对 KNN 分类结果的影响。图 2.4(a)中的方块样本为待分类样本，从 2.4(b)可看出，当 $k=3$ 时，判断离方块样本最近的 3 个样本中哪一类图形最多，则方块样本被分为哪一类。显然，方块样本被分类为三角类别。当 k 值改变时，分类结果也会发生改变。从 2.4(d)可看出，当 $k=5$ 时，判断离方块样本最近的 5 个样本中哪一类图形最多，则方块样本被分为哪一类。显然，方块样本被分类为圆圈类别。

在实际应用中，k 值一般取一个较小的数值，通常采用交叉验证法来选取最优的 k 值（见 1.2.3 节）。交叉验证将训练数据按照一定方式分成训练集和验证集，然后利用验证集去评估最好的 k 值。其核心思想就是把一些可能的 k 逐个尝试，然后选出效果最好的 k 值。

▶ 2.1.4　KNN 算法的决策规则

所谓决策规则，即以什么样的方式判定最终的类别预测结果。KNN 在进行分类预测时，一般采用“多数表决法”或“加权多数表决法”进行决策。例如，在 2.1.1 节的例子中采用的是“多数表决法”，即使用待测样本的最近的 k 个邻居中出现次数最多的类别作为预测结果。

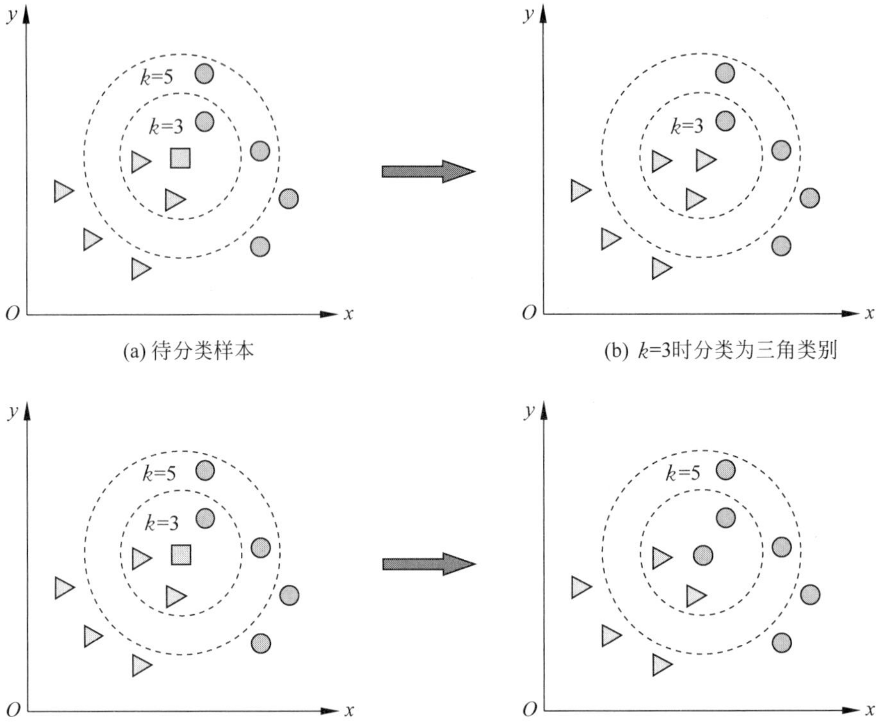

(a) 待分类样本　(b) k=3时分类为三角类别

(c) 待分类样本　(d) k=5时分类为圆类别

图 2.4　不同 k 值对分类结果的影响

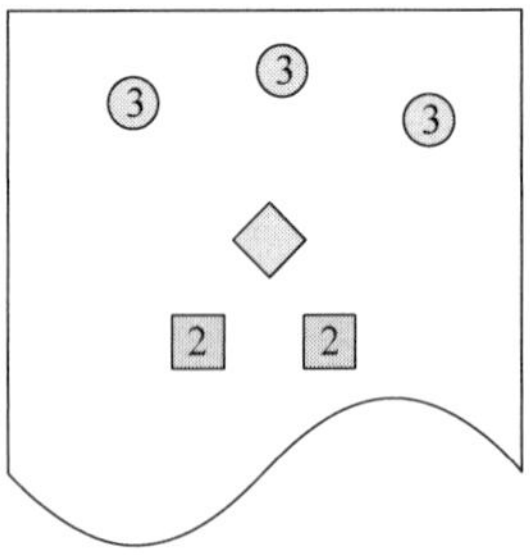

图 2.5　不同决策规则下样本类别的预测

假设图 2.5 中菱形样本表示待预测样本，圆表示一类，方块表示一类，2 和 3 表示每个样本到待预测样本的距离。对于多数表决法而言，每个邻近样本的权重是一样的，即最终预测的结果为出现次数最多的那个类。因此，菱形样本被预测为圆类别。

对于加权多数表决法而言，每个邻近样本的权重是不一样的，一般情况下，采用权重和距离成反比的方式（$w=1/d$）进行计算，即最终预测结果为权重最大的那个类别。如图 2.5 所示，圆样本到待预测样本的距离为 3，方块样本到待预测样本的距离为 2，权重与距离成反比且方块样本的权重比较大，则待预测样本被预测为方块类别。

更一般的加权多数表决法会将同一类别样本的权重相加，以此作为最终的得票数。例如，在图 2.5 中，圆的总票数为 $1/3+1/3+1/3=1$，而方块的总票数为 $1/2+1/2=1$，两个类别票数相同，因此菱形样本可能会被预测为圆类别或方块类别。

▶ 2.1.5　KNN 算法小结

KNN 的工作机制非常简单：给定测试样本，基于某种距离度量找出训练集中与其最靠近的 k 个训练样本，然后基于这 k 个邻居的信息进行预测。在分类任务中，使用这 k 个邻居出现次数最多的类别作为预测结果。

KNN 分类算法可以总结为以下几个步骤。

（1）选择 k 值和一个距离度量。

（2）找到要分类样本的 k 个近邻。

（3）以多数投票机制确定分类标签。

KNN 算法是一种非参、惰性的算法模型。其中，非参并不意味着算法不需要参数（显然，算法涉及超参数 k 的选取），而体现在算法不会对数据做出任何的假设。与之相对应的是线性回归模型（见第 3 章），该模型总是假设数据的分布是一条直线。也就是说，KNN 建立的模型是由实际的数据决定的，这比较符合实际，毕竟实际的数据分布与理论的分布假设常常并不严格相符。惰性在于，KNN 分类算法的训练过程是简单地保存训练样本。相比较而言，下面将要依次介绍的决策树、对率回归等分类算法都需要先基于训练集进行大量的训练，才能得到一个可用于预测的算法模型。

KNN 算法的优点为简单，在编程上易于实现；对数据没有假设，无须估计参数；无须训练，对异常值不敏感。其中，对异常值不敏感体现为，异常样本一般数目较少，而 KNN 采用了投票机制，因此，异常样本的类别一般不至于对分类结果产生严重的影响。

KNN 算法在实际使用中也存在一些问题。对于规模超大的数据集，计算量大，内存开销大。假设样本数量为 N，单个样本特征的维度为 p，则对一个待测样本进行 KNN 分类所需的时间复杂度为 $O(Np)$。原因在于，对任何一个待测样本进行分类时，需要循环所有的训练样本，复杂度为 $O(N)$。另外，当计算两个样本之间的距离时，此处的复杂度依赖于样本的维度，为 $O(p)$。将循环样本的过程看作外层循环，计算样本之间距离看作内层循环，所以总的复杂度为二者的乘积，即 $O(Np)$。

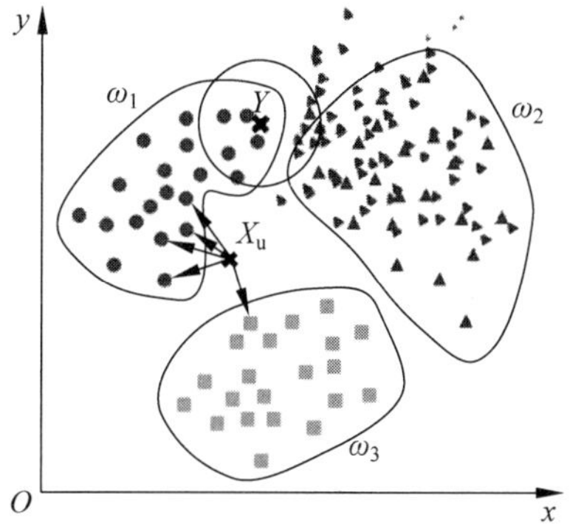

图 2.6　KNN 在样本不平衡情形下的分类效果

KNN 对高维数据集、稀疏数据集拟合欠佳，容易引起维数灾难（见 4.1 节的讨论），其原因在于，在高维空间，数据变得异常稀疏，使得即使是最近的邻居数据点，计算出的距离也变得很远。这导致了随着变量维度的增加，训练集所要求的数据量呈指数级的增长，计算量也随之变大。这时可对变量进行降维，如采用 PCA 等降维方法。

此外，KNN 在样本不平衡的情形下，预测准确度将降低。如图 2.6 所示，对于样本 X，通过 KNN 算法，显然可以得到 X 应属于圆点。但对于样本 Y，通过 KNN 算法似乎可判别 Y 应属于三角形，而这个结论从图中看来并没有说服力。此例属于样本不平衡的一个表现，即一个类的样本数量很大，而其他类样本数量很小时，很可能导致当输入一个待测样本时，该样本的 k 个邻居中大数量类的样本占多数。但是，待测样本更靠近小数量类的样本。在这种情况下，更倾向于认为该待测样本属于数量小的样本所属的类，因此可采用加权多数表决法进行判别：与该待测样本距离小的邻居设置相对较大权值，与该样本距离大的邻居则设置相对较小权值，将距离远近的因素也考虑在内，从而避免因样本不平衡导致误判的情况。

KNN 是一种基于实例的学习，训练数据并没有形成一个“模型”，仅将待预测样本和训练数据逐一比较。因此，在一些常见的应用场合中，KNN 使用得并不多。然而，KNN 算法仍然具有相当的理论价值，是一种非常经典、原理十分易于理解的算法，其涉及的距离计算、决策规则可为更复杂的模型提供参考。例如，距离计算的余弦相似度可在文本分类的词袋模型中使用。例如，一篇文章中一共出现了 5000 个词，因此用一个 5000 维度的向量 $\boldsymbol{X}$ 表示这篇文章，每个维度代表词语出现的数目。另外一篇文章也恰好共出现了这 5000 个词，并用向量 $\boldsymbol{Y}$ 表示该文章，则这两篇文章的相似度可以用余弦相似度来测量。

视频讲解

▶ 2.1.6 KNN 核心代码

以线上交友应用为例，应用的解决流程及 Python 3 代码实现如下。

（1）收集数据：提供文本文件。

（2）准备数据：使用 Python 解析文本文件。

（3）分析数据：使用 Matplotlib 画二维散点图。

（4）训练算法：此步骤不适用于 K 近邻算法。

（5）测试算法：使用线上交友应用的数据作为测试样本。

（6）使用算法：编写简单的命令行程序，然后输入一些特征数据以判断对方是否为自己喜欢的类型。

1. 准备数据：从文本文件中解析数据

线上交友数据集存放在文件 datingTestSet2.txt 中，如图 2.7 所示，数据集中共有 1000 条样本，每条样本占据一行，图中仅显示前 20 条样本。每个样本有 3 个特征，即图中的前 3 列，分别表示“每年获得的飞行常客里程数”“每周消费的冰淇淋公升数”及“玩视频游戏所耗时间百分比”。图中第 4 列表示样本标签，取值分别为 1，2，3。其中，标签“1”表示不喜欢，标签“2”表示有较小可能喜欢，标签“3”表示有较大可能喜欢。

kNN.py　datingTestSet2.txt

40920	8.326976	0.953952	3
14488	7.153469	1.673904	2
26052	1.441871	0.805124	1
75136	13.147394	0.428964	1
38344	1.669788	0.134296	1
72993	10.141740	1.032955	1
35948	6.830792	1.213192	3
42666	13.276369	0.543880	3
67497	8.631577	0.749278	1
35483	12.273169	1.508053	3
50242	3.723498	0.831917	1
63275	8.385879	1.669485	1
5569	4.875435	0.728658	2
51052	4.680098	0.625224	1
77372	15.299570	0.331351	1
43673	1.889461	0.191283	1
61364	7.516754	1.269164	1
69673	14.239195	0.261333	1
15669	0.000000	1.250185	2
28488	10.528555	1.304844	3

图 2.7　线上交友数据集

在 KNN.py 中创建名为 file2matrix 的函数，完成数据的读入和解析。该函数的输入为文件名字符串，输出为训练样本矩阵和类标签向量，代码如下。

```
def file2matrix(filename):
    fr = open(filename)                           # 打开文件
    arrayOLines = fr.readlines()                  # 读取文件内容
    numberOflines = len(arrayOLines)              # 得到文件行数
    returnMat = zeros((numberOflines,3))          # 返回解析后的数据,创建返回的 NumPy 矩阵
    classLabelVector = []                         # 定义类标签向量
```

```
    index = 0
    for line in arrayOLines:                           # 解析文件数据到列表
        line = line.strip()                            # 截取掉所有的回车符
        listFromLine = line.split('\t')                # 用'\t'将行数据分隔成元素列表
        returnMat[index,:] = listFromLine[0 : 3]       # 选取前三个数据将它们存储到特征矩阵中
        # 把该样本对应的标签放置标签向量,顺序与样本集对应
        classLabelVector.append(int(listFromLine[ - 1]))
        index += 1
    return returnMat,classLabelVector
```

(1) 使用函数 file2matrix 读取文件数据。

使用函数 file2matrix 读取文件数据,必须确保文件 datingTestSet.txt 存储在工作目录中。在 Python 命令提示符下输入下面的命令。

```
>>> import KNN
>>> datingDataMat , datingLabels = KNN.file2matrix ( 'datingTestSet.txt ')
>>> print(datingDataMat)
>>> print(datingLabels[0:20])
```

(2) 程序运行结果如图 2.8 所示。

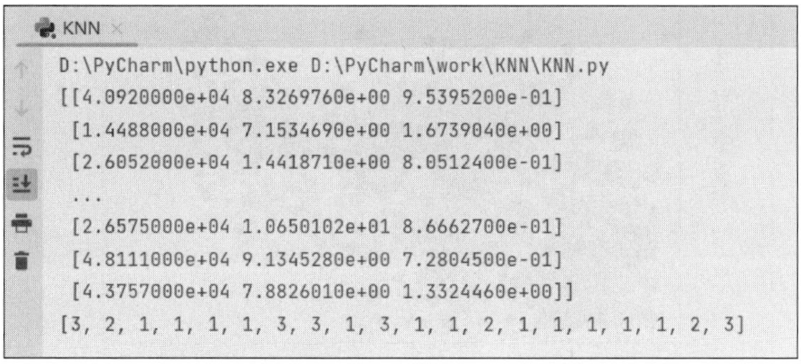

```
KNN
D:\PyCharm\python.exe D:\PyCharm\work\KNN\KNN.py
[[4.0920000e+04 8.3269760e+00 9.5395200e-01]
 [1.4488000e+04 7.1534690e+00 1.6739040e+00]
 [2.6052000e+04 1.4418710e+00 8.0512400e-01]
 ...
 [2.6575000e+04 1.0650102e+01 8.6662700e-01]
 [4.8111000e+04 9.1345280e+00 7.2804500e-01]
 [4.3757000e+04 7.8826010e+00 1.3324460e+00]]
[3, 2, 1, 1, 1, 1, 3, 3, 1, 3, 1, 1, 2, 1, 1, 1, 1, 1, 2, 3]
```

图 2.8　文件数据读取的运行结果

说明:成功导入 datingTestSet.txt。现已从文本文件中导入了数据,并将其格式化为想要的格式。

2. 分析数据:使用 Matplotlib 创建样本散点图

下面这段代码用于数据的可视化、数据分析及散点图的创建。首先,使用 Matplotlib 制作原始数据的散点图,并采用色彩或其他的记号来标记不同的样本分类,以更好地理解数据信息。其次,Matplotlib 库提供的 scatter 函数支持个性化标记散点图上的点,调用 scatter 函数时使用相应参数进行配置(对应如下代码)。此外,散点图使用 datingDataMat 矩阵的第 0、1 列数据,分别表示特征值"每年获得的飞行常客里程数"和"每周消费的冰淇淋公升数"。

```
import matplotlib.pyplot as plt
import kNN
import numpy as np
import matplotlib.font_manager as fm            # 导入字体管理器
# 设置中文字体,SimHei 是黑体,也可以使用其他中文字体
plt.rcParams['font.sans - serif'] = ['SimHei']
plt.rcParams['axes.unicode_minus'] = False      # 解决负号 '-' 显示为方块的问题
fig= plt.figure()
ax = fig.add_subplot (111)
datingDataMat , datingLabels = kNN.file2matrix ( 'datingTestSet2.txt ')
datingLabels = np.array(datingLabels)idx_1 = np.where(datingLabels == 1)
# 设置各散点颜色、大小和代表含义
```

```
p1 = ax.scatter(datingDataMat[idx_1, 0], datingDataMat[idx_1, 1],
marker = 'o', color = 'r', label = '不喜欢', s = 30)
idx_2 = np.where(datingLabels == 2)
p2 = ax.scatter(datingDataMat[idx_2, 0], datingDataMat[idx_2, 1],
marker = 'o', color = 'g', label = '魅力一般', s = 45)
idx_3 = np.where(datingLabels == 3)
p3 = ax.scatter(datingDataMat[idx_3, 0], datingDataMat[idx_3, 1],
marker = 'o', color = 'b', label = '极具魅力', s = 60)
plt.legend(loc = 'upper left')
plt.xlabel("每年获取的飞行常客里程")          # 设置 x, y 轴所代表内容(显示的文字)
plt.ylabel("每周消费的冰淇淋容量")
plt.show()                                   # 显示散点图图像
```

程序运行结果如图 2.9 所示。

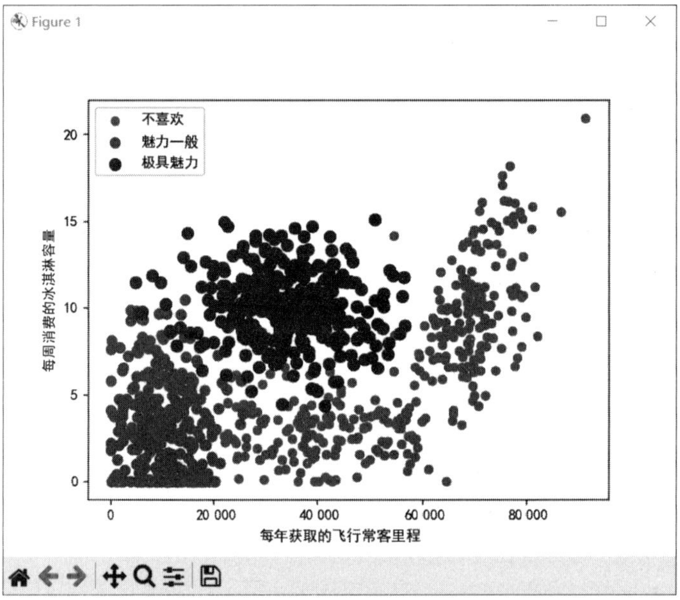

图 2.9　带有分类标签的样本散点图

说明：采用合适的属性值可以得到较好的可视化效果，图中清晰地标识了三个不同的样本分类区域，具有不同爱好的人其类别区域也不同。

3. 准备数据，归一化数值

表 2.1 为从交友数据集中随机采样的 4 条样本数据，可看出 3 个特征的取值范围差异较大。由于交友数据中“每年获得的飞行常客里程”远大于特征值“每周消费的冰淇淋容量”和“玩视频游戏所耗时间百分比”，如果直接使用数据，会造成“每年获得的飞行常客里程”对分类结果的影响最大。但通常认为这 3 个特征是同等重要的，因此作为 3 个等权重的特征之一，“每年获得的飞行常客里程”不应该严重地影响到分类结果。

表 2.1　交友数据集的 4 条样本数据

样本序号	玩视频游戏所耗时间百分比	每年获得的飞行常客里程	每周消费的冰淇淋容量	样本分类
1	0.8	400	0.5	1
2	12	134 000	0.9	3
3	0	20 000	1.1	2
4	67	32 000	0.1	2

在处理这种不同取值范围的特征值时，通常采用的方法是将数值归一化，如将取值范围处理为 0～1 或者 -1～1。式(2.4)可将任意取值范围的特征值转换为 0～1 的值。

$$\text{newValue} = \frac{\text{oldValue} - \text{minValue}}{\text{maxValue} - \text{minValue}} \tag{2.4}$$

其中，minValue 和 maxValue 分别为数据集中的最小特征值和最大特征值。通过归一化函数 autoNorm()将特征值转换为 0～1 区间。

在函数 autoNorm()中，将每列的最小值放在变量 minvals 中，将每列的最大值放在变量 maxVals 中，其中 dataset.min(0)中的参数 0 使得函数可以从列中选取最小值，而不是选取行的最小值。然后，函数计算可能的取值范围，并创建新的返回矩阵。为了归一化特征值，必须使用当前值减去最小值，然后除以取值范围。

```
def autoNorm(dataSet):                              # 归一化特征值,将数字特征值转换为 0～1 区间
    minVals = dataSet.min(0)                        # 存放每列最小值
    maxVals = dataSet.max(0)                        # 存放每列最大值
    ranges = maxVals - minVals                      # 最大值与最小值的差值
    m = dataSet.shape[0]
    normDataSet = (dataSet - minVals)/ranges        # Numpy 广播机制
    return normDataSet,ranges,minVals
```

4. 构建 KNN 分类器

函数 classify0()有 4 个输入参数，即待分类的输入向量 **inX**，训练样本集 dataSet，训练样本标签 labels，选择最近邻居的数目 k。标签向量的元素数目和样本矩阵 dataSet 的行数相同，即训练集的样本个数。程序中距离的计算方式为欧氏距离，即式(2.1)中 p 取 2 的情况。

计算完待分类样本和所有训练样本的距离后，将距离按照从小到大的顺序排序，然后确定对应前 k 个最小距离的训练样本的类别标签。代码"sortedClassCount = sorted(classCount.items(), key=operator.itemgetter(1), reverse=True)"将 classCount 字典分解为元组列表，使用运算符模块的 itemgetter()方法，按照第二个元素（多数表决的票数）的次序对元组进行从大到小的排序，最后返回票数最多的元素标签。

```
def classify0(inX, dataSet, labels, k):
  dataSetSize = dataSet.shape[0]
  diffMat = inX - dataSet                        # Numpy 广播机制
  sqDiffMat = diffMat ** 2
  sqDistances = sqDiffMat.sum(axis = 1)
  distances = sqDistances ** 0.5
  sortedDistIndicies = distances.argsort()
  classCount = {}
  for i in range(k):
      voteIlabel = labels[sortedDistIndicies[i]]
      classCount[voteIlabel] = classCount.get(voteIlabel,0) + 1
      sortedClassCount = sorted(classCount.items(), key = operator.itemgetter(1), reverse = True)
  return sortedClassCount[0][0]
```

5. 测试算法：作为完整程序验证分类器

机器学习算法一个重要的工作就是评估算法的正确率，通常我们只提供已有数据的 90% 作为训练样本来训练分类器，而使用其余的 10% 数据去测试分类器，检测分类器的正确率。对于分类器来说，错误率就是分类器给出错误结果的次数除以测试数据的总数，完美分类器的错误率为 0，而错误率为 1.0 的分类器不会给出任何正确的分类结果。代码里定义一个计数

器变量，每次分类器错误地分类数据计数器就加 1，程序执行完成之后计数器的结果除以数据点总数即是错误率。

```
def datingClassTest():          # 测试算法:作为完整程序验证分类器
    hoRatio = 0.10
    datingDataMat, datingLabels = file2matrix('datingTestSet2.txt')
    normMat, ranges, minVals = autoNorm(datingDataMat)
    m = normMat.shape[0]
    numTestVecs = int(m * hoRatio)
    errorCount = 0.0
    for i in range(numTestVecs):
        classifierResult = classify0(normMat[i, :], normMat[numTestVecs:m, :],
                                     datingLabels[numTestVecs:m], 3)
        print ("the classifier came back with: {}, the real answer is {}"
               .format(classifierResult, datingLabels[i]))
        if (classifierResult != datingLabels[i]): errorCount += 1.0
    print("the total error rate is: {}".format(errorCount / float(numTestVecs)))
```

（1）测试函数，计算错误率。

```
>>> import KNN
>>> KNN.datingClassTest()
```

（2）程序运行结果如图 2.10 所示。

```
the classifier came back with: 1, the real answer is 1
the classifier came back with: 2, the real answer is 2
the classifier came back with: 3, the real answer is 3
the classifier came back with: 3, the real answer is 1
the classifier came back with: 3, the real answer is 3
the classifier came back with: 1, the real answer is 1
the classifier came back with: 2, the real answer is 2
the classifier came back with: 2, the real answer is 2
the classifier came back with: 1, the real answer is 1
the classifier came back with: 1, the real answer is 1
the classifier came back with: 3, the real answer is 3
the classifier came back with: 2, the real answer is 3
the classifier came back with: 1, the real answer is 1
the classifier came back with: 2, the real answer is 2
the classifier came back with: 1, the real answer is 1
the classifier came back with: 3, the real answer is 3
the classifier came back with: 3, the real answer is 3
the classifier came back with: 2, the real answer is 2
the classifier came back with: 1, the real answer is 1
the classifier came back with: 3, the real answer is 1
the total error rate is: 0.05
```

图 2.10　分类器的测试结果

说明：分类器处理交友数据集的错误率是 5%，表明分类器可以通过输入未知对象的属性信息，来帮助判定某一对象的可交往程度：讨厌、一般喜欢、非常喜欢。

6. 使用算法构建完整可用系统

```
def classifyPerson():           # 使用算法:构建完整可用的系统
    resultList = ['讨厌', '一般喜欢', '非常喜欢']          # 类标签列表
    # 用户输入不同特征值
    precentTats = float(input("玩视频游戏所占时间百分比?"))
    ffMiles = float(input("每年获得的飞行常客里程数?"))
    iceCream = float(input("每周消费的冰淇淋公升数?"))
    # 打开文件并处理数据
```

```
        datingDataMat,datingLabels = kNN.file2matrix('datingTestSet2.txt')
        normMat, ranges, minVals = autoNorm(datingDataMat)    # 归一化训练集
        inArr = np.array([precentTats, ffMiles, iceCream]
        # 创建测试集数组
        norm_in_arr = (inArr - minVals) / ranges              # 归一化测试集
        classifierResult = classify0(norm_in_arr, normMat, datingLabels, 3)
        # 返回分类结果
        print("你对这个人的感觉可能是：", resultList[classifierResult - 1])    # 输出结果
```

（1）加载 KNN 模块，实现算法可用。

```
>>> import KNN
>>> KNN.classifyPerson()
```

（2）程序运行结果如图 2.11 所示。

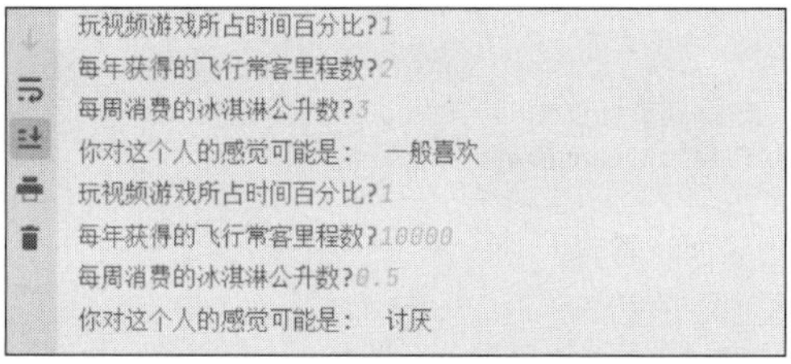

图 2.11　系统的分类结果

2.1.7　习题

1. 为什么要对数据做归一化？
2. 简述马氏距离与欧氏距离的区别和联系。
3. 在线上交友应用中将欧氏距离度量改变为马氏距离，比较实验结果的异同。
4. 基于线上交友数据集 datingTestSet2.txt，验证数据归一化对 KNN 分类精度的影响，根据验证结果能得出什么结论？
5. 基于线上交友数据集 datingTestSet2.txt，尝试搜索 KNN 模型最佳的 k 值。
6. 关于 2.1.5 节涉及的 KNN 模型的计算复杂度，请查阅文献了解常用的一些加速算法，如 KNeighborsClassifier—scikit-learn1.5.1documentation 等。

2.2　决策树

有时指学习方法，有时指学得的树

决策树是一类基于树结构进行决策的机器学习方法。决策树算法能够读取数据集合，并构建一棵用于分类的决策树。2.1 节介绍的 K 近邻算法可以完成很多分类任务，但其无法给出数据的内在含义，而决策树可以用于理解数据中蕴含的知识信息，具有使得数据形式非常易于理解的优势。因此，决策树可以针对不熟悉的数据集合，从中提取一系列规则，而构建出一棵决策树。决策树学习的目的是产生一棵泛化能力强，即处理未知示例能力强的决策树。

2.2.1　决策树的决策过程

视频讲解

决策树与人类在面临决策问题时构建的一种很自然的处理机制一致。例如，对于一个邮

件分类系统，需对一封邮件的内容进行智能分类，即判断一封邮件是“垃圾邮件”，还是“娱乐相关的邮件”，还是“工作相关的邮件”。面对这样的邮件分类问题，通常会进行一系列的判断。首先检测邮件的域名地址，如果邮件的域名地址为“myEntertainment. com”，则将其分类为“娱乐邮件”；如果邮件的域名地址为其他，则进一步检测邮件中是否包含词语“工作”，如果邮件包含词语“工作”，则将其分类为“工作邮件”；否则，将其分类为“垃圾邮件”。这个决策过程类似于 Python 编程中多重嵌套的“if-elif-else”的多分支选择结构，构建的决策树如图 2.12 所示。

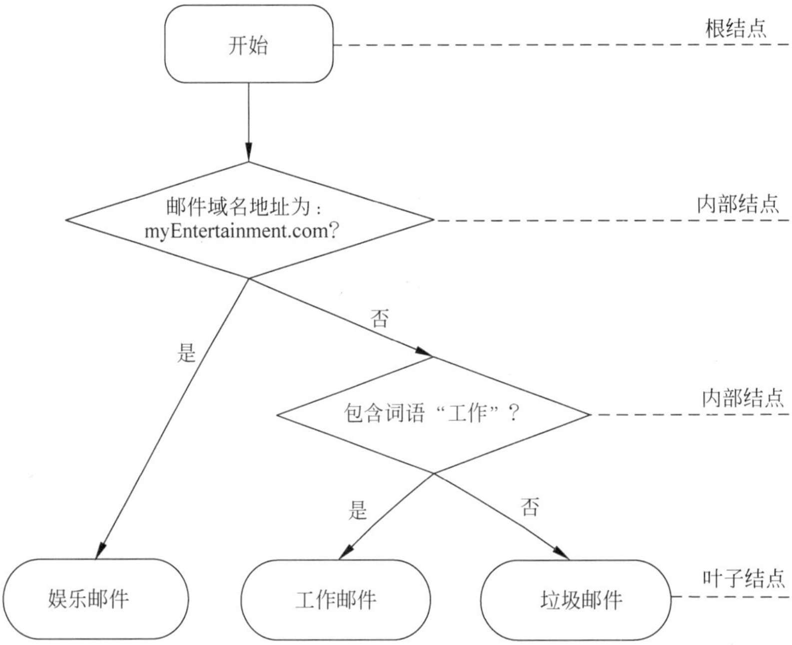

图 2.12　邮件分类系统的一棵决策树

显然，决策过程提出的每个判定问题都是对某个“属性”的测试。每个测试结果或是导出下个判定问题或是导出最终分类结果。下个判定问题和上次判定结果存在一定的关系，例如，若邮件域名地址不为“myEntertainment. com”，再考虑邮件中是否包含词语“工作”，则仅考虑域名地址不为“myEntertainment. com”的邮件是否包含词语“工作”。一个“属性”被使用过后，则不再被使用。

从图 2.12 可看出，一棵决策树包含一个根结点、若干内部结点和若干叶子结点。叶子结点对应于判别结果。内部结点对应于属性测试。每个结点包含的样本集合根据属性测试的结果被划分到子结点中。根结点包含样本全集。根结点到每个叶子结点的路径对应了一个测试判定序列。

▶ 2.2.2　决策树学习算法的基本流程

定义树函数 CreateTree(Dataset,B)，其中，输入参数分别为数据集 Dataset 和属性集合 B。首先，进行两次递归返回的判断。第 1～3 行，如果数据集中所有的类标签完全相同，则直接返回该类别标签；第 4～6 行，如果用完了属性集合中的所有属性，则返回数据集中样本出现类别最多的类别。其次，选取数据集中的最优判别属性，并利用该最优属性创建树。通常可以采用 Python 语言里的字典变量来创建树，字典变量可存储树的所有信息，利于树形图的绘制。

最后，遍历最优属性的所有属性值，在每个样本子集上递归调用函数 CreateTree()，创建分支结点。函数执行完毕时，会返回一个嵌套字典，字典的嵌套值代表着很多叶子结点的信息。如图 2.13 所示，为决策树学习算法的过程图。

输入：训练集：Dataset $=\{(x_1,y_1),(x_2,y_2),\cdots,(x_m,y_m)\}$；

　　　属性集：$B=\{b_1,b_2,\cdots,b_d\}$

过程：定义树函数 CreateTree(Dataset, B)

if Dataset 中样本全属于同一类别 C，**then**

　将叶子结点类别标记为 C 类；**return**

end if

if $B=\varnothing$ **then**

　将叶子结点类别标记为 Dataset 中样本数最多的类；**return**

end if

从 B 中选择最优划分属性 b_*。

利用 b_* 创建树

for b_* 的每一个值 b_*^i do

　令 Dataset$_i$ 表示 Dataset 中在 b_* 上取值为 b_*^i 的样本子集

　if Dataset$_i$ 为空，**then**

　　将分支结点标记为叶子结点，其类别标记为 Dataset 中样本最多的类；**return**

　else

　　以 CreateTree(Dataset$_i$, $B\backslash\{b_*\}$)创建分支结点

　end if

end for

输出：一棵决策树

图 2.13 决策树学习基本算法

显然，决策树的生成是一个递归过程。有以下三种情形会导致递归返回。

(1) 当前结点包含的样本全属于同一类别，无须继续划分。

(2) 当前属性集为空，无法继续划分，因此将当前结点标为叶子结点，类别设定为该结点所含样本最多的类别。

(3) 当前结点包含的样本集合为空，无法继续划分，因此将当前结点标为叶子结点，类别设定为其父结点所含样本最多的类别。

▶ 2.2.3 划分属性的选择

视频讲解

由决策树学习基本算法可知，决策树学习的关键之一为如何选取最优划分属性。划分数据集的大原则是将无序的数据变得更加有序。具体而言，随着数据集划分过程的进行，希望决策树的分支结点所包含的样本尽可能属于同一类别，即结点的纯度越来越高。

信息论是量化处理信息的分支学科，可以在划分数据前后利用信息论来度量数据包含的信息特征。一般采用信息熵(Information Entropy)来度量样本集合中包含的信息量。

信息熵是度量样本集合纯度的一种指标。假设当前样本集合 Dataset 中第 k 类样本所占的比例为 $p_k(k=1,2,\cdots,K)$，则 Dataset 的信息熵为

$$\text{Ent(Dataset)}=-\sum_{k=1}^{K}p_k\log_2 p_k \tag{2.5}$$

Ent(Dataset)表示所有类别样本包含的信息大小的期望值，Ent(Dataset)值越小，则 Dataset 的纯度越高。

假定离散属性 b 有 v 个可能的取值$\{b_1,b_2,\cdots,b_v\}$，若使用 b 对 Dataset 进行划分，则会

产生 V 个分支结点。其中，第 v 个结点包含 Dataset 中所有在属性 b 取值为 b_v 的样本，记为 Dataset_v。根据式(2.5)算出 Dataset_v 的信息熵。由于不同分支结点包含的样本数不同，可以给分支结点赋予权重 $|\text{Dataset}_v|/|\text{Dataset}|$，即样本数越多，则分支结点权重越大。因此，若用属性 b 对 Dataset 进行划分，其信息增益为

$$\text{Gain}(\text{Dataset},b)=\text{Ent}(\text{Dataset})-\sum_{v=1}^{V}\frac{|\text{Dataset}_v|}{|\text{Dataset}|}\text{Ent}(\text{Dataset}_v) \tag{2.6}$$

显然，若信息增益越大，则用属性 b 对 Dataset 进行划分对应的分支结点的纯度越高，即分支结点包含的样本尽可能属于同一类别。因此，可利用信息增益作为指标，选择决策树的划分属性，即最优划分属性为

$$b_*=\underset{b}{\text{argmax}}\text{Gain}(\text{Dataset},b) \tag{2.7}$$

以表 2.2 的西瓜数据集 2.0 为例，该数据集包含 17 个训练样本，每个样本有 6 个特征，包括色泽、根蒂、敲声等。类别标签有两类，8 个正样本（好瓜）和 9 个负样本（不好的瓜）。下面使用该数据集训练一棵决策树，以预测没切开的西瓜是否为好瓜。

表 2.2　西瓜数据集 2.0

编号	色泽	根蒂	敲声	纹理	脐部	触感	好瓜
1	青绿	蜷缩	浊响	清晰	凹陷	硬滑	是
2	乌黑	蜷缩	沉闷	清晰	凹陷	硬滑	是
3	乌黑	蜷缩	浊响	清晰	凹陷	硬滑	是
4	青绿	蜷缩	沉闷	清晰	凹陷	硬滑	是
5	浅白	蜷缩	浊响	清晰	凹陷	硬滑	是
6	青绿	稍蜷	浊响	清晰	稍凹	软粘	是
7	乌黑	稍蜷	浊响	稍糊	稍凹	软粘	是
8	乌黑	稍蜷	浊响	清晰	稍凹	硬滑	是
9	乌黑	稍蜷	沉闷	稍糊	稍凹	硬滑	否
10	青绿	硬挺	清脆	清晰	平坦	软粘	否
11	浅白	硬挺	清脆	模糊	平坦	硬滑	否
12	浅白	蜷缩	浊响	模糊	平坦	软粘	否
13	青绿	稍蜷	浊响	稍糊	凹陷	硬滑	否
14	浅白	稍蜷	沉闷	稍糊	凹陷	硬滑	否
15	乌黑	稍蜷	浊响	清晰	稍凹	软粘	否
16	浅白	蜷缩	浊响	模糊	平坦	硬滑	否
17	青绿	蜷缩	沉闷	稍糊	稍凹	硬滑	否

决策树开始学习时，根结点包含 Dataset 中的所有样本。正样本占 $p_1=8/17$，负样本占 $p_2=9/17$，则根结点的信息熵为

$$\text{Ent}(\text{Dataset})=-\sum_{k=1}^{2}p_k\log_2 p_k=-\left(\sum_{k=1}^{2}\frac{8}{17}\log_2\frac{8}{17}+\sum_{k=1}^{2}\frac{9}{17}\log_2\frac{9}{17}\right)=0.998 \tag{2.8}$$

然后，计算利用每个属性进行数据划分的信息增益。以属性“纹理”为例，其有三个可能的取值{清晰，稍糊，模糊}。用“纹理”对 Dataset 划分，可得三个子集，即 Dataset_1：（纹理＝清晰）、Dataset_2：（纹理＝稍糊）、Dataset_3：（纹理＝模糊）。分别计算 Dataset_1、Dataset_2、Dataset_3 中正样本类别及负样本类别所占的比例（如纹理清晰的 9 个样本中，7 个是好瓜，2 个是坏瓜），代入式(2.6)，得到利用“纹理”对 Dataset 划分的信息增益：

$$\text{Gain}(\text{Dataset},\text{纹理}) = \text{Ent}(\text{Dataset}) - \sum_{v=1}^{3}\frac{|\text{Dataset}_v|}{|\text{Dataset}|}\text{Ent}(\text{Dataset}_v)$$

$$= 0.998 - \frac{9}{17}\left[-\left(\frac{7}{9}\log_2\frac{7}{9}+\frac{2}{9}\log_2\frac{2}{9}\right)\right] - \frac{5}{17}\left[-\left(\frac{1}{5}\log_2\frac{1}{5}+\frac{4}{5}\log_2\frac{4}{5}\right)\right] - \frac{3}{17}\left[-\left(\frac{0}{3}\log_2\frac{0}{3}+\frac{3}{3}\log_2\frac{3}{3}\right)\right] = 0.381 \tag{2.9}$$

经比较，属性“纹理”带来的信息增益最大，于是首先选“纹理”为最优划分属性，对根结点进行划分，如图 2.14 所示。显然，当前属性的取值个数即为当前结点的分支数。

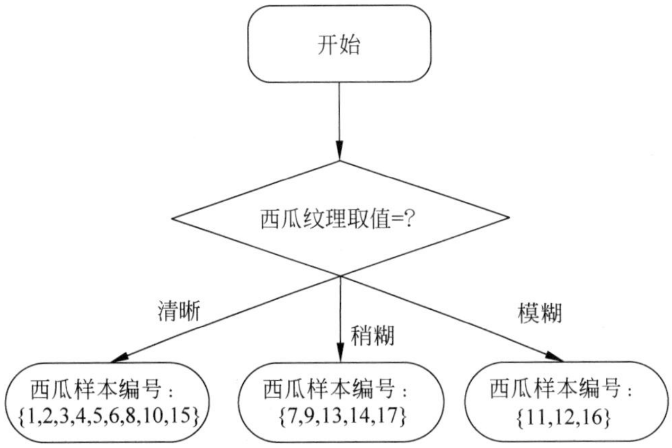

图 2.14 基于"纹理"对根结点划分

然后，决策树学习算法对每个分支结点做进一步划分。以第 1 个分支结点{"西瓜纹理取值=清晰"}为例，Dataset_1 中包含的样本数为 9 个，即西瓜样本编号{1,2,3,4,5,6,8,10,15}，此时其可用属性集合为{色泽，根蒂，敲声，脐部，触感}，已排除掉“纹理”属性。基于 Dataset_1 计算各属性的信息增益，经比较，“根蒂”“脐部”“触感”三个属性均取得了最大的信息增益，因此可任选其中之一作为划分属性。类似地，对每个分支结点进行上述操作，直到得到最终的决策树。

▶ 2.2.4 其他属性选取指标

1. 增益率

在上面决策树的生成过程中，若将表 2.2 中“编号”也作为一个候选划分属性，则算出其信息增益为 0.998，远大于其他候选信息增益。然而，“编号”属性的取值个数为 17，利用其对根结点进行划分，将产生 17 个分支，每个分支结点仅包含 1 个样本。这些分支结点的纯度已达最大，即分支结点包含的样本仅占据 1 个类别。但这样的决策树不具有泛化能力，不具有实际应用价值。

显然，根据最大化信息增益的准则，其倾向于选取可取值数目较多的属性作为最优划分属性，为降低这种偏向带来的不良影响，著名的 C4.5 决策树算法不直接使用信息增益，而使用增益率来选择最优划分属性。增益率定义为

$$\text{Gain\_ratio}(\text{Dataset},b) = \frac{\text{Gain}(\text{Dataset},b)}{\text{IV}(b)} \tag{2.10}$$

其中，

$$\text{IV}(b) = -\sum_{v=1}^{V}\frac{|\text{Dataset}_v|}{|\text{Dataset}|}\log_2\frac{|\text{Dataset}_v|}{|\text{Dataset}|} \tag{2.11}$$

IV(b)为属性 b 的固有值，属性 b 的可能取值数目越多，则 IV(b)越大。例如，对西瓜数据集 2.0，有 IV(触感)=0.874，对应 $V=2$；IV(色泽)=1.580，对应 $V=3$；IV(编号)=4.088，对应 $V=17$。

因此，增益率准则倾向于选取可取值数目较少的属性作为最优划分属性，C4.5 算法并不是直接选择增益率最大的候选划分属性，而是先从候选划分属性中找出信息增益高于平均水平的属性，再从中选择增益率最高的。

2. 基尼系数

Breiman 在 1984 年提出 CART(Classification and Regression Tree)决策树，采用“基尼系数”(Gini Index)来划分属性。基尼系数是指国际上通用的、用以衡量一个国家或地区居民收入差距的常用指标。基尼系数最早由意大利统计与社会学家 Corrado Gini 在 1912 年提出。基尼系数最大取值为“1”，最小取值为“0”。基尼系数越接近 0，表明收入分配越趋向平等。国际惯例把基尼系数取值为 0.2 以下视为收入绝对平均；基尼系数取值为 0.2～0.3 视为收入比较平均；基尼系数取值为 0.3～0.4 视为收入相对合理；基尼系数取值为 0.4～0.5 视为收入差距较大；当基尼系数达到 0.5 以上时，则表示收入悬殊。显然，对于经济体而言，基尼系数取值越小越好。

基尼系数的计算方式如下。

$$\text{Giniindex}(\text{Dataset},b)=\sum_{v=1}^{V}\frac{|\text{Dataset}_v|}{|\text{Dataset}|}\text{Gini}(\text{Dataset}_v,b) \tag{2.12}$$

$$\text{Gini}(\text{Dataset}_v,b)=1-\sum_{k=1}^{K}p_k^2 \tag{2.13}$$

若使用 b 对 Dataset 进行划分，第 v 个结点包含 Dataset 中所有在属性 b 取值为 b_v 的样本，记为 Dataset_v。其中，p_k 表示利用属性 b 对 Dataset 进行划分时，Dataset_v 中每个类别的样本数占 Dataset_v 中总样本数的比例。$|\text{Dataset}_v|/|\text{Dataset}|$ 为两个集合 Dataset_v 与 Dataset 中样本数的比值。

以表 2.3 的工作数据集为例，其包含 8 个训练样本，3 个属性分别为{工资、压力、平台}。

表 2.3　工作数据集

编号	工资	压力	平台	工作
1	1	1	2	好
2	0	1	0	好
3	1	0	0	好
4	0	1	0	好
5	0	1	1	不好
6	1	1	1	好
7	0	0	2	不好
8	0	0	1	不好

首先，“工资”属性有两个取值，分别为 0 和 1。当“工资=1”时，样本数为 3。同时，这三个样本中，工作的类别都为“好”。因此，

$$\text{Gini}(\text{Dataset}_1,\text{工资}=1)=1-\left(\frac{3}{3}\right)^2-\left(\frac{0}{3}\right)^2=0 \tag{2.14}$$

当“工资=0”时，样本数为 5。同时，这 5 个样本中，工作类别为“好”的样本数为 2，工作类别为“不好”的样本数为 3。因此，

$$\mathrm{Gini}(\mathrm{Dataset}_0, 工资=0)=1-\left(\frac{2}{5}\right)^2-\left(\frac{3}{5}\right)^2=\frac{12}{25} \tag{2.15}$$

则“工资”属性的基尼系数为

$$\mathrm{Giniindex}(\mathrm{Dataset}, 工资)=\frac{3}{8}\times\left[1-\left(\frac{3}{3}\right)^2-\left(\frac{0}{3}\right)^2\right]+\frac{5}{8}\times\left[1-\left(\frac{2}{5}\right)^2-\left(\frac{3}{5}\right)^2\right]=0.3 \tag{2.16}$$

同理，计算可得“压力”“平台”的基尼系数，经比较，“工资”属性的基尼系数最小。根据基尼系数最小准则，优先选择“工资”属性作为 Dataset 的第一划分属性。

▶ 2.2.5 剪枝处理

剪枝是决策树学习算法对付“过拟合”的主要手段。在决策树学习过程中，为了正确分类训练样本，结点划分过程将不断重复，可能会造成分支过多。这时可能因为训练样本学得太好了，以至于将训练集自身的一些特点（如噪声）当作所有数据都具有的一般性质而导致过拟合。因此，可通过主动去掉一些分支来降低过拟合的风险。

决策树剪枝的基本策略有“预剪枝”和“后剪枝”。预剪枝，即在决策树生成过程中，对每个结点划分前先进行估计，若当前结点的划分不能带来决策树泛化性能的提升，则停止划分，并将当前结点标记为叶子结点。后剪枝的定义为：先从训练集生成一棵完整的决策树，然后自底向上对非叶子结点进行考察，若将该结点对应的子树替换为叶子结点能带来决策树泛化性能的提升，则将该子树替换为叶子结点。

▶ 2.2.6 决策树的核心代码实现

视频讲解

本节将详细介绍决策树基本算法的 Python 代码实现，利用决策树实现简单鱼类别鉴定任务，并给出代码的简单运行实例。相信读者在此基础上能够在实验课中进一步完善和改进代码，完成更具挑战性和实用性的应用任务。

简单鱼数据集如表 2.4 所示，表中包含 5 个海洋生物样本，每个样本有两个特征，即“不浮出水面是否可以生存”和“是否有脚蹼”。标签为“属于鱼类”和“不属于鱼类”，分别用“是”和“否”表示。

表 2.4 简单鱼数据集

	不浮出水面是否可以生存	是否有脚蹼	属于鱼类
1	是	是	是
2	是	是	是
3	是	否	否
4	否	是	否
5	否	是	否

首先来看数据集创建函数 createDataSet()。

```
def createDataSet():
    dataSet = [[1, 1, 'yes'],
               [1, 1, 'yes'],
               [1, 0, 'no'],
               [0, 1, 'no'],
               [0, 1, 'no']]
    labels = ['no surfacing','flippers']
    return dataSet, labels
```

该函数创建了简单鱼数据集,一行为一个样本,共有5个样本;每行有三列,前两列对应两个属性值(取值为'0'或'1'),第3列对应类别标签(取值为'yes'或'no')。labels为属性名称列表,共有两个元素'no surfacing'和'flippers',分别表示样本不浮出水面是否能生存及样本是否有脚蹼。'no surfacing'取值为1表示样本不浮出水面可以生存,反之不能生存;'flippers'取值为1表示样本具有脚蹼,反之不具有脚蹼。类别标签取值为'yes',表明该样本为鱼类;类别标签取值为'no',表明该样本不为鱼类。

接下来定义香农熵计算函数calcShannonEnt()(对应式(2.5))。

```
def calcShannonEnt(dataSet):
    numEntries = len(dataSet)
    labelCounts = {}
    for featVec in dataSet:    # 用字典统计样本不同类别出现的次数
        currentLabel = featVec[-1]
        if currentLabel not in labelCounts.keys(): labelCounts[currentLabel] = 0
        labelCounts[currentLabel] += 1
    shannonEnt = 0.0
    for key in labelCounts:
        prob = float(labelCounts[key])/numEntries
        shannonEnt -= prob * log(prob,2)
    return shannonEnt
```

该函数首先计算数据集dataSet中样本的总数。然后,创建一个数据字典labelCounts,它的键是特征向量featVec的最后一列(即类别标签),如果当前键不存在,则扩展字典,并将当前键加入字典。每个键值对都记录了当前类别出现的次数。最后,使用所有类标签出现的频率作为类标签出现的概率,并利用此概率计算香农熵。

接下来,定义根据指定的属性进行数据集划分的函数splitDataSet()。

```
def splitDataSet(dataSet, axis, value):
    retDataSet = []
    for featVec in dataSet:
        if featVec[axis] == value:
            reducedFeatVec = featVec[:axis]      # 去掉用于划分的属性
            reducedFeatVec.extend(featVec[axis+1:])
            retDataSet.append(reducedFeatVec)
    return retDataSet
```

该函数根据指定的属性进行数据集划分,其输入参数dataSet为由列表元素组成的列表,axis为划分数据集的属性索引号,value为属性取值。在函数内部语句的第一行声明一个新列表对象retDataSet,原因在于该函数splitDataSet()在同一数据集上被调用多次,为了不修改原始数据集,创建此新列表对象。数据集dataSet的各个元素也为列表,因此,采用for循环遍历数据集中的每条数据,一旦样本的属性值和value相等,则将该样本添加到新列表retDataSet中,同时必须删掉该属性值,以免该属性值在决策树的创建过程中被重复使用。该段代码的功能为:当按照某个属性划分数据集时,需要将所有符合要求的样本抽取出来,并删掉样本的该属性值。

接下来,定义最优划分属性选择函数chooseBestFeatureToSplit()(对应式(2.7))。

```
def chooseBestFeatureToSplit(dataSet):
    numFeatures = len(dataSet[0]) - 1            # 最后一列是类别标签
    baseEntropy = calcShannonEnt(dataSet)
    bestInfoGain = 0.0; bestFeature = -1
```

```
    for i in range(numFeatures):                          # 遍历所有样本属性
        featList = [example[i] for example in dataSet]    # 得到所有样本的第 i 个属性的取值
        uniqueVals = set(featList)                        # 得到属性 i 所有可能取值构成的集合
        newEntropy = 0.0
        for value in uniqueVals:
            subDataSet = splitDataSet(dataSet, i, value)
            prob = len(subDataSet)/float(len(dataSet))
            newEntropy += prob * calcShannonEnt(subDataSet)
        infoGain = baseEntropy - newEntropy               # 计算信息增益,即熵的减小量
        if (infoGain > bestInfoGain):                     # 与当前最大增益进行比较
            bestInfoGain = infoGain                       # 得到当前最大增益
            bestFeature = i
    return bestFeature                                    # 返回最大增益对应的属性偏号
```

该函数实现选取最优划分属性,并划分数据集,其输入参数 dataSet 为由列表元素组成的列表,每个列表元素代表一个样本,显然,所有的列表元素都须具有相同的数据长度。同时,每个列表元素的最后一列为当前样本的类别标签。因此,函数的第 1 行可计算出数据集包含的属性个数。

函数的第 2 行代码计算了整个数据集的原始香农熵,即最初的数据集的纯度值,用于和划分后的数据集的熵值进行比较。最外层的 for 循环遍历了数据集的所有属性,for 循环内的第一条语句使用列表推导式创建了新的列表,即将数据集的第 i 个属性写入这个新列表 featList 中。然后,使用集合(set)类型去除 featList 中的重复值,存入集合变量 uniqueVals 中。

接着,内层的 for 循环用以遍历 uniqueVals 中第 i 个特征的取值,通过函数 splitDataSet()利用第 i 个属性值对数据集进行划分,计算划分后数据集的新熵值,并对每个属性值划分的数据集的熵值求和。然后计算划分数据前后信息增益的大小,即数据集无序程度的减少。最后,比较所有属性带来的信息增益的大小,返回最大信息增益值对应的属性索引号。

接下来,定义类别投票函数 majorityCnt()。

```
def majorityCnt(classList):
    classCount = {}
    for vote in classList:
        if vote not in classCount.keys(): classCount[vote] = 0
        classCount[vote] += 1
    sortedClassCount = sorted(classCount.iteritems(), key = operator.itemgetter(1), reverse =
True)
    return sortedClassCount[0][0]
```

类似 KNN 算法的多数表决投票,该函数统计出现次数最多的类别标签,其输入参数 classList 为列表变量,其列表元素为数据集的类别标签。首先,创建数据字典 classCount,用以存放每个类别标签对应的样本个数。然后,利用 sorted()对每个类别标签的样本个数按照由大到小进行排序,并返回样本个数最多的类别标签名称。

接下来,定义决策树创建函数 createTree()。

```
def createTree(dataSet,labels):
    classList = [example[-1] for example in dataSet]
    if classList.count(classList[0]) == len(classList):
        return classList[0]          # 当样本都属于同一个类别时停止划分
    if len(dataSet[0]) == 1:         # 当属性都用完时也要停止划分
        return majorityCnt(classList)
    bestFeat = chooseBestFeatureToSplit(dataSet)
```

```
    bestFeatLabel = labels[bestFeat]
    myTree = {bestFeatLabel:{}}
    del(labels[bestFeat])
    featValues = [example[bestFeat] for example in dataSet]
    uniqueVals = set(featValues)
    for value in uniqueVals:
        subLabels = labels[:]       # 生成一个副本,避免 labels 被修改
        myTree[bestFeatLabel][value] = createTree(splitDataSet(dataSet, bestFeat, value),
subLabels)
    return myTree
```

该函数用以创建决策树，其输入参数为数据集 dataSet 和属性列表 labels。第一行代码创建了列表变量 classList，存放数据集的类别标签。接下来第一条 if 语句用以判断数据集的长度(即样本个数)是否等于类别标签列表中第 0 个元素的个数，若相等，则说明数据集的所有样本都属于同一种类别，则直接返回该类别标签，无须继续判断。第二条 if 语句用以判断第 0 个样本的长度是否为 1，若是则说明所有的属性已用完，直接返回出现次数最多的类别值。

接下来，调用函数 chooseBestFeatureToSplit()选择最佳的划分属性，即 bestFeat 及其对应的属性名称 bestFeatLabel。接着，开始创建树 myTree，其类型为嵌套的字典结构，初始键为最佳划分属性 bestFeatLabel，即以该最佳划分属性为根结点开始创建树。为了避免该最佳划分属性被重复利用，下面需要将其从属性名称列表 labels 中删除。接着，通过 for 循环对最佳属性取值进行遍历。for 循环的第一行语句“subLabels=labels[:]”的作用是复制属性名称列表 labels，将其存储在新列表变量 subLabels 中。原因在于 Python 语言中当函数参数是列表类型时，参数是按照引用方式传递(即传址)的，为了保证每次调用函数 createTree()时不改变原始列表的值，使用新变量 subLabels 代替原始列表。

然后，利用函数 splitDataSet()获取最佳属性划分的子数据集，将子数据集及对应的属性名称列表 subLabels 传入函数 createTree()，递归调用函数 createTree()并将返回值插入字典变量 myTree 中。因此，函数执行结束时，字典 myTree 中将会嵌套很多代表着树结点信息的字典结构，一棵完整的决策树也就创建完成了。可见，一棵完整的决策树实际就是一个嵌套字典结构。

依靠训练数据构造决策树后，就可以将其用于实际数据的分类。决策树分类函数 classify()采用递归方式完成这一过程。

```
def classify(inputTree,featLabels,testVec):
    firstStr = list(inputTree.keys())[0]
    secondDict = inputTree[firstStr]
    featIndex = featLabels.index(firstStr)
    key = testVec[featIndex]
    valueOfFeat = secondDict[key]
    if isinstance(valueOfFeat, dict):
        classLabel = classify(valueOfFeat, featLabels, testVec)
    else: classLabel = valueOfFeat
    return classLabel
```

该函数的输入参数分别为决策树 inputTree、属性名称列表 featLabels、待分类样本的属性取值列表 testVec。首先，通过取决策树 inputTree 的键列表的第 0 个元素，获得最佳划分

属性 firstStr，接着得到决策树以最佳划分属性为键的值 secondDict，其为嵌套字典结构。然后，通过 index()方法获取最佳划分属性的索引值 featIndex，并据此得到待分类样本的对应属性名称 key。然后计算嵌套字典 secondDict 以 key 为键对应的值 secondDict[key]。如果该值为字典结构，说明仍需继续进行类别判断，因此递归调用函数 classify()，此时 classify()的输入参数为 secondDict[key]，属性名称列表 featLabels，及待分类样本的属性取值列表 testVec。直至到达叶子结点，返回当前结点的分类标签；如果该值不是字典，说明已到达叶子结点，则直接返回当前结点的分类标签即可。

为了更直观地查看决策树的分类结果，可以将决策树可视化。Python 并没有提供绘制树的工具，因此需要利用 Matplotlib 库绘制树形图。为了绘制这棵完整的树，必须知道叶子结点的个数，以确定 x 轴的长度。此外还需要知道树的层数，以确定 y 轴的高度。定义两个函数 getNumLeafs()和 getTreeDepth()，分别获取叶子结点的数目和树的层数，如下。

```
def getNumLeafs(myTree):
    numLeafs = 0
    firstStr = list(myTree.keys())[0]
    secondDict = myTree[firstStr]
    for key in secondDict.keys():
        if type(secondDict[key]).__name__ == 'dict':   # 如果该结点是字典,则其不是叶子结点
            numLeafs += getNumLeafs(secondDict[key])
        else: numLeafs += 1
    return numLeafs

def getTreeDepth(myTree):
    maxDepth = 0
    firstStr = list(myTree.keys())[0]
    secondDict = myTree[firstStr]
    for key in secondDict.keys():
        if type(secondDict[key]).__name__ == 'dict':   # 如果该结点是字典,则其不是叶子结点
            thisDepth = 1 + getTreeDepth(secondDict[key])
        else: thisDepth = 1
        if thisDepth > maxDepth: maxDepth = thisDepth
    return maxDepth
```

函数 getNumLeafs()和 getTreeDepth()具有相同的结构。firstStr 是树的根结点，从其出发可以得到下一个结点 secondDict。利用 type()函数判断该结点是否为叶子结点，如果不是叶子结点，则进行递归调用；否则，不再进行递归调用。需要特别注意的是，两个函数的不同之处在于，getNumLeafs()函数遍历整棵树，累计叶子结点的个数并返回该值；getTreeDepth()函数需要比较不同分支的层数，以得到最大层数 maxDepth。

定义函数 retrieveTree()，用于存储已构造的树。下面以"简单鱼数据集"为例进行分析。

```
def retrieveTree(i):
    listOfTrees = [{'no surfacing': {0: 'no', 1: {'flippers': {0: 'no', 1: 'yes'}}}},
                   {'no surfacing': {0: 'no', 1: {'flippers': {0: {'head': {0: 'no', 1: 'yes'}}, 1: 'no'}}}}
                   ]
    return listOfTrees[i]
```

将以上代码添加至文件 trees.py，以验证代码的正确性。

```
>>> import trees
>>> myDat,labels = trees.createDataSet()
>>> labels
['no surfacing','flippers']
>>> myTree = treePlotter.retrieveTree(0)
>>> myTree
{'no surfacing':{0:'no',1:{flippers:{0:'no',1:'yes'}}}}
>>> trees.classify(myTree,labels,[1,0])
'no'
>>> trees.classify(myTree,labels,[1,1])
'yes'
>>> trees.getNumLeafs(myTree)
3
>>> trees.getTreeDepth(myTree)
2
```

代码运行正常，也能得到正确的结果。

接下来定义函数 createPlot()，完成决策树的可视化。该过程包括创建绘图区、计算决策树的全局尺寸和调用递归绘图函数 plotTree()等。plotTree.totalW 和 plotTree.totalD 为全局变量，分别存储树的宽度和深度，这两个变量用于将树绘制在水平方向和垂直方向的中心位置。全局变量 plotTree.xOff 和 plotTree.yOff 用于追踪已经绘制的结点位置以及放置下一个结点的恰当位置。plotTree()调用 plotMidText()函数计算父结点和子结点的中间位置，并在此处添加简单的文本标签信息，然后调用 plotNode()函数画出结点。需要注意的是，画完结点后应按比例减少垂直位置 plotTree.yOff，因为这里是自顶向下绘制图形。plotTree()函数递归调用的规则同样是"判断是否为叶子结点"，如果是叶子结点，则在图形上画出叶子结点；否则，递归调用 plotTree()函数。类似地，每次画完叶子结点，都需要向右调整水平位置，再画下一个叶子结点。此外，画完子树的所有叶子结点后，应按比例向上调整垂直位置。

```
def createPlot(inTree):
    fig = plt.figure(1, facecolor = 'white')
    fig.clf()
    axprops = dict(xticks = [], yticks = [])
    createPlot.ax1 = plt.subplot(111, frameon = False, ** axprops) # 不带刻度
    #createPlot.ax1 = plt.subplot(111, frameon = False)             # 带刻度，方便演示
    plotTree.totalW = float(getNumLeafs(inTree))
    plotTree.totalD = float(getTreeDepth(inTree))
    plotTree.xOff = -0.5/plotTree.totalW; plotTree.yOff = 1.0;
    plotTree(inTree, (0.5,1.0), '')
    plt.show()

def plotTree(myTree, parentPt, nodeTxt):
    numLeafs = getNumLeafs(myTree)                                  # 叶子结点数决定树的宽度
    depth = getTreeDepth(myTree)
    firstStr = list(myTree.keys())[0]                               # 得到根结点
    cntrPt = (plotTree.xOff + (1.0 + float(numLeafs))/2.0/plotTree.totalW, plotTree.yOff)
    plotMidText(cntrPt, parentPt, nodeTxt)
    plotNode(firstStr, cntrPt, parentPt, decisionNode)
```

```
    secondDict = myTree[firstStr]
    plotTree.yOff = plotTree.yOff - 1.0/plotTree.totalD
    for key in secondDict.keys():
        if type(secondDict[key]).__name__ == 'dict':   # 如果该结点是字典,则其不是叶子结点
            plotTree(secondDict[key],cntrPt,str(key)) # 递归调用
        else:                                          # 如果该结点是叶子结点,则将其画出
            plotTree.xOff = plotTree.xOff + 1.0/plotTree.totalW
            plotNode(secondDict[key], (plotTree.xOff, plotTree.yOff), cntrPt, leafNode)
            plotMidText((plotTree.xOff, plotTree.yOff), cntrPt, str(key))
    plotTree.yOff = plotTree.yOff + 1.0/plotTree.totalD

def plotMidText(cntrPt, parentPt, txtString):
    xMid = (parentPt[0] - cntrPt[0])/2.0 + cntrPt[0]
    yMid = (parentPt[1] - cntrPt[1])/2.0 + cntrPt[1]
    #createPlot.ax1.text(xMid, yMid, txtString, va = "center", ha = "center", rotation = 30)
    createPlot.ax1.text(xMid, yMid, txtString, va = "center", ha = "center", rotation = 0)

def plotNode(nodeTxt, centerPt, parentPt, nodeType):
    createPlot.ax1.annotate(nodeTxt, xy = parentPt, xycoords = 'axes fraction',
             xytext = centerPt, textcoords = 'axes fraction',
             va = "center", ha = "center", bbox = nodeType, arrowprops = arrow_args )
```

将以上代码添加至文件 trees.py,以验证代码的正确性。

```
>>> import trees
>>> myTree = trees.retrieveTree(0)
>>> trees.createPlot(myTree)
```

绘制结果如图 2.15 所示,则一棵完整的树绘制成功。

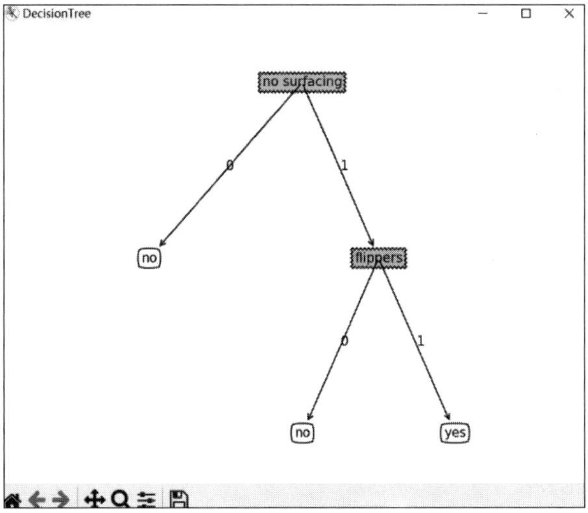

图 2.15　决策树的分类结果

按照如下命令变更字典,重新绘制树形图,如图 2.16 所示,为一个三分支的树形图。

```
>>> myTree['no surfacing'][3] = 'maybe'
>>> myTree
{'no surfacing': {0: 'no',1: {'flippers': {0: 'no',1: 'yes'}}, 3: 'maybe'}}
>>> trees.createPlot(myTree)
```

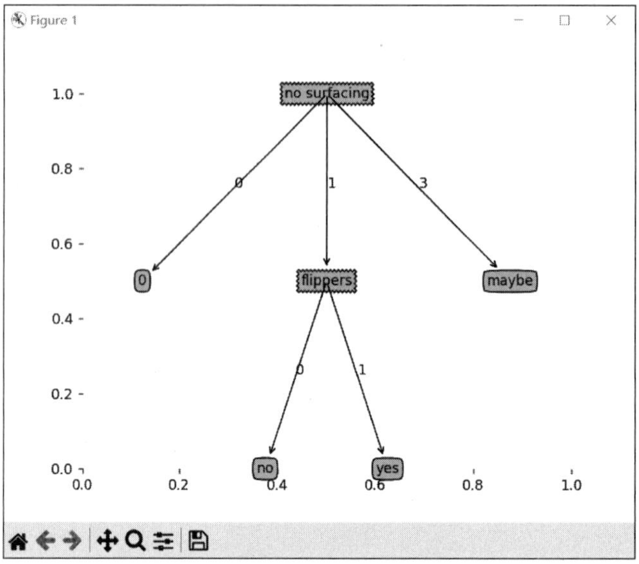

图 2.16　超过两个分支的树形图

▶ 2.2.7　习题

1. 解释图 2.12 中根结点、内部结点及叶子结点的含义。

2. 试给出式(2.9)的详细计算过程，并验证其正确性。

3. 针对表 2.2 中的西瓜数据集 2.0，根据式(2.6)分别计算利用属性“色泽”“根蒂”“脐部”进行数据划分的信息增益。

4. 解释信息增益准则的含义。

5. 分析决策树学习过程中产生过拟合现象的原因，应当如何应对？

6. 在本节的代码实现中，树是以什么数据类型存储的？采用这种数据类型有什么优势？试给出一个具体的实例进行详细说明。

2.3　对数几率回归

名字是回归，实际是分类

要讲解对数几率回归模型，要从线性模型讲起。线性模型是最简单、最基本的模型之一，是构成一大类复杂模型的基础，从本节开始一直到课程结束，读者会经常看到它的身影。

▶ 2.3.1　线性分类模型

简单来讲，线性模型是指通过样本特征的线性组合来进行预测的模型。举个例子，直线方程 $y=kx+b$ 就是一个线性模型。为什么称为线性模型呢？因为这个模型描述了一条 2D(x 和 y)空间里的直线，直线当然是线性的。类似地，可以推广到 3 维及更高维空间，这时候 $\boldsymbol{k}$ 和 $\boldsymbol{x}$ 就是向量了，而 $y=\boldsymbol{k}^{\mathrm{T}}\boldsymbol{x}+b$ 就表示 3 维空间里的平面或更高维空间里的“超平面”。关于“维数”和“降维”，第 4 章还会更深入地讨论。

正式地，定义一个 d 维的特征向量 $\boldsymbol{x}=(x_1,x_2,\cdots,x_d)$，一个 d 维的权重向量 $\boldsymbol{w}=(w_1,$

$w_2, \cdots, w_d$)，一个偏置 b(即 $\boldsymbol{x}$ 为 0 时的取值)，称 $f(\boldsymbol{x};\boldsymbol{w})$ 为一个线性模型，如式(2.17)所示。

$$f(\boldsymbol{x};\boldsymbol{w}) = \boldsymbol{w}^{\mathrm{T}}\boldsymbol{x} + b \tag{2.17}$$

也可以用图 2.17 来表示式(2.17)所描述的线性模型。注意，图 2.17 中，偏置 b 对应的是固定的输入分量“1”。有时候，会把这个分量“1”也放到 $\boldsymbol{x}$ 里，从而得到 $d+1$ 维的“增扩”特征向量，相应地把 b 放到 $\boldsymbol{w}$ 里，从而形成 $d+1$ 维的“增扩”权重向量。另外，按照 1.2.2 节关于含参模型和非参模型的定义，很显然，线性模型属于含参模型。而前面已经介绍的 K 近邻和决策树则都属于非参模型。

式(2.17)所示的线性模型可以方便地应用到回归问题上，也就是直接用 $\hat{y} = f(\boldsymbol{x};\boldsymbol{w})$ 来预测连续目标变量 y 的值。这是第 3 章的主题。那么，读者可以思考下，对于本节的分类问题怎么办呢？实际上，在分类问题中，由于目标变量 y 是一些离散的标签，而 $f(\boldsymbol{x};\boldsymbol{w})$ 的值域为实数，因此无法直接用 $f(\boldsymbol{x};\boldsymbol{w})$ 来进行预测，需要引入一个非线性的决策函数 $g(\cdot)$ 来预测目标变量 y 的值：

$$y = g(f(\boldsymbol{x};\boldsymbol{w})) \tag{2.18}$$

式(2.18)就是需要的线性分类模型，可以用图 2.18 来表示。图 2.18 中的上图，表示增加的决策函数 $g(\cdot)$ 可以将 $f(\boldsymbol{x};\boldsymbol{w})$ 按照阈值划分为正类(+)和负类(−)。图 2.18 中的下图，则表示以 $\boldsymbol{w}$ 和 b 为参数的平面 $\boldsymbol{w}^{\mathrm{T}}\boldsymbol{x} + b = 0$ 把两类数据(实心圆点和空心圆点)成功地分开。注意，图 2.18 下图中，特征向量 $\boldsymbol{x} = (x_1, x_2)$。

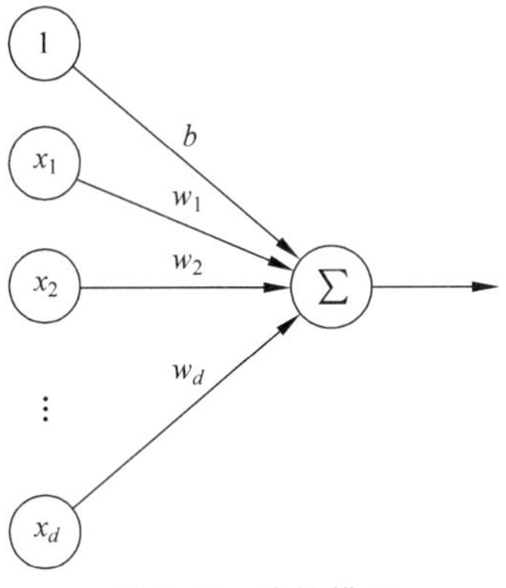

图 2.17　线性模型

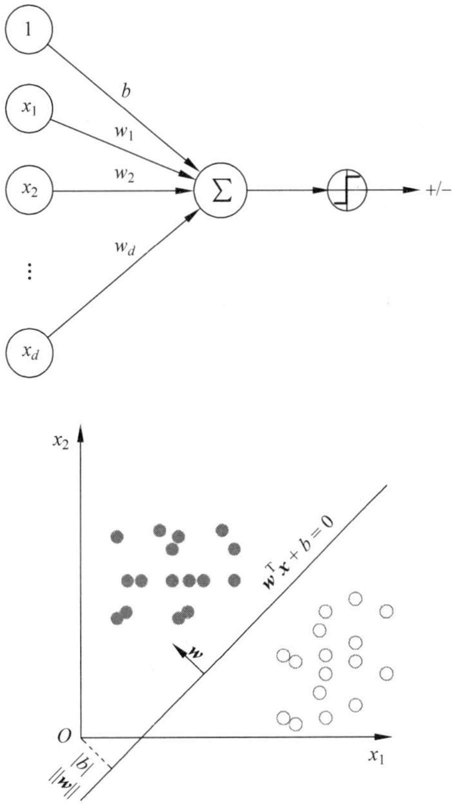

图 2.18　线性分类模型

对于二分类问题，$g(\cdot)$ 可以是符号函数(Sign Function)，定义为

$$g(f(\boldsymbol{x};\boldsymbol{w})) = \mathrm{sgn}(f(\boldsymbol{x};\boldsymbol{w})) = \begin{cases} +1, & f(\boldsymbol{x};\boldsymbol{w}) \geqslant 0 \\ -1, & f(\boldsymbol{x};\boldsymbol{w}) < 0 \end{cases} \tag{2.19}$$

2.3.2 对数几率函数

对于二分类问题，$g(\cdot)$也可以是对数几率函数，如式(2.20)和图2.19所示。

$$\sigma(x)=\frac{1}{1+\mathrm{e}^{-x}} \tag{2.20}$$

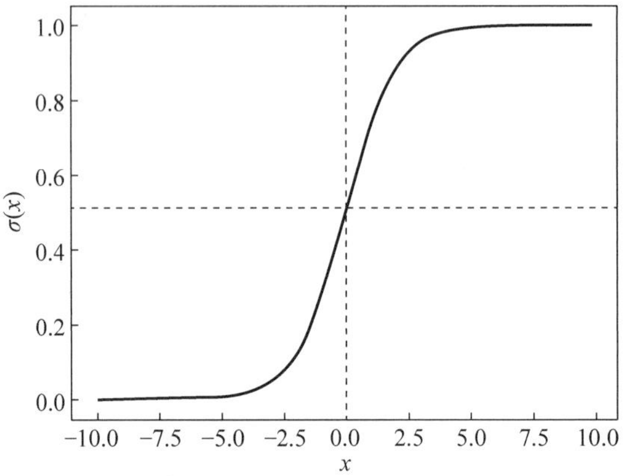

图2.19　对数几率函数

图2.20把符号函数（也称为单位阶跃函数）和对数几率函数画在了一张图里。由图2.20可见，符号函数并不连续（$x=0$为不连续点），而对数几率函数则既连续又可微。一般来讲，要求决策函数$g(\cdot)$单调可微，这样便于利用数值优化的方法（如马上就要用到的“梯度下降”优化算法）来学习模型的参数（称为可微分学习）。对数几率函数能够在一定程度上近似符号函数，而且单调可微，所以常用它来替代符号函数。

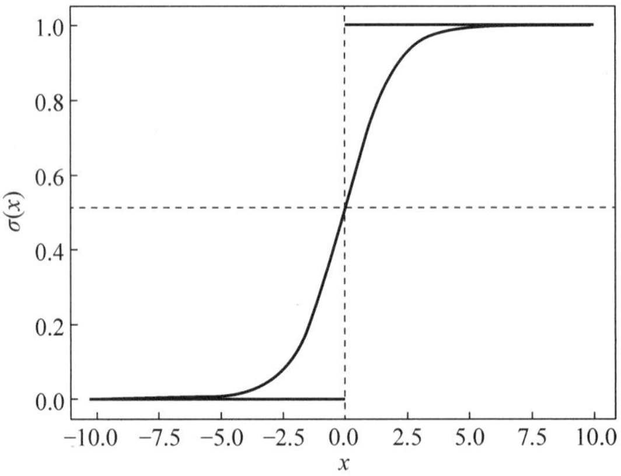

图2.20　符号函数和对数几率函数

实际上，对数几率函数是“S型曲线函数”的一种，它把实数域的输入“挤压”到(0,1)的输出范围内。当输入值在0附近时，该函数近似为线性函数；而当输入值靠近两端时，则对输入变化不敏感（输入越小，越接近于0；输入越大，越接近于1）。重要的是，这样的特点也和生物神经元类似，对一些输入会产生兴奋（输出为1），对另一些输入则产生抑制（输出为0）。所以在神经网络中（参见2.5节），也习惯将其称为“激活函数”。

类似对数几率函数这一类的S型曲线函数还有很多，如式(2.21)和图2.21给出的tanh函数。可见，tanh函数实际上就是在水平方向压缩、在垂直方向拉伸并平移的对数几率函数。

$$f(x)=\tanh(x)=2\sigma(2x)-1 \tag{2.21}$$

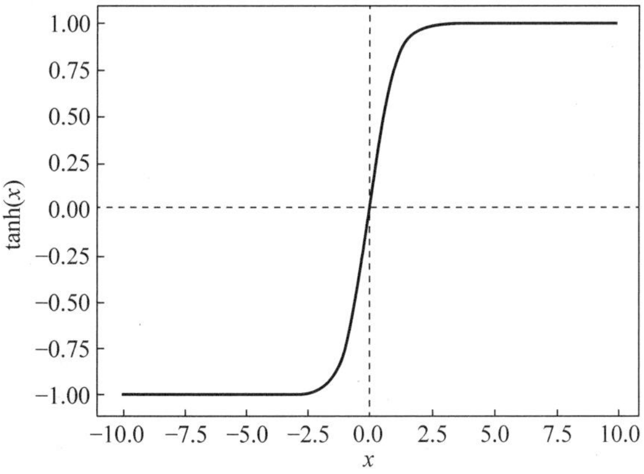

图 2.21　tanh 函数

对比如图 2.19 所示的对数几率函数，可以看到两个函数主要的不同之处：值域不同；关于原点的对称性不同。tanh 函数是关于原点中心对称的，称为 0-中心化；对数几率函数则是非 0-中心化。这个性质对梯度下降算法的收敛速度是有影响的，需要引起注意。

▶ 2.3.3　对数几率回归

视频讲解

对于二分类问题，如果引入对数几率函数作为决策函数，就得到对数几率回归模型，如式(2.22)和式(2.23)所示。

$$p(y=1 \mid \boldsymbol{x})=\sigma(\boldsymbol{w}^{\mathrm{T}}\boldsymbol{x}) = \frac{1}{1+\exp(-\boldsymbol{w}^{\mathrm{T}}\boldsymbol{x})} \tag{2.22}$$

$$p(y=0 \mid \boldsymbol{x})=1-p(y=1 \mid \boldsymbol{x}) = \frac{\exp(-\boldsymbol{w}^{\mathrm{T}}\boldsymbol{x})}{1+\exp(-\boldsymbol{w}^{\mathrm{T}}\boldsymbol{x})} \tag{2.23}$$

其中，$\boldsymbol{w}^{\mathrm{T}}\boldsymbol{x}$ 中的 $\boldsymbol{x}$ 是增扩特征向量，而 $\boldsymbol{w}$ 是对应的增扩权重向量；而且为了书写的方便，用 $\exp(x)$表示指数函数 e^{x}。

对数几率函数的值域为(0,1)，自然地对应概率。这样，对于二分类问题，对数几率回归模型实际上就是在拟合二值的伯努利概率分布。有趣的是，将式(2.22)和式(2.23)联立起来可以推出：

$$\boldsymbol{w}^{\mathrm{T}}\boldsymbol{x}=\ln\frac{p(y=1 \mid \boldsymbol{x})}{1-p(y=1 \mid \boldsymbol{x})}=\ln\frac{p(y=1 \mid \boldsymbol{x})}{p(y=0 \mid \boldsymbol{x})} \tag{2.24}$$

其中，$\frac{p(y=1|\boldsymbol{x})}{p(y=0|\boldsymbol{x})}$表示样本 $\boldsymbol{x}$ 为正负类后验概率的比值，称为几率。几率的对数 $\ln\frac{p(y=1|\boldsymbol{x})}{p(y=0|\boldsymbol{x})}$称为对数几率。式(2.24)说明，对数几率回归可以看作预测值为“标签的对数几率”的线性回归模型。这大概就是“对数几率回归”名字的来由——关于“对数几率”的线性回归模型(式(2.17))。回归的是“对数几率”，但最终解决的是式(2.22)和式(2.23)定义的二分类问题。所以，对数几率回归，虽然名字叫回归，实际上却是分类。

那么，如何基于训练数据 $\boldsymbol{x}$ 学习参数 $\boldsymbol{w}$ 呢？这就涉及“极大似然估计”和“梯度下降”这两个知识点，接下来依次做个简要的介绍。

极大似然估计(Maximum Likelihood Estimate，MLE)的思想其实很简单，就是假定观察

到的数据分布 $p(\boldsymbol{x})$（称为似然）即为真实的数据分布 $P(\boldsymbol{x})$（称为总体分布），并据此拟合出参数 $\boldsymbol{w}$，从而得到所需的类别概率分布 $p(y|\boldsymbol{x};\boldsymbol{w})$。以抛硬币为例，根据实验结果可以直接得到为正面或反面的概率——正面或反面次数除以总的次数。当然，这里有个关键问题，如果抛的次数太少，就会因为一些偶然因素而导致得到的正反面概率值不符合真实的情况（如对于一枚均匀的硬币，正反面应该各占 50%），出现过拟合的现象。要克服这个问题，从理论层面，概率与统计理论有一个基本假设——样本数趋于无穷（大数定律、中心极限定理）；从实际操作层面，希望样本数越多越好。例如，对于分类问题，可以要求每一类的样本数不少于 1000。

再举个例子，如图 2.22 所示，采样到一些样本点（如图中圆点所示），基于这些样本点用极大似然估计法拟合出一个一维高斯分布（如图中曲线所示）。显然，极大似然估计法拟合出的一维高斯分布能够反映出样本的出现概率，并且能够满足尽可能多的训练样本点（包括最右边的三个“离群点”），这正体现了极大似然估计法的本质——观察到的就是真实的。

接着介绍梯度下降（Gradient Descent，GD）。如图 2.23 所示，用一个简单二次函数 $f(x)=\frac{1}{2}x^2$ 来说明。图 2.23 中的点画线是 $f(x)$ 的图像，其导函数 $f'(x)=x$ 对应图中的实线。很显然，$f(x)$ 具有全局最小值点 $x=0$，该点的导数也为 0。那么，如果从任意 x 值出发，如何找到这个全局最小值点 $x=0$ 呢？假如从 $x>0$ 的点出发，此时由于导数值大于 0（表示 $f(x)$ 的值随着 x 的增加而增加），因此必须向着 x 减小的方向移动（即向左移动）才可能到达 $f(x)$ 值最小的点。如果从 $x<0$ 的点出发，情况则刚好相反。此时由于导数值小于 0（表示 $f(x)$ 的值随着 x 的增加而减小），因此必须向着 x 增加的方向移动（即向右移动）才可能到达 $f(x)$ 值最小的点。不管哪种情况，目的都是“下山”，到达“山脚”，即 $f(x)$ 的最小值点 $x=0$。由于“导数”在最优化术语中一般被称为“梯度”（对于多元函数是一个向量），所以这种最优化方法一般被称为“梯度下降”，也称为“最陡下降”。如果将 $f(x)$ 取反，得到 $f(x)=-\frac{1}{2}x^2$，则问题就反过来，需要找 $f(x)$ 的最大值，此时则需要“上山”，到达“山顶”，所以相应地称为“梯度上升”或“最陡上升”。为了方便，后面统一用“梯度下降”这个提法。

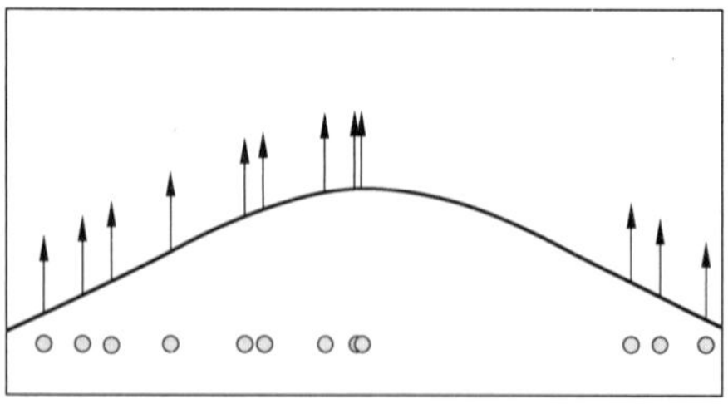

图 2.22　用极大似然估计法拟合一维高斯分布

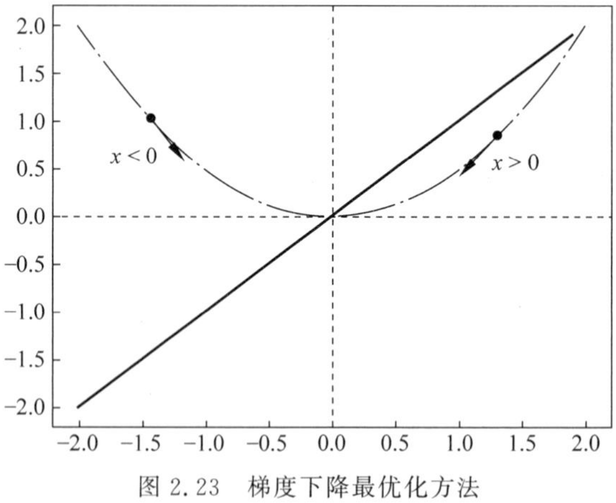

图 2.23　梯度下降最优化方法

还有个问题，不管是“下山”还是“上山”，都有个步子迈多大的问题。例如，刚开始步子可以迈大点，当接近“山脚”或“山顶”时，步子就要迈小些，否则就会错过“山脚”或“山顶”。实际上，可以用一个超参数 $\varepsilon>0$ 来表示步长，梯度下降就可以表示为 $f(x-\varepsilon * \mathrm{sign}(f'(x)))$：如果 $f'(x)<0$，就通过 $x+\varepsilon$ 向右迈一步；否则，就通过 $x-\varepsilon$ 向左迈一步。

理解了极大似然估计和梯度下降这两个知识点，就可以开始讨论对数几率回归的学习过程了。

首先，需要定义参数 $\boldsymbol{w}$ 的对数似然函数 $L(\boldsymbol{w})$。既然叫似然函数，那一定是在训练集 D 上（观察到的数据，称为似然）定义的：

$$L(\boldsymbol{w})=\sum_{i=1}^{N}\ln[p(y_i \mid \boldsymbol{x}_i;\boldsymbol{w})] \tag{2.25}$$

其中，$\boldsymbol{x}_i$ 表示每一个训练样本，总共有 N 个训练样本，构成训练集 D。$p(y_i|\boldsymbol{x}_i;\boldsymbol{w})$ 称为似然项，表示给定训练样本 $\boldsymbol{x}_i$ 和参数 $\boldsymbol{w}$ 时，预测的类别值 y_i 的概率。显然，根据概率的积规则，这些似然项需要相乘。实际中，由于概率值为(0,1)，相乘容易导致下溢，所以，为了数值计算的稳定性，对其取对数（从而把乘积转换为求和），就得到了对数似然项 $\ln[p(y_i|\boldsymbol{x}_i;\boldsymbol{w})]$。对于二分类问题，$y_i$ 的取值要么为 0、要么为 1，所以进一步得到

$$L(\boldsymbol{w})=\sum_{i=1}^{N}\ln[y_i p(y_i=1 \mid \boldsymbol{x}_i;\boldsymbol{w})+(1-y_i)p(y_i=0 \mid \boldsymbol{x}_i;\boldsymbol{w})] \tag{2.26}$$

式(2.26)中的 ln 里有两项，第一项表示类别 1 的预测概率值 $p(y_i=1|\boldsymbol{x}_i;\boldsymbol{w})$ 与类别真值 y_i 是否符合，如果相符（预测类别 1，真值也为类别 1），则对应的预测概率值 $p(y_i=1|\boldsymbol{x}_i;\boldsymbol{w})$ 会被累加起来；反过来，如果不相符（预测类别 1，真值为类别 0），则乘积为 0。类似地，第二项表示类别 0 的预测概率值 $p(y_i=0|\boldsymbol{x}_i;\boldsymbol{w})$ 与类别真值 y_i 是否符合，如果相符（预测类别 0，真值也为类别 0），则对应的预测概率值 $p(y_i=0|\boldsymbol{x}_i;\boldsymbol{w})$ 会被累加起来；反过来，如果不相符（预测类别 0，真值为类别 1），则乘积为 0。所以，式(2.26)的意义就很清楚了：仅累加分类正确样本的概率值。显然，这个累加值 $L(\boldsymbol{w})$ 越大越好（不仅要预测正确，而且要求预测正确的概率越高越好），优化的目标就是要找到合适的 $\boldsymbol{w}$（记为 $\boldsymbol{w}^*$），使得在训练集 D 上，$L(\boldsymbol{w}^*)$ 取得最大值：

$$\boldsymbol{w}^*=\operatorname{argmax}_{\boldsymbol{w}}\boldsymbol{L}(\boldsymbol{w}) \tag{2.27}$$

以上过程就是用极大似然估计法估计参数 $\boldsymbol{w}$，即找到使似然函数 $L(\boldsymbol{w})$ 取得最大值的 $\boldsymbol{w}^*$。

把式(2.22)和式(2.23)代入式(2.26)中，得到

$$\begin{aligned}
L(\boldsymbol{w})&=\sum_{i=1}^{N}\ln\left[y_i\frac{1}{1+\exp(-\boldsymbol{w}^{\mathrm{T}}\boldsymbol{x}_i)}+(1-y_i)\frac{\exp(-\boldsymbol{w}^{\mathrm{T}}\boldsymbol{x}_i)}{1+\exp(-\boldsymbol{w}^{\mathrm{T}}\boldsymbol{x}_i)}\right]\\
&=\sum_{i=1}^{N}\ln\left[\frac{y_i+\exp(-\boldsymbol{w}^{\mathrm{T}}\boldsymbol{x}_i)-y_i\exp(-\boldsymbol{w}^{\mathrm{T}}\boldsymbol{x}_i)}{1+\exp(-\boldsymbol{w}^{\mathrm{T}}\boldsymbol{x}_i)}\right]\\
&=\sum_{i=1}^{N}[(y_i-1)\boldsymbol{w}^{\mathrm{T}}\boldsymbol{x}_i-\ln(1+\exp(-\boldsymbol{w}^{\mathrm{T}}\boldsymbol{x}_i))]\\
&=\sum_{i=1}^{N}[y_i\boldsymbol{w}^{\mathrm{T}}\boldsymbol{x}_i-\ln(1+\exp(\boldsymbol{w}^{\mathrm{T}}\boldsymbol{x}_i))]
\end{aligned} \tag{2.28}$$

上面从第二行到第三行的推导用到了 y_i 为 0 或 1。以上过程读者一定要自己去推导一遍，加深理解。

既然要找到 $L(\boldsymbol{w})$ 的最大值，那么可以用前面讲到的梯度上升方法来求解。习惯上，可以等价地求 $-L(\boldsymbol{w})$ 的最小值（式(2.29)），相应地就用梯度下降方法（式(2.30)）：

$$\boldsymbol{w}^*=\operatorname{argmin}_{\boldsymbol{w}}[-L(\boldsymbol{w})] \tag{2.29}$$

$$\boldsymbol{w}=\boldsymbol{w}-\alpha[-\nabla_{\boldsymbol{w}}L(\boldsymbol{w})] \tag{2.30}$$

式(2.30)中，$\nabla_{\boldsymbol{w}}L(\boldsymbol{w})$表示似然函数 $L(\boldsymbol{w})$关于参数向量 $\boldsymbol{w}$ 的梯度向量(符号∇表示微分算子，读作“纳布拉”)。$\alpha>0$ 称为学习率。式(2.30)与前面讲的梯度下降公式 $x-\varepsilon * \mathrm{sign}(f'(x))$ 稍有不同，还把梯度的幅度也考虑进来，将其与 α 相乘，这样每一步的步长就为 $\alpha|\nabla_{\boldsymbol{w}}L(\boldsymbol{w})|$。

关于学习率这个超参数，还要多说几句。还是以简单二次函数 $f(x)=\frac{1}{2}x^2$ 为例来说明，如图 2.24 所示，该函数只有一个局部最小值，该值同时也是全局最小值。像这样的函数(任何局部最小都是全局最小)称为“凸函数”，对应的优化问题称为“凸优化”。凸函数的二阶导数大于 0，表示正曲率。对于凸函数，只要如图 2.24(a)所示，学习率 α 设得合适，则不管自变量的初值为多少，都能够通过梯度下降逐渐到达最小值点。但如果 α 设得过大，则会出现如图 2.24(b)所示的发散情况：本来想“下山”，结果成了“上山”。一般来讲，学习率 α 是一个小的正数，在梯度下降过程中应该越来越小，尤其是在接近最小值的时候，这个过程如图 2.24(a)所示。

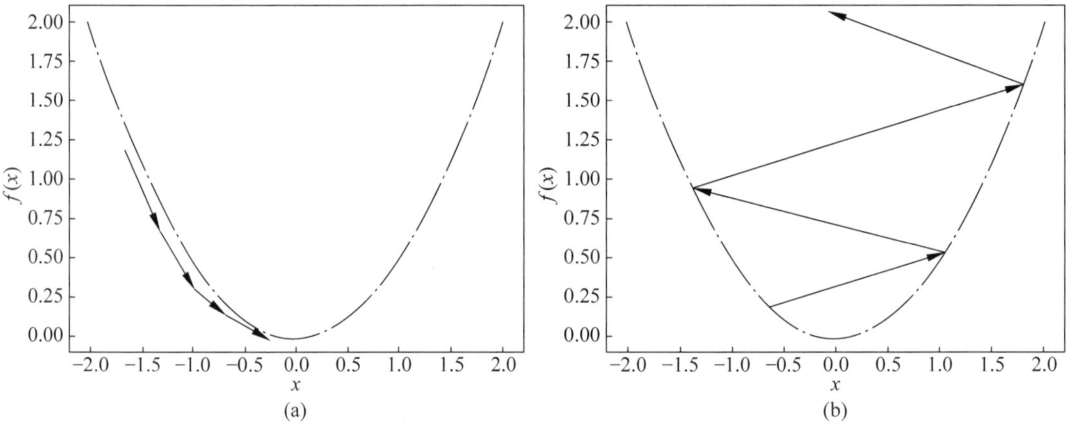

图 2.24　凸优化问题

凸函数是比较理想的情况(本节的对数几率回归就属于这种情况)。一般的非凸情况如图 2.25 所示，其中，x_a 为全局最小值点，也是期望到达的最小值点，但是通过梯度下降能否到达这个点，还取决于初值和学习率等诸多因素；x_b 为局部最小值点，由于其值接近 x_a 的值，能够到达这个点也是可以接受的；x_c 是另一个局部最小值点，由于其值远大于 x_a 的值，是一个不太好的局部最优解，应该尽量避免。实际中，由于 $\boldsymbol{x}$ 一般具有很高的维数，不可能如图 2.25 所示一样把目标函数 $f(\boldsymbol{x})$画出来，一目了然地看到最小值的具体情况，因此基于梯度下降的最优化算法就如同“瞎子摸象”或者“不识庐山真面目，只缘身在此山中”。

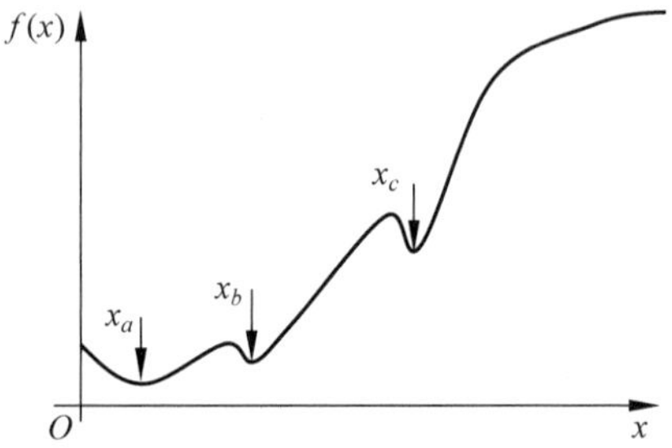

图 2.25　非凸优化问题

回到我们的问题上来，比较幸运，$-L(\boldsymbol{w})$是凸函数，因此式(2.28)的优化问题就是一个凸优化问题，用梯度下降(见式(2.30))就能求解。实际上，由 $L(\boldsymbol{w})=\sum_{i=1}^{N}[y_i\boldsymbol{w}^{\mathrm{T}}\boldsymbol{x}_i-\ln(1+\exp(\boldsymbol{w}^{\mathrm{T}}\boldsymbol{x}_i))]$，立即可以推出：

$$\nabla_w L(\boldsymbol{w}) = \sum_{i=1}^{N} \boldsymbol{x}_i [y_i - \hat{y}_i] \tag{2.31}$$

这个推导过程作为习题留给读者。

拓展一下，由 $\nabla_w L(\boldsymbol{w}) = \sum_{i=1}^{N} \boldsymbol{x}_i [y_i - \hat{y}_i] = 0$，也可以直接推导出 $\boldsymbol{w}$ 的解析解，感兴趣的读者可以进一步尝试一下。

至此，得到了 $\boldsymbol{w}^*$，所以最终学习到的对数几率回归模型就是

$$p(y_i = 1 \mid \boldsymbol{x}_i ; \boldsymbol{w}^*), p(y_i = 0 \mid \boldsymbol{x}_i ; \boldsymbol{w}^*) \tag{2.32}$$

由此，给定一个测试样本 $\boldsymbol{x}_i$，就可以直接得到其为类别 1 或 0 的概率，而概率高的类别就是最终的预测结果。

▶ 2.3.4 随机梯度下降

前面介绍了梯度下降的基本算法思想，并针对对数几率回归模型推导了其梯度向量计算公式。由式(2.31)可见，需要把训练集 D 的所有 N 个样本(称为“batch”，意思是“一批”)都用来计算梯度向量，这种做法称为“基本梯度下降(Gradient Descent，GD)”。其优点是计算出的梯度向量更准确(因为每次计算都会把训练集的所有 N 个样本都用上)；其缺点也是显然的，如果 N 很大(比如上万)，计算量将是非常大的。

针对 GD 计算量大的问题，“随机梯度下降(Stochastic Gradient Descent，SGD)”被提了出来。其基本思想是：既然梯度向量是一个训练集上的期望值，那么可以通过随机采样的一个小的训练集(称为“小 batch”)来逼近。也就是说，每次从具有 N 个样本的训练集 D 中随机抽取 m 个($1 \leqslant m \leqslant N$)样本来计算梯度。只要重复的次数足够多(大数定律)，小训练集就可以“逼近”完整训练集。用公式可以表示为

$$\nabla_w L(\boldsymbol{w}) = \sum_{i=1}^{m} \boldsymbol{x}_i [y_i - \hat{y}_i] \tag{2.33}$$

由于一般有 $m << N$，所以当 N 很大时，SGD 的计算复杂度近似 $O(1)$，非常高效。不仅如此，SGD 还能带来一些额外的好处。例如，“随机性”可能有助于非凸优化问题得到一个更好的局部最优解。再如，可以实现“在线学习”——到达一个训练样本就学习一次。

关于“随机性”可能有助于非凸优化问题得到一个更好的局部最优解，读者可以结合图 2.24(b)和图 2.25 思考一下为什么。

▶ 2.3.5 与 K 近邻和决策树的比较

2.1 节介绍了 K 近邻模型，这个模型有一个重要特点：未对数据自身做任何假设，具有最好的“弹性”，决策面几乎可以任意复杂(超参数 $k=1$ 时)。相比而言，对数几率回归模型是关于对数几率的线性模型，决策面就是一个超平面，这恰是最“刚性”的决策面。

可见，1-近邻和线性模型代表了模型的两个极端，这对分析各种模型的特点非常有指导意义，就像光谱一样，模型也有一个“模型谱”。例如，2.2 节介绍的决策树模型在这个“模型谱”上就处于 1-近邻和线性模型之间——不那么有弹性也不那么刚性。图 2.26 给出了一个可视化的比较：图 2.26(a)是 1-近邻的决策边界，最为复杂，具有最好的“弹性”；图 2.26(c)是对数几率回归的线性决策面，最为简单，也最为“刚性”；图 2.26(b)是介于两者之间的决策树的决策面，是由一些平行坐标轴的线段连接而成的折线。

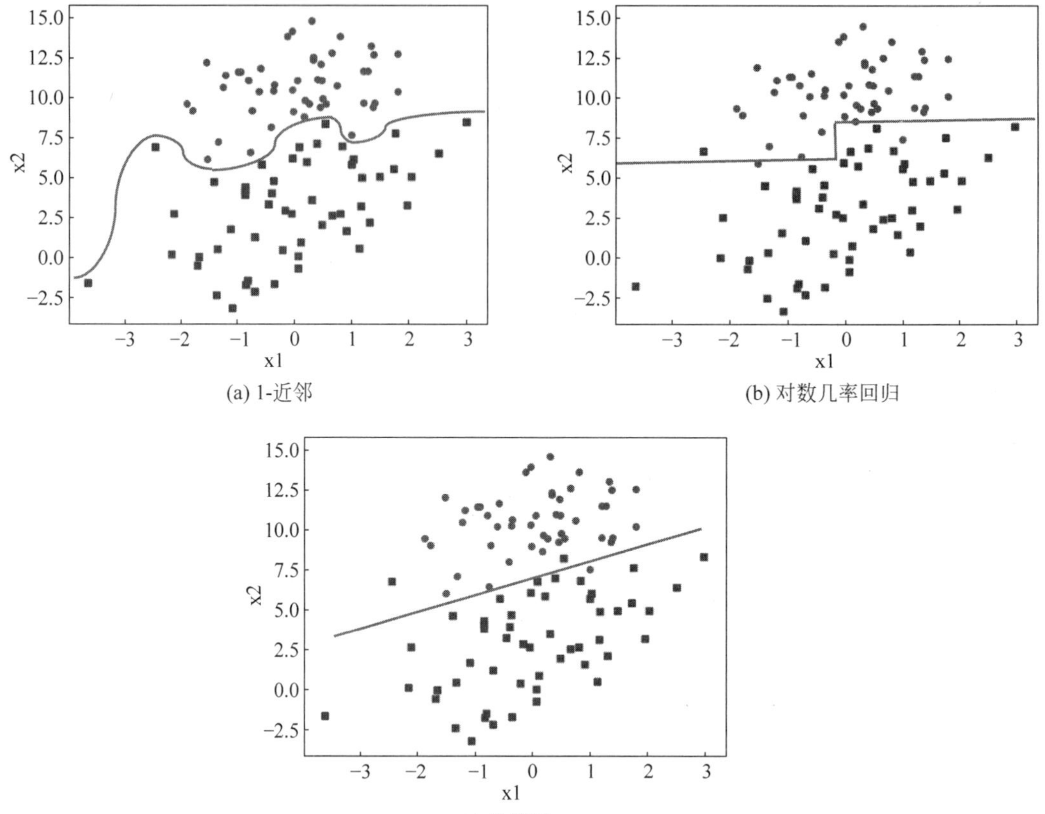

(a) 1-近邻　(b) 对数几率回归　(c) 决策树

图 2.26　决策面可视化对比

换一个角度，对数几率回归模型可以用梯度下降求解，所以属于“可微分学习模型”，简称可微模型；而 K 近邻（基于距离计算）和决策树模型（基于信息熵计算）则属于“不可微分学习模型”，简称不可微模型。

视频讲解

2.3.6　对数几率回归的核心代码实现

本节将详细介绍 GD 算法和 SGD 算法的代码实现，并给出代码的简单运行实例。相信读者在此基础上能够在实验课中进一步完善和改进代码，完成更具挑战性和实用性的应用任务。

1. GD 算法的 Python 实现

首先来看数据装入函数 loadDataSet()：

```
def loadDataSet(filename = 'dataSet.txt'):
    dataList = []; labelList = []
    fr = open(fileName)
    for line in fr.readlines():
        lineList = line.strip().split()
        dataList.append([1.0, float(lineList[0]), float(lineList[1])]) # 1.0是参数b对应的属性
        labelList.append(int(lineList[2]))
    return dataList, labelList
```

在该函数中，首先打开数据文件 fileName（是函数的唯一输入参数，默认值为'dataSet.txt'），然后用 for 循环以迭代方式读入文件的每一行。针对每一行，首先用字符串函数 strip()和 split()分别去掉尾部的换行符、以空格分隔各个记录项，得到一个列表 lineList。然后，

lineList 的前两个元素是两个特征,所以将其添加到数据列表 dataList 中。为什么在 lineList[0]和 lineList[1]的前面要添加一个固定的 1.0 呢? 这个其实就是 2.3.1 节说到的对应偏置 b 的固定输入"1"。类似地,lineList[2]是类别标签,相应地添加到标签列表 labelList 中。注意代码中的类型转换: 由于 lineList 的元素都是字符串类型,所以分别要转换成对应的数值类型,dataList 要求浮点数,labelList 要求整型。函数最后返回 dataList 和 labelList。

显然,dataList 最终是一个嵌套列表,每个列表元素仍然是一个列表,表示数据文件的一行(对应一个样本)。注意,代码中假定了一个样本是两个特征,这个留给读者在实验中来改进,以适应一般情况。类似地,labelList 最终是一个列表,每一个列表元素是对应样本的类别标签。

接下来定义对数几率函数 sigmoid()(式(2.20)):

```
def sigmoid(fX):
    return 1.0/(1 + np.exp( - fX))
```

该函数的参数只有一个: 特征向量 fX。注意,这里使用的是 NumPy 的指数函数 np.exp()。

然后就是 GD 算法的实现——函数 gradDescent()(式(2.29)~式(2.31)):

```
def gradDescent(dataList, labelList):
    dataMat = np.mat(dataList)                          # 将列表转换为 NumPy 矩阵
    labelMat = np.mat(labelList).transpose()
    m = np.shape(dataMat)[1]                            # m 是特征的个数
    alpha = 0.001                                       # 学习率
    maxCycles = 500                                     # 训练轮数
    weights = np.ones((m, 1))                           # m * 1 权重参数数组
    for k in range(maxCycles):                          # 大量矩阵运算
        h = sigmoid(dataMat * weights)                  # 矩阵乘法" * "
        error = (labelMat - h)                          # 向量减" - "
        weights = weights + alpha * dataMat.transpose() * error
    return weights
```

该函数首先将 dataList 和 labelList 转换为 NumPy 矩阵,以便于下面利用 NumPy 的高效矩阵运算。注意,labelMat 是做了转置操作的,即由之前的一列一个样本转置为一行一个样本。然后,用 np.shape()得到 dataMat 的列数 m(对应 m 个特征)。

学习率 alpha 定义为一个小的整数 0.001(式(2.30)中的 α),迭代的轮数(一轮称为一个"epoch")定义为 500。这两个是 GD 算法的超参,需要根据经验进行选择,或者采用交叉验证方式来选择。

接着,定义一个 m 行 1 列的权重数组 weights。然后开始进入 GD 的迭代过程: for 循环里,第一行是计算 $\sigma(\boldsymbol{w}^{\mathrm{T}}\boldsymbol{x})$,得到当前的模型预测值 h; 第二行是将类别标签 labelMat 与 h 相减,得到 error; 第三行里,"dataMat.transpose() * error"对应式(2.31)——计算梯度,然后梯度乘以学习率 alpha,得到更新的步长,进而完成更新(式(2.30))。

迭代完成后,函数最后返回权重数组 weights。

下面以一个简单数据集 dataSet.txt(一行一个样本,共 100 行; 每行有三列,前两列对应两个特征(浮点类型),第三列对应类别标签(取值为 0 或 1))为例来验证一下代码的正确性。

```
>>> dataList, labelList = loadDataSet()
>>> gradDescent(dataList, labelList)
matrix([[ 4.12414349],
        [ 0.48007329],
        [ - 0.6168482 ]])
```

代码运行正常，也能得到正确的结果。为了更直观地查看 GD 算法的优化结果，可以用 Matplotlib 库将其可视化出来，代码如下。

```
def plotBestFit(dataList, labelList, weights):
    import matplotlib.pyplot as plt
    dataArr = np.array(dataList)
    n = np.shape(dataArr)[0]          # 得到样本数 n
    xcord1 = []; ycord1 = []          # 类别 1 的坐标
    xcord2 = []; ycord2 = []          # 类别 0 的坐标
    for i in range(n):
        if labelList[i] == 1:
            xcord1.append(dataArr[i,1]); ycord1.append(dataArr[i,2])
        else:
            xcord2.append(dataArr[i,1]); ycord2.append(dataArr[i,2])
    fig = plt.figure()
    ax = fig.add_subplot(111)
    ax.scatter(xcord1, ycord1, s = 30, c = 'blue', marker = 's') #class 1
    ax.scatter(xcord2, ycord2, s = 30, c = 'green')
    x1 = np.arange( - 3.0, 3.0, 0.1)
    x2 = ( - weights[0, 0] - weights[1, 0] * x1)/weights[2, 0] #0 = w0x0 + w1x1 + w2x2, x0 = 1
    ax.plot(x1, x2)
    plt.xlabel('x1'); plt.ylabel('x2')
    plt.show()
```

简单说一下这个可视化函数 plotBestFit()。其三个参数的前两个就是函数 loadDataSet() 的返回结果，第三个参数 weights 则来自函数 gradDescent() 的返回结果。plotBestFit() 函数首先将绘图库 matplotlib.pyplot 导入为 plt，然后由 np.shape 得到样本数 n。接下来，根据样本点的类别，将其分别存放到两组坐标列表中（xcord1，ycord1）与（xcord2，ycord2）。然后，用函数 ax.scatter() 将其以散点图方式在画布上画出。剩下的就是画线性决策面了，用函数 ax.plot() 即可完成。关键在于根据 weights 由 x_1 算出 x_2。这可以通过决策面的表达式 $0=w_0x_0+w_1x_1+w_2x_2$ 来计算：因为 w_0 对应 b，故 $x_0=1$，则有 $x_2=(-w_0-w_1x_1)/w_2$。

至此，在命令行执行如下语句即可将样本点和线性决策面（见图 2.27）画出。

```
>>> dataList, labelList = loadDataSet()
>>> weights = gradDescent(dataList, labelList)
>>> plotBestFit(dataList, labelList, weights)
```

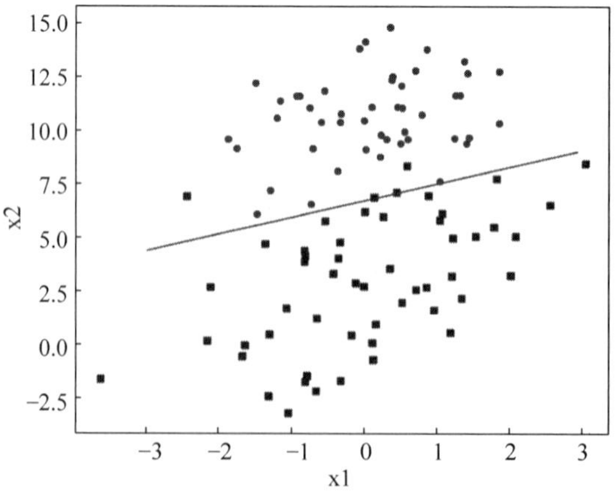

图 2.27　简单数据集的样本点和线性决策面

由图 2.27 可见，对于训练集中的 100 个样本点，GD 算法找到的线性决策面能够较好地将两类样本点分开：类别 1(图中的正方形点)有 4 个样本点被分错了，而类别 0(图中的圆形点)则没有样本点被分错。表 2.5 给出了训练集上的混淆矩阵。由该表可见，类 1 的样本总数为 53，有 4 个样本被分错；类 0 的样本总数为 47，有 0 个样本被分错。两个类的样本总数基本是平衡的。进一步，可以计算出 P、R、F_1，并画出 P-R 曲线，这些留给读者来完成。

表 2.5　训练集上的混淆矩阵

真实值/预测值	类 1	类 0
类 1	**49**	4
类 0	0	**47**

2. SGD 算法的 Python 实现

下面实现了一个“小 batch”为 1 的 SGD 算法，代码如下。

```
def stocGradDescent(dataList, labelList, numIter = 500):
    dataArr = np.array(dataList)
    n, m = np.shape(dataArr)
    weights = np.ones(m)                          # 1D 的 Numpy 数组,全部初始化为 1
    for j in range(numIter):
        for i in range(n):
            alpha = 4/(1.0 + j + i) + 0.0001  # alpha 随着迭代次数的增加而逐渐减小,
                                              # 但由于加了小常量 0.0001 而不为 0
            randIndex = int(np.random.uniform(0, n))
            print("iter %d sample %d randIndex %d" % (j, i, randIndex))
            h = sigmoid(sum(dataArr[randIndex] * weights))          # 向量乘" * "
            error = labelList[randIndex] - h
            weights = weights + alpha * error * dataArr[randIndex]  # 向量加" + "
    return weights
```

下面重点比较一下该算法与 gradDescent()的不同之处。

(1) 为了方便，stocGradDescent()增加了一个指定迭代次数的默认参数 numIter。这个参数就是前面谈到的迭代轮数(一轮称为一个“epoch”)。

(2) weights 是一个含有 m 个元素的 1 维数组，而在 gradDescent()里它是一个 m 行 1 列的 2 维数组。为何有此不同？这是因为，在 gradDescent()里，使用了矩阵运算来进行计算的加速，特别是“h=sigmoid(dataMat * weights)”这一句代码，dataMat 是 m 列的矩阵，每一行就是一个样本，假设有 n 行；而 weights 则是 m 行 1 列的数组，两者做矩阵运算就得到 n 行 1 列的矩阵，该矩阵每一行就对应一个样本的预测值(即式(2.31)中的 $\hat{y}_i$)。而在 stocGradDescent()里，对应的代码修改为“h=sigmoid(sum(dataArr[randIndex] * weights))”。dataArr[randIndex]是 m 个元素的向量，与 m 个元素的 weights 向量做相乘运算(对应元素直接相乘)，得到的结果还是 m 个元素的向量，要得到预测值 $\hat{y}_i$，还需进行求和运算。

(3) 由于“小 batch”为 1，因此内层循环“for i in range(n):”里，每次只需“随机选择”一个样本 randIndex(因此总共选择 n 次，从而完成一轮训练)，然后根据式(2.33)对其进行相应的向量和标量运算即可。

(4) gradDescent()里采用了固定学习率“alpha=0.001”，而在 stocGradDescent()中，采用了变化的学习率“alpha=4/(1.0+j+i)+0.0001”，这个学习率总体上会随着迭代次数的增加而逐渐减小，而且不会小于 0.0001。正如前面介绍的，随着迭代的持续进行，会越来越接近目标函数的最小值("山脚"),为了避免步子迈得过大而错过这个最小值,降低学习率从而减小步长是明智的做法。

需要注意的是,由于引入了随机性,stocGradDescent()每次执行的结果会有所不同。

2.3.7 习题

1. 试解释 2.3.1 节中的公式 $y=\boldsymbol{k}^{\mathrm{T}}\boldsymbol{x}+b$:$\boldsymbol{k}^{\mathrm{T}}\boldsymbol{x}$ 做的是什么运算,请写出其分量形式;y 和 b 分别代表什么?

2. 推导图 2.18 下图中原点到直线的距离 $|b|/\|\boldsymbol{w}\|$($\|\boldsymbol{w}\|$ 表示权重向量 $\boldsymbol{w}$ 的二范数,即各分量的平方和再开平方根)。

3. 比较式(2.17)和式(2.22)中的特征向量 $\boldsymbol{x}$ 和权重向量 $\boldsymbol{w}$ 的区别。

4. 试推导式(2.24)。

5. 试解释为什么"梯度下降"也被称为"最陡下降"。

6. 推导式(2.28)。

7. 根据你对相关概念的理解,详细解读图 2.27。

8. 推导式(2.31),在此基础上进一步推导 $-L(\boldsymbol{w})$ 的二阶导数,并分析 $-L(\boldsymbol{w})$ 的凸性。

9. 推导对数几率函数 $\sigma(x)$(式(2.20))的导函数 $\sigma'(x)$,并将其用 $\sigma(x)$ 表示出来。

10. 如果用 $p(y_i=1|\boldsymbol{x}_i;\boldsymbol{w})^{y_i}p(y_i=0|\boldsymbol{x}_i;\boldsymbol{w})^{(1-y_i)}$ 替换式(2.26)里 ln 函数的式子,你能够推导出式(2.28)吗?如果能,你认为哪个更简单呢?为什么?

11. 试用学习率解释图 2.24(b),是什么原因导致无法找到最小值?

12. 试结合图 2.24(b)和图 2.25 分析:为什么具有"随机性"的 SGD 可能有助于非凸优化问题得到一个更好的局部最优解?

13. 在 2.3.3 节中,以抛硬币为例介绍了极大似然估计,如果抛的次数太少,就会因为一些偶然因素而导致得到的正反面概率值不符合真实的情况(如对于一枚均匀的硬币,正反面应该各占 50%),出现过拟合的现象。你如何理解此处谈到的过拟合?存在欠拟合的情况吗?

14. 设伯努利分布的参数 $\mu=p(x_n=1)$,其中,$x_n\in\{0,1\}$。请给出 μ 的极大似然估计,并对得到的结果进行分析和解释。

2.4 支持向量机

最小距离的最大化

2.3 节介绍的对数几率回归模型是一个线性二分类模型,本节将要介绍的支持向量机(Support Vector Machine,SVM)也是一个类似的二分类模型,那么两者主要有什么不同呢?笔者认为可以从以下两点进行把握:第一,对数几率回归采用极大似然估计,仅累加分类正确样本的概率值,而 SVM 则基于"最大间隔"思想,会同时考虑分类正确或错误两类样本;第二,对数几率回归的决策面由所有训练样本决定,而 SVM 的决策面则仅由少量训练样本(称为"支持向量")决定。本节将以这两点作为基本线索,来对 SVM 的原理进行介绍。然后,基于原理进行代码实现。

实际上,正如 1.3 节所介绍的,SVM 与统计学习理论的提出紧密相关,基于 SVM 发展出来的“核方法”影响了众多的机器学习模型(如核化对率回归、核化 PCA、核化 LDA 等)。对于“核方法”,本节也会做一些基本介绍。

视频讲解

▶ 2.4.1　二分类与决策面

如图 2.28 所示,决策面 $y=\boldsymbol{w}^{\mathrm{T}}\boldsymbol{x}+b=0$ 将样本(图中未画出)分为两个类别:对应 $y>0$ 一边的“正类”和对应 $y<0$ 一边的“负类”。向量 $\boldsymbol{w}$ 是决策面的法向量,垂直于决策面。由点到直线的距离公式可得原点到决策面的距离为 $|b|/\|\boldsymbol{w}\|$。而任意样本向量 $\boldsymbol{x}$ 到决策面的距离为 $|\boldsymbol{w}^{\mathrm{T}}\boldsymbol{x}+b|/\|\boldsymbol{w}\|$,如果去掉绝对值,则得到带符号距离 $(\boldsymbol{w}^{\mathrm{T}}\boldsymbol{x}+b)/\|\boldsymbol{w}\|$($y>0$ 一边为正,$y<0$ 一边为负)。

再来看图 2.29,该图画出了两类样本点:空心圆表示“正类”样本点,而实心圆表示“负类”样本点。在该图中,除了与图 2.28 一致的决策面 $y=0$ 之外,还画出了另外 4 个用虚线表示的决策面。显然,这些决策面都能将两类样本点完全分开,从这个意义上讲这些决策面没有好坏之分,都一样好。实际上,对于图 2.29,类似的一样好的决策面有无穷多个(读者可以试试画出更多个)。那么,这些决策面真的一样好吗?这就引出了 SVM 的“最大间隔”思想,也正由于此 SVM 也被称为“最大间隔分类器”。

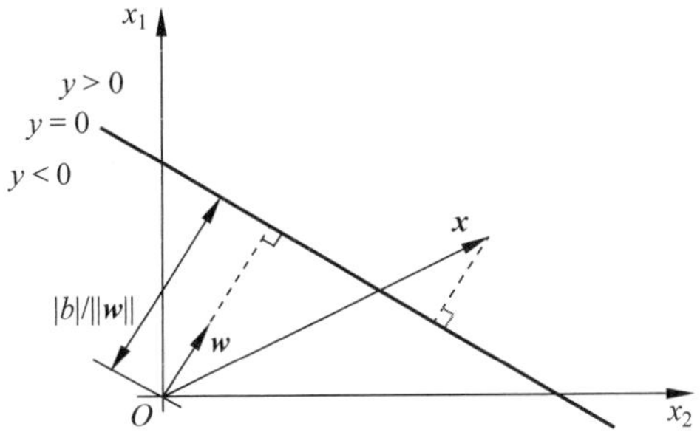

图 2.28　二分类与决策面

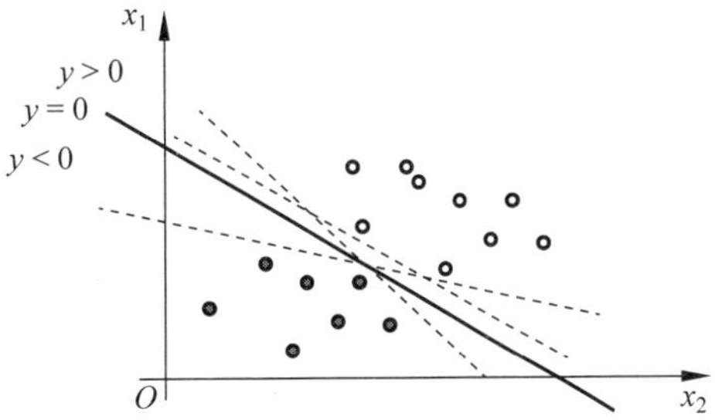

图 2.29　应该选择哪一个决策面

▶ 2.4.2　最大间隔分类器

首先定义“间隔(Margin)”这个概念。所谓间隔,指的是决策面与全部样本点之间的最小距离。如图 2.30 所示,对于所有样本点,决策面 $y=0$(图中粗实线)与负类样本点 n_1 之间的距离(图中细实线)最小,这个最小距离就被称为间隔。显然,不同的决策面得到的间隔是不同的。例如,如图 2.30 所示的长虚线决策面,其与正类样本点 p_1 之间的距离(图中短虚线)最小,即为其间隔。显然,此间隔比粗实线决策面的间隔还更小。

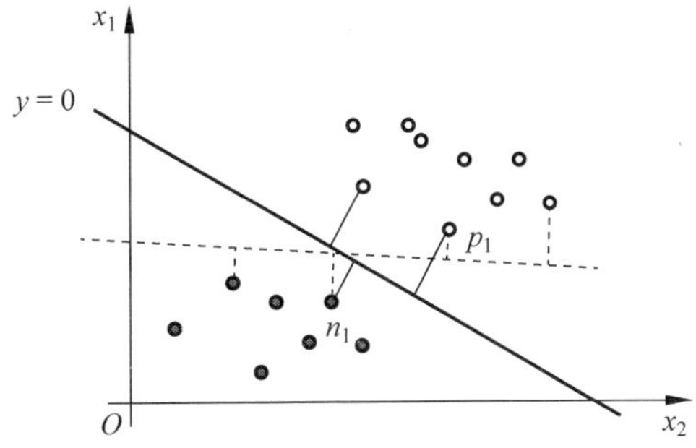

图 2.30　间隔示意

由此，SVM的“最大间隔(Max Margin)”思想就很清楚了：找到具有最大间隔的决策面。如图2.31所示，在所有能将两类样本完全分开的决策面中，具有最大间隔的决策面只有一个，如图中粗实线所示。与图2.30中的两个决策面相比较，间隔取到了最大，这样就不仅能将两类样本完全分开，而且使两类样本分得最开。读者不妨自己再多验证几个决策面，以帮助理解“最大间隔决策面”这个重要思想。

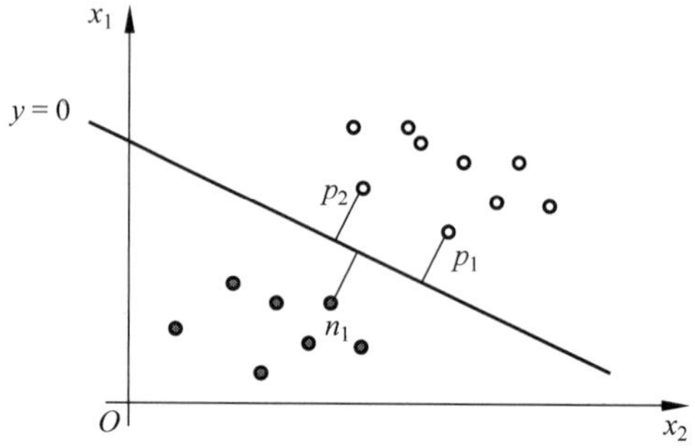

图2.31　最大间隔与最大间隔决策面

观察图2.31，还有两点值得重点注意。第一点，最大间隔决策面到正负样本的最小距离(即间隔)一定是一样的。因为如果不一样，则间隔并未取到最大，矛盾。第二点，决定最大间隔决策面的是少量的距离决策面最近的“关键”正负样本，称为“支持向量(Support Vector，SV)”，这正是SVM名称的由来。例如，图2.31中有三个SV：正类的两个样本点p_1和p_2，负类的样本点n_1。

一般地，可以将决策面写为式(2.34)，其中引入了特征变换函数$\varphi(\boldsymbol{x})$。特征变换有什么好处呢？回顾1.2.1节谈到的两阶段学习范式“特征提取”+“模型训练”。好的“特征提取”能够得到好的“特征表示”，从而简化问题。举个简单的例子，直角坐标下单位圆的方程表示为$x^2+y^2=1$，是一个非线性函数(二次函数)。如果引入直角坐标到极坐标的特征变换($x=r\cos a$，$y=r\sin a$)，则极坐标下单位圆的方程表示为$r=1$，简化为一个常值函数。这个特征变换($x=r\cos a$，$y=r\sin a$)就是一个好的“特征提取”，能够得到好的“特征表示”。

$$y=\boldsymbol{w}^{\mathrm{T}}\varphi(\boldsymbol{x})+b \tag{2.34}$$

用$t_n\in\{-1,1\}$，$n=1,\cdots,N$表示训练样本的类别标签(−1表示负类，1表示正类)，N为总的训练样本数。假设这些训练样本在特征空间$\varphi(\boldsymbol{x})$里线性可分，则有$t_n y(\boldsymbol{x}_n)\geqslant 0$。如图2.31中，特征空间$\varphi(\boldsymbol{x})=\boldsymbol{x}$，决策面$y=0$将两类样本完全正确分开，满足$t_n y(\boldsymbol{x}_n)\geqslant 0$。

对于特征空间$\varphi(\boldsymbol{x})$里线性可分的训练集，任意样本点$\boldsymbol{x}_n$到决策面的距离为

$$\frac{t_n y(\boldsymbol{x}_n)}{\|\boldsymbol{w}\|}=\frac{t_n(\boldsymbol{w}^{\mathrm{T}}\varphi(\boldsymbol{x}_n)+b)}{\|\boldsymbol{w}\|} \tag{2.35}$$

那么，SVM的最优化目标可表示为

$$\operatorname{argmax}_{\boldsymbol{w},b}\left\{\frac{1}{\|\boldsymbol{w}\|}\min_n\left[t_n(\boldsymbol{w}^{\mathrm{T}}\varphi(\boldsymbol{x}_n)+b)\right]\right\} \tag{2.36}$$

这个式子分两层来看。首先，花括号里面的式子表示在N个训练样本中，找出到决策面(由$\boldsymbol{w}$和b确定)最近的距离值，这就是前面所说的“间隔”。注意因子$\frac{1}{\|\boldsymbol{w}\|}$与样本点$\boldsymbol{x}_n$无关，可以移到min运算的外面。其次，花括号外面，则要从所有决策面中找到使得“间隔”最大的决策面(记为$\boldsymbol{w}^*$和b^*)，即“最大间隔决策面”。式(2.36)就是SVM最优化问题的标准提法：找到“最大间隔决策面”。

▶ 2.4.3　最优化问题的转换

视频讲解

式(2.36)难以求解，需要转换成更容易求解的等价问题。为此，注意到式(2.35)中，参数 $\boldsymbol{w}$ 和 b 的大小缩放并不会改变样本点 $\boldsymbol{x}_n$ 到决策面的距离，因此可以规定样本点到决策面的最小距离(即间隔)满足 $t_n y(\boldsymbol{x}_n)=1$。由此，所有的训练样本均满足：

$$t_n(\boldsymbol{w}^{\mathrm{T}}\varphi(\boldsymbol{x}_n)+b)\geqslant 1,\quad n=1,2,\cdots,N \tag{2.37}$$

注意，式(2.37)共有 N 个，一个训练样本对应一个。具有最小距离的样本点构成等式约束条件，而其他样本点则构成不等式约束条件。显然，对于最大间隔决策面，至少正负样本点各有一个满足等式约束条件。如图2.32所示，$y=0$ 为最大间隔决策面，$y=1$ 和 $y=-1$ 分别为正负样本的最大间隔面(满足 $t_n y(\boldsymbol{x}_n)=1$)，其上分别有两个正样本($p_1$ 和 p_2)和一个负样本(n_1)。除了最大间隔面上的三个样本点，其他样本点均满足 $t_n y(\boldsymbol{x}_n)>1$。

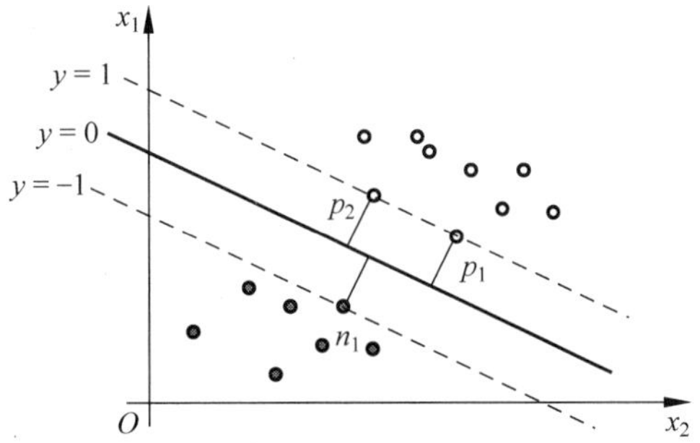

图2.32　最大间隔面和最大间隔决策面

由此，式(2.36)的最优化问题就转换为最大化 $\frac{1}{\|\boldsymbol{w}\|}$，也就是最小化 $\|\boldsymbol{w}\|^2$：

$$\operatorname{argmin}_{\boldsymbol{w},b}\ \frac{1}{2}\|\boldsymbol{w}\|^2 \tag{2.38}$$

式(2.38)在 $\|\boldsymbol{w}\|^2$ 前面乘了个因子 $\frac{1}{2}$，是为了后面推导方便。式(2.37)和式(2.38)一起构成了一个凸二次规划问题：在线性约束条件下最小化凸二次目标函数。关于“凸函数”和“凸优化”，读者可以回顾2.3.3节的介绍。

为了求解式(2.37)和式(2.38)定义的约束最优化问题，引入拉格朗日乘子 $a_n\geqslant 0$，对应式(2.37)里第 n 个约束条件。由此，得到拉格朗日函数：

$$L(\boldsymbol{w},b,\boldsymbol{a})=\frac{1}{2}\|\boldsymbol{w}\|^2-\sum_{n=1}^{N}a_n\{t_n(\boldsymbol{w}^{\mathrm{T}}\varphi(\boldsymbol{x}_n)+b)-1\} \tag{2.39}$$

其中，$\boldsymbol{a}=(a_1,\cdots,a_N)^{\mathrm{T}}$。$L(\boldsymbol{w},b,\boldsymbol{a})$ 分别对 $\boldsymbol{w}$ 和 b 求导，并将导数置0，易得

$$\boldsymbol{w}=\sum_{n=1}^{N}a_n t_n\varphi(\boldsymbol{x}_n) \tag{2.40}$$

$$0=\sum_{n=1}^{N}a_n t_n \tag{2.41}$$

利用式(2.40)和式(2.41)，可以消掉式(2.39)中的 $\boldsymbol{w}$ 和 b，得到

$$L(\boldsymbol{a})=\sum_{n=1}^{N}a_n-\frac{1}{2}\sum_{n=1}^{N}\sum_{m=1}^{N}a_n a_m t_n t_m k(\boldsymbol{x}_n,\boldsymbol{x}_m) \tag{2.42}$$

其中，$k(\boldsymbol{x}_n,\boldsymbol{x}_m)=\varphi(\boldsymbol{x}_n)^{\mathrm{T}}\varphi(\boldsymbol{x}_m)$，称为核函数。注意，式(2.42)还需满足 $a_n\geqslant 0$ 和式(2.41)

这两个约束条件。由此，式(2.36)的最优化问题进一步转换为关于 $\boldsymbol{a}$ 的凸二次规划问题。这个转换后的问题也被称为式(2.37)和式(2.38)的对偶问题，其中，核函数 $k(\boldsymbol{x}_n,\boldsymbol{x}_m)$ 的引入使得无须直接考虑特征变换函数 $\varphi(\boldsymbol{x})$，这对于 $\varphi(\boldsymbol{x})$ 维数较高甚至无穷维的情况特别方便。举个例子，假设 $\boldsymbol{x}=(x_1,x_2)$ 为 2 维，而 $\varphi(\boldsymbol{x})=(a_1x_1,a_1x_2,a_2x_1^2,a_2x_2^2,\cdots,a_nx_1^n,a_nx_2^n,\cdots)$ 为无穷维，则 $\varphi(\boldsymbol{x})^{\mathrm{T}}\varphi(\boldsymbol{x}')$ 根本就无法得到。

值得注意的是，式(2.39)需要相对于 $\boldsymbol{w}$ 和 b 最小化，而相对于 $\boldsymbol{a}$ 最大化，因此式(2.42)需要相对于 $\boldsymbol{a}$ 最大化。习惯上，可以将式(2.42)改写为相对于 $\boldsymbol{a}$ 的最小化：

$$
\begin{aligned}
&\operatorname{argmin}_{\boldsymbol{a}}\left\{\frac{1}{2}\sum_{n=1}^{N}\sum_{m=1}^{N}a_na_mt_nt_mk(\boldsymbol{x}_n,\boldsymbol{x}_m)-\sum_{n=1}^{N}a_n\right\}\\
&\text{s.t. } a_n\geqslant 0,n=1,2,\cdots,N\\
&\qquad\sum_{n=1}^{N}a_nt_n=0
\end{aligned}
\tag{2.43}
$$

▶ 2.4.4 线性不可分的情况

前面的讨论假定了训练样本在特征空间 $\varphi(\boldsymbol{x})$ 里线性可分，从而有 $t_ny(\boldsymbol{x}_n)\geqslant 1$，正负样本能够被最大间隔决策面完全正确分开。那么，对于线性不可分的情况，应该如何来考虑呢？如图 2.33 所示，两类样本互相重叠，找不到任何一个决策面能够将其完全正确分开(该图中画出了一个决策面，读者可以尝试画出更多的决策面)。由此看来，必须允许部分样本被分错！当然，可以要求被分错的样本尽可能少，而且错的程度尽可能低(读者可以尝试在图 2.33 中找一下这样的决策面)。

为此，对于每个样本点引入一个松弛变量 $\xi_n\geqslant 0,n=1,2,\cdots,N$：满足 $\xi_n=0$ 的点位于正确一边的间隔面上或其内部，如图 2.34 中的负类点 n_3、n_4 和 n_5，正类点 p_4 和 p_5；满足 $0<\xi_n<1$ 的点位于正确一边的间隔面与决策面之间，如图 2.34 中的负类点 n_2 和正类点 p_3；满足 $\xi_n=1$ 的点位于决策面上，如图 2.34 中的正类点 p_2；而满足 $\xi_n>1$ 的点则位于决策面的错误一边，如图 2.34 中的负类点 n_1 和正类点 p_1。读者可以与图 2.32 进行比较，以帮助理解。值得注意的是，满足 $\xi_n>1$ 的点同样可以细分为三种情况：$1<\xi_n<2$(决策面和错误一边的间隔面之间)，$\xi_n=2$(错误一边的间隔面上)，$\xi_n>2$(错误一边的间隔面内部)。可见，ξ_n 的值越大，则正确的程度越低；反之，则错误的程度越低。另外，对于 ξ_n 不等于 0 的情况，还可以得到 $\xi_n=|t_n-y(\boldsymbol{x}_n)|$。

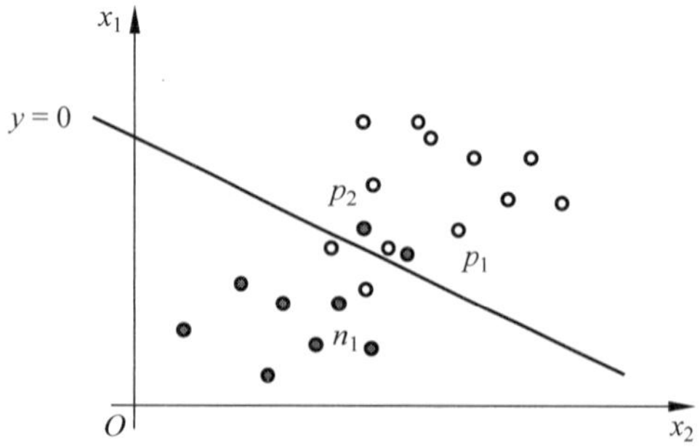

图 2.33 线性不可分

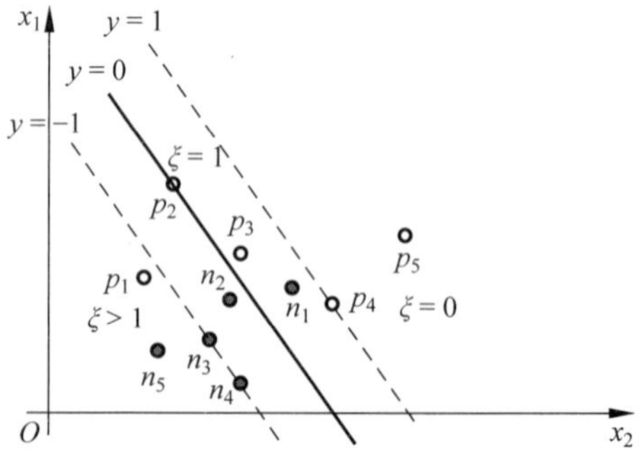

图 2.34 线性不可分与松弛变量 ξ_n

综合以上几种情况,则引入松弛变量 ξ_n 之后,所有的样本点须满足:

$$t_n(\boldsymbol{w}^{\mathrm{T}}\varphi(\boldsymbol{x}_n)+b)\geqslant 1-\xi_n, n=1,\cdots,N \tag{2.44}$$

由于允许部分样本被分错,图 2.34 中定义的间隔也被称为"软间隔(Soft Margin)"。相应地,图 2.32 中定义的间隔被称为"硬间隔(Hard Margin)"。基于线性约束条件式(2.44),软间隔 SVM 的最优化问题可以写为

$$\operatorname{argmin}_{\boldsymbol{w},b}\left(\frac{1}{2}\|\boldsymbol{w}\|^2+C\sum_{n=1}^{N}\xi_n\right) \tag{2.45}$$

其中,超参数 $C>0$ 用来控制"最大化间隔"(对应式中第一项)和"松弛变量惩罚"(对应式中第二项)之间的权衡:C 越大,则 $\sum_{n=1}^{N}\xi_n$ 权重更大;C 越小,则$\frac{1}{2}\|\boldsymbol{w}\|^2$ 权重更大。实际上,1.2.3 节提到了"正则项"的概念,此处就是一个例子:$\frac{1}{2}\|\boldsymbol{w}\|^2$ 是损失项,$\sum_{n=1}^{N}\xi_n$ 是正则项,C 是正则化系数。正则项和正则化系数一起 $\left(C\sum_{n=1}^{N}\xi_n\right)$ 控制软间隔 SVM 的复杂度,从而提高其推广能力。具体来讲,由于被误分类样本点满足 $\xi_n>1$,则 $\sum_{n=1}^{N}\xi_n$ 就是被误分类样本点总数的上界。C 越大,则 $\sum_{n=1}^{N}\xi_n$ 必须越小(被误分类样本越少),从而模型复杂度越低。如果 $C\to\infty$,则退化为式(2.38)定义的硬间隔 SVM:线性可分数据,两类样本被完全正确分开。

类似式(2.39),得到软间隔 SVM 的拉格朗日函数:

$$\begin{aligned}L(\boldsymbol{w},b,\xi_n,\boldsymbol{a})&=\frac{1}{2}\|\boldsymbol{w}\|^2+C\sum_{n=1}^{N}\xi_n\\&\quad-\sum_{n=1}^{N}a_n\{t_n(\boldsymbol{w}^{\mathrm{T}}\varphi(\boldsymbol{x}_n)+b)-1+\xi_n\}-\sum_{n=1}^{N}\mu_n\xi_n\end{aligned} \tag{2.46}$$

其中,$a_n\geqslant 0$ 和 $\mu_n\geqslant 0$ 是拉格朗日乘子。注意,拉格朗日乘子 μ_n 对应软间隔 SVM 新增的约束条件 $\xi_n\geqslant 0$。

类似地,$L(\boldsymbol{w},b,\xi_n,\boldsymbol{a})$分别对 $\boldsymbol{w}$、b 和 ξ_n 求导,并将导数置 0,易得

$$\boldsymbol{w}=\sum_{n=1}^{N}a_n t_n\varphi(\boldsymbol{x}_n) \tag{2.47}$$

$$0=\sum_{n=1}^{N}a_n t_n \tag{2.48}$$

$$C-\mu_n=a_n \tag{2.49}$$

利用式(2.47)~式(2.49),可以消掉式(2.46)中的 $\boldsymbol{w}$、b 和 ξ_n,得到

$$L(\boldsymbol{a})=\sum_{n=1}^{N}a_n-\frac{1}{2}\sum_{n=1}^{N}\sum_{m=1}^{N}a_n a_m t_n t_m k(\boldsymbol{x}_n,\boldsymbol{x}_m) \tag{2.50}$$

这个式子形式上和式(2.42)完全一样,但是要注意约束条件有所不同。具体来讲,$a_n\geqslant 0$ 是一样的,但新增的 $\mu_n\geqslant 0$ 和式(2.49)意味着 $a_n\leqslant C$,从而要求 $0\leqslant a_n\leqslant C$。这个约束也常被称为"盒子约束(Box Constraints)"。类似式(2.43),可以将式(2.50)进一步改写为相对于 $\boldsymbol{a}$ 的最小化:

$$\operatorname{argmin}_{\boldsymbol{a}}\left\{\frac{1}{2}\sum_{n=1}^{N}\sum_{m=1}^{N}a_n a_m t_n t_m k(\boldsymbol{x}_n,\boldsymbol{x}_m)-\sum_{n=1}^{N}a_n\right\}$$

$$\text{s.t. } 0\leqslant a_n\leqslant C, n=1,2,\cdots,N$$

$$\sum_{n=1}^{N}a_n t_n=0 \tag{2.51}$$

▶ 2.4.5 最优化问题的求解

关于式(2.43)和式(2.51)的求解，常用的算法是SMO(Sequential Minimal Optimization)算法。这个算法的核心思想如下：每次迭代过程中，启发式地选取一对参数 a_i 和 a_j 进行优化，其他参数保持不变。由于两个变量的二次规划问题有解析解，所以每次选取的参数 a_i 和 a_j 可直接求解。

首先来看参数 a_i 和 a_j 的选取。可以采用一些启发式的规则，如 a_i 选取违反KKT条件最严重的；a_j 选取的标准是使得误差变化最大。说明一下，KKT条件(Karush-Kuhn-Tucker conditions)指的是最优化问题式(2.43)和式(2.51)的充要条件。式(2.43)的KKT条件为

$$a_n\geqslant 0 \tag{2.52}$$

$$t_n y(\boldsymbol{x}_n)-1\geqslant 0 \tag{2.53}$$

$$a_n\{t_n y(\boldsymbol{x}_n)-1\}=0 \tag{2.54}$$

由此可知，要么 $a_n=0$(样本点在间隔面内部)，要么 $t_n y(\boldsymbol{x}_n)=1$(样本点在间隔面上，是支持向量)，如图2.32所示。

式(2.51)的KKT条件为

$$a_n\geqslant 0 \tag{2.55}$$

$$t_n y(\boldsymbol{x}_n)-1+\xi_n\geqslant 0 \tag{2.56}$$

$$a_n\{t_n y(\boldsymbol{x}_n)-1+\xi_n\}=0 \tag{2.57}$$

$$\mu_n\geqslant 0 \tag{2.58}$$

$$\xi_n\geqslant 0 \tag{2.59}$$

$$\mu_n\xi_n=0 \tag{2.60}$$

类似地，要么 $a_n=0$(样本点在间隔面内部)，要么 $t_n y(\boldsymbol{x}_n)=1-\xi_n$(样本点在间隔面上或间隔面外部，是支持向量)，如图2.34所示。

对于 a_j 的选取，所谓误差指的就是预测值 $y(\boldsymbol{x}_i)$ 和真实值 t_i 的差：

$$E_i=y(\boldsymbol{x}_i)-t_i, i=1,2 \tag{2.61}$$

注意，利用式(2.47)(同式(2.40))，可得

$$y(\boldsymbol{x}_i)=\sum_{n=1}^{N}a_n t_n\varphi(\boldsymbol{x}_n)^{\mathrm{T}}\varphi(\boldsymbol{x}_i)+b=\sum_{n=1}^{N}a_n t_n k(\boldsymbol{x}_i,\boldsymbol{x}_n)+b \tag{2.62}$$

其中，用到核函数的定义(见2.4.3节)。

选取了参数 a_i 和 a_j 之后，下一步就是利用两个变量二次规划问题的解析解直接求解 a_i 和 a_j。本节针对最优化问题式(2.51)(式(2.43)是其特殊情况)给出两个变量的解析解①：

$$a_2=a_2^{\text{old}}+\frac{t_2(E_1-E_2)}{\eta} \tag{2.63}$$

① 具体的推导过程读者可以参考李航的《统计学习方法》相应章节。

$$\eta = k(\boldsymbol{x}_1, \boldsymbol{x}_1) + k(\boldsymbol{x}_2, \boldsymbol{x}_2) - 2k(\boldsymbol{x}_1, \boldsymbol{x}_2) \tag{2.64}$$

$$L \leqslant a_2 \leqslant H \rightarrow a_2^{\text{new}} \tag{2.65}$$

$$L = \max(0, a_2 - a_1), \quad H = \min(C, C + a_2 - a_1), \text{当 } t_1 \neq t_2 \tag{2.66}$$

$$L = \max(0, a_2 + a_1 - C), \quad H = \min(C, a_2 + a_1), \text{当 } t_1 = t_2 \tag{2.67}$$

$$a_1^{\text{new}} = a_1^{\text{old}} + t_1 t_2 (a_2^{\text{old}} - a_2^{\text{new}}) \tag{2.68}$$

$$b_1^{\text{new}} = b^{\text{old}} - E_1 - t_1 k(\boldsymbol{x}_1, \boldsymbol{x}_1)(a_1^{\text{new}} - a_1^{\text{old}}) - t_2 k(\boldsymbol{x}_2, \boldsymbol{x}_1)(a_2^{\text{new}} - a_2^{\text{old}}) \tag{2.69}$$

$$b_2^{\text{new}} = b^{\text{old}} - E_2 - t_1 k(\boldsymbol{x}_1, \boldsymbol{x}_2)(a_1^{\text{new}} - a_1^{\text{old}}) - t_2 k(\boldsymbol{x}_2, \boldsymbol{x}_2)(a_2^{\text{new}} - a_2^{\text{old}}) \tag{2.70}$$

$$b^{\text{new}} = b_1^{\text{new}}, \text{当 } 0 < a_1^{\text{new}} < C \tag{2.71}$$

$$b^{\text{new}} = b_2^{\text{new}}, \text{当 } 0 < a_2^{\text{new}} < C \tag{2.72}$$

$$b^{\text{new}} = (b_1^{\text{new}} + b_2^{\text{new}})/2, \text{当 } a_1^{\text{new}} \text{ 和 } a_2^{\text{new}} \text{ 为 } 0 \text{ 或 } C \tag{2.73}$$

值得特别注意的是，尽管决定决策面的是少量关键样本（支持向量），求解的过程仍然要用到所有 N 个训练样本。

▶ 2.4.6 使用求解的 SVM 进行预测

由 2.4.5 节求解得到的 $\boldsymbol{a}$ 和 b，对于测试样本 $\boldsymbol{x}_t$ 就可以直接应用式(2.62)得到 $y(\boldsymbol{x}_t)$ 的值，该值的符号即为 $\boldsymbol{x}_t$ 的预测类别：负号为负类，正号为正类；该值的绝对值则反映了 $\boldsymbol{x}_t$ 到决策面的距离，这个距离值越大则预测类别的可信度越高。

2.4.5 节中，为了求解 $\boldsymbol{a}$ 和 b，需要用到所有 N 个训练样本。那么，进行预测时也需要用到所有 N 个训练样本吗？实际上，如果 $a_n = 0$（样本点在间隔面内部），则对应的训练样本 $\boldsymbol{x}_n$ 将不会出现在式(2.62)中。也就是说，只有 $a_n > 0$ 的训练样本会在预测时用到，这些训练样本就是前面多次提到的“支持向量(SV)”。由于 SV 是少量关键训练样本，这就带来了两方面的好处：第一，避免对数据的过拟合，保证 SVM 良好的推广能力；第二，预测过程的计算复杂度低。

▶ 2.4.7 核函数与核方法

2.4.3 节定义了核函数 $k(\boldsymbol{x}_n, \boldsymbol{x}_m) = \varphi(\boldsymbol{x}_n)^{\mathrm{T}} \varphi(\boldsymbol{x}_m)$。该函数的引入使得无须直接考虑特征变换函数 $\varphi(\boldsymbol{x})$，这对于 $\varphi(\boldsymbol{x})$ 的维数较高甚至无穷维的情况特别方便。那么，核函数有什么要求呢？如何构造核函数呢？有哪些常用的核函数呢？本节就这些问题做一个基本的解答。

首先，核函数定义为两个特征向量的内积，因此其具有对称性，即 $k(\boldsymbol{x}_n, \boldsymbol{x}_m) = k(\boldsymbol{x}_m, \boldsymbol{x}_n)$。

其次，核函数构成的对称阵（称为核矩阵或 Gram 矩阵）是半正定阵。具体来讲，对于 N 个训练样本点，两两之间计算 $K_{nm} = k(\boldsymbol{x}_n, \boldsymbol{x}_m)$，就得到具有 $N \times N$ 个元素的方阵。又因为核函数的对称性，这个方阵还是对称阵。而对称阵具有实特征值，如果这些实特征值都大于或等于 0，那么就满足核矩阵是半正定阵的要求。

另外，核函数 $k(\boldsymbol{x}_n, \boldsymbol{x}_m)$ 本质上是在度量两个样本点 $\boldsymbol{x}_n$ 和 $\boldsymbol{x}_m$ 之间的相似性，因此跟实际应用紧密相关，需要结合具体应用来进行考量。

关于构造核函数。显然，可以通过选择特征变换函数 $\varphi(\boldsymbol{x})$ 来构造核函数。例如，对于最

简单的恒等映射 $\varphi(\boldsymbol{x})=\boldsymbol{x}$，可以得到 $k(\boldsymbol{x}_n,\boldsymbol{x}_m)=\boldsymbol{x}_n^{\mathrm{T}}\boldsymbol{x}_m$，这就是最简单的“线性核”。也可以直接构造核函数，如二次多项式核 $k(\boldsymbol{x},\boldsymbol{z})=(\boldsymbol{x}^{\mathrm{T}}\boldsymbol{z})^2$，易推得其对应的 $\varphi(\boldsymbol{x})$ 包含所有的二次项。

更有效的构造核函数的方式为：利用简单的核函数按照一些规则来构造新的核函数。如 $k(\boldsymbol{x},\boldsymbol{z})=(\boldsymbol{x}^{\mathrm{T}}\boldsymbol{z}+c)^2$，其中，$c>0$。其对应的 $\varphi(\boldsymbol{x})$ 则包含常量、一次项和二次项。类似地，$k(\boldsymbol{x},\boldsymbol{z})=(\boldsymbol{x}^{\mathrm{T}}\boldsymbol{z})^M$ 包含所有的 M 阶项。$k(\boldsymbol{x},\boldsymbol{z})=(\boldsymbol{x}^{\mathrm{T}}\boldsymbol{z}+c)^M$，其中，$c>0$，包含 M 阶及以下的项。

一个常用的核函数是高斯核：

$$k(\boldsymbol{x},\boldsymbol{z})=\exp\left(-\frac{\|\boldsymbol{x}-\boldsymbol{z}\|^2}{2\sigma^2}\right),\quad \sigma>0 \tag{2.74}$$

这个核函数可以由线性核、指数核按照一些规则构造出来。进而，如果把其中的线性核替换为一般的非线性核，又可以得到一个新的核函数。

另外，拉普拉斯核也比较常用：

$$k(\boldsymbol{x},\boldsymbol{z})=\exp(-\|\boldsymbol{x}-\boldsymbol{z}\|/\sigma),\quad \sigma>0 \tag{2.75}$$

表示定理表明：对于任意损失函数与单调递增的正则化项，最优解都可以表示为核函数 $k(\boldsymbol{x}_n,\boldsymbol{x}_m)$ 的线性组合。这个定理显示出核函数的巨大威力。由此发展出一系列基于核函数的学习方法，统称为“核方法”。典型的做法是：通过引入核函数（称为核技巧或核替换）将线性模型拓展为对应的非线性模型，如前面提到的核化对率回归、核化 PCA、核化 LDA。

核方法的关键在于核函数的选取，但核函数如何选取是没有理论支撑的、是不可解释的。这就意味着，核函数的选取依赖于具体的应用、依赖于经验，所以也被称为“核函数工程”。

2.4.8 软间隔 SVM 的核心代码实现

本节将详细介绍软间隔 SVM（硬间隔 SVM 是其特例）的代码实现，并给出代码的简单运行实例。相信读者在此基础上能够在实验课中进一步完善和改进代码，完成更具挑战性和实用性的应用任务。

1. 简单数据集 1

```
3.542485    1.977398   -1
3.018896    2.556416   -1
7.551510   -1.580030    1
2.114999   -0.004466   -1
8.127113    1.274372    1
7.108772   -0.986906    1
```

上面给出了该数据集的前 6 行，一行表示一个样本，总共有 100 行。每行有三列，前两列表示两个特征，最后一列是类别标签，注意其取值是 -1 和 1，分别对应负类和正类。将这个数据集可视化出来的结果（代码类似 2.3.6 节的 plotBestFit()）如图 2.35 所示。

由图 2.35 可见，这个数据集是一个线性可分的数据集，正负类样本数基本平衡（正类对应圆形点，负类对应正方形点）。采用类似 2.3.6 节的 loadDataSet() 函数把简单数据集 1 装入 dataList（对应两个特征）和 labelList（对应类别标签）两个列表中。

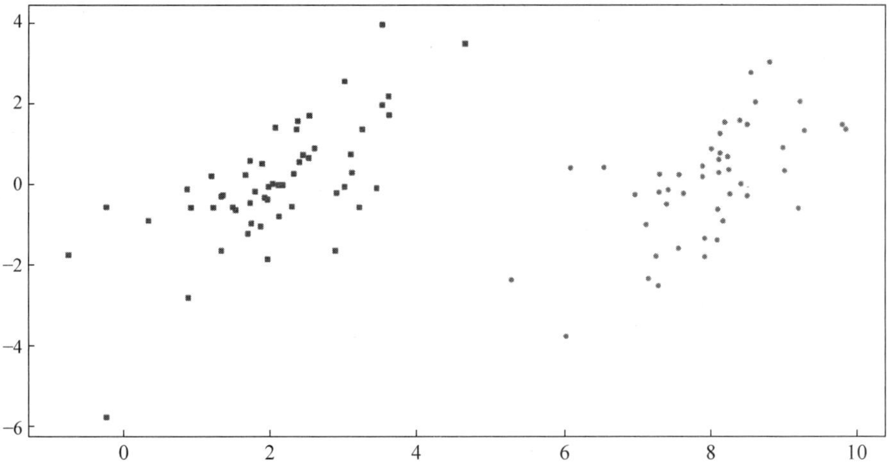

图 2.35 简单数据集 1

2. 线性核 SVM 训练代码

```
def smoSimple(dataList, labelList, C, toler, maxIter):
    dataMat = np.mat(dataList); labelMat = np.mat(labelList).transpose()
    b = 0; n, m = np.shape(dataMat)
    alphas = np.mat(np.zeros((n, 1)))
    iter = 0
    while (iter < maxIter):
        alphaPairsChanged = 0
        for i in range(n):
            fXi = float(np.multiply(alphas, labelMat).T * (dataMat * dataMat[i, :].T)) + b
            Ei = fXi - float(labelMat[i])
            if ((labelMat[i] * Ei < - toler) and (alphas[i] < C)) or ((labelMat[i] * Ei > toler)
and (alphas[i] > 0)): # 检查一个样本是否违反 KKT 条件
                j = selectJrand(i, n)
                fXj = float(np.multiply(alphas, labelMat).T * (dataMat * dataMat[j, :].T)) + b
                Ej = fXj - float(labelMat[j])
                alphaIold = alphas[i].copy(); alphaJold = alphas[j].copy();
                if (labelMat[i] != labelMat[j]):
                    L = max(0, alphas[j] - alphas[i])
                    H = min(C, C + alphas[j] - alphas[i])
                else:
                    L = max(0, alphas[j] + alphas[i] - C)
                    H = min(C, alphas[j] + alphas[i])
                if L == H: print("L == H"); continue
                eta = 2.0 * dataMat[i, :] * dataMat[j, :].T - dataMat[i, :] * dataMat[i, :].
T - dataMat[j, :] * dataMat[j, :].T
                if eta >= 0: print("eta >= 0"); continue
                alphas[j] -= labelMat[j] * (Ei - Ej)/eta
                alphas[j] = clipAlpha(alphas[j], H, L)
                if (abs(alphas[j] - alphaJold) < 0.00001): print("j not moving enough"); continue
                alphas[i] += labelMat[j] * labelMat[i] * (alphaJold - alphas[j]) # 在相反的
方向上以 j 相同的量更新 i
                b1 = b - Ei - labelMat[i] * (alphas[i] - alphaIold) * dataMat[i, :] *
dataMat[i, :].T - labelMat[j] * (alphas[j] - alphaJold) * dataMat[i, :] * dataMat[j, :].T
                b2 = b - Ej - labelMat[i] * (alphas[i] - alphaIold) * dataMat[i, :] *
dataMat[j, :].T - labelMat[j] * (alphas[j] - alphaJold) * dataMat[j, :] * dataMat[j, :].T
```

```
                if (0 < alphas[i]) and (C > alphas[i]): b = b1
                elif (0 < alphas[j]) and (C > alphas[j]): b = b2
                else: b = (b1 + b2)/2.0
                alphaPairsChanged += 1
                print("iter: %d i: %d, pairs changed %d" % (iter,i,alphaPairsChanged))
        if (alphaPairsChanged == 0): iter += 1
        else: iter = 0
        print("iteration number: %d" % iter)
    return b, alphas
```

这个函数实现了线性核 SVM 的训练。

输入：dataList——训练样本特征列表；labelList——训练样本类别标签列表；C——a_n 上限(见式(2.52))；toler——误差门限；maxIter——迭代次数。

输出：学习到的参数 b 和 alphas(即 a_n)。

(1) 把 dataList 和 labelList 转换为 NumPy 矩阵 dataMat 和 labelMat，便于后面的矩阵运算。注意 dataMat 是 $n\times m$ 的矩阵，即 n 个样本 m 个特征。而 labelMat 在转换时做了转置操作，得到 $n\times 1$ 的矩阵。

(2) b 和 alphas($n\times 1$ 的矩阵)都初始化为 0。

(3) 每一次迭代过程中，"for i in range(n):"这一句意味着顺序选择第一个样本点 $\boldsymbol{x}_i$。

(4) "fXi=float(np.multiply(alphas,labelMat).T * (dataMat * dataMat[i,:].T))+b"这一句对应式(2.63)。注意：np.multiply()是矩阵对应元素相乘(Hadamard 积)，而"*"是矩阵乘法。由于采用线性核 $k(\boldsymbol{x}_n,\boldsymbol{x}_m)=\boldsymbol{x}_n^{\mathrm{T}}\boldsymbol{x}_m$，直接就是特征向量的内积。

(5) "Ei=fXi-float(labelMat[i])"这一句对应式(2.62)，即得到 $\boldsymbol{x}_i$ 的预测误差。

(6) "if ((labelMat[i] * Ei<-toler) and (alphas[i]<C)) or ((labelMat[i] * Ei>toler) and (alphas[i]>0)):"这一句检查样本点 $\boldsymbol{x}_i$ 是否违反 KKT 条件式(2.56)～式(2.61)。如果 $t_i y(\boldsymbol{x}_i)-1\leqslant 0$($\boldsymbol{x}_i$ 在正确间隔面的错误一端，即正确间隔面的外部)则必须有 $a_i=C$，否则就违反了 KKT 条件；如果 $t_i y(\boldsymbol{x}_i)-1\geqslant 0$($\boldsymbol{x}_i$ 在正确间隔面的正确一端，即正确间隔面的内部)则必须有 $a_i=0$，否则就违反了 KKT 条件。注意，超参 toler 可以指定一个误差门限，如果没有超过这个门限值就认为没有违反，这对于计算机的有限精度浮点运算来讲是必要的。

(7) 如果选取的样本点 $\boldsymbol{x}_i$ 没有违反 KKT 条件，就尝试选取下一个样本点。否则，选取 $\boldsymbol{x}_j$：j=selectJrand(i,n)。这个函数后面再看。

(8) 类似(4)和(5)，对 $\boldsymbol{x}_j$ 计算 fXj 和 Ej。

(9) 将 a_i 和 a_j 备份为 alphaIold 和 alphaJold，对应式(2.69)中的 a_1^{old} 和式(2.64)中的 a_2^{old}。

(10) 根据式(2.67)和式(2.68)计算 a_j 的低限 L 和高限 H。

(11) 根据式(2.65)计算 eta，然后根据式(2.64)计算 a_j，并调用函数 clipAlpha()确保其值在 L 和 H 之内。

(12) 根据式(2.69)计算 a_i。

(13) 接下来计算参数 b：对应式(2.70)～式(2.74)。

选取 $\boldsymbol{x}_j$ 的函数如下。

```
def selectJrand(i, n):
    j = i # 需要选择不等于 i 的任意 j
    while (j == i):
        j = int(np.random.uniform(0, n))
    return j
```

可见，采取的是随机选取(均匀分布)方式。

至此，线性核软间隔 SVM 的训练代码已介绍完毕，接下来就在“简单数据集 1”上进行训练，看看实际效果如何。以语句“b，alphas＝smoSimple(dataList，labelList，6，0.001，400)”进行训练，然后将样本点、决策面、间隔面和 SV 都可视化出来，结果如图 2.36 所示。

由于简单数据集 1 是线性可分数据集，所以正如所预期的，线性核 SVM 能够将其完全正确分开。在图 2.36 中，用圆圈出来的样本点就是 SV：总共有 4 个 SV，负类有 3 个，正类有 1 个。由于没有分错的样本点，所以 SV 都在其正确一边的间隔面上。从这个例子可以充分体会到 SVM 的优势：100 个样本点中，起作用的只有 4 个关键样本点，既避免了对数据的过拟合，又大幅降低了预测时的计算开销。

到这里，读者一定想知道软间隔 SVM 在线性不可分数据集上的表现如何。毕竟，实际应用中的数据一般都是线性不可分的。为了方便对比，就使用 2.3.6 节用到的线性不可分数据集——称其为“简单数据集 2”，读者可以回顾下图 2.27，确认下这个数据集确实是线性不可分的。

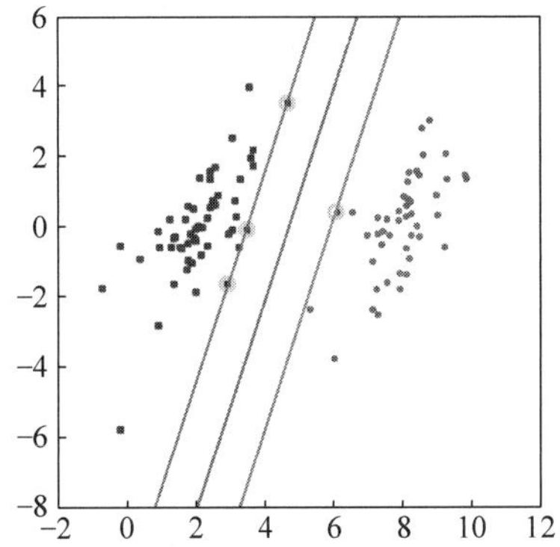

图 2.36 简单数据集 1 上的训练结果

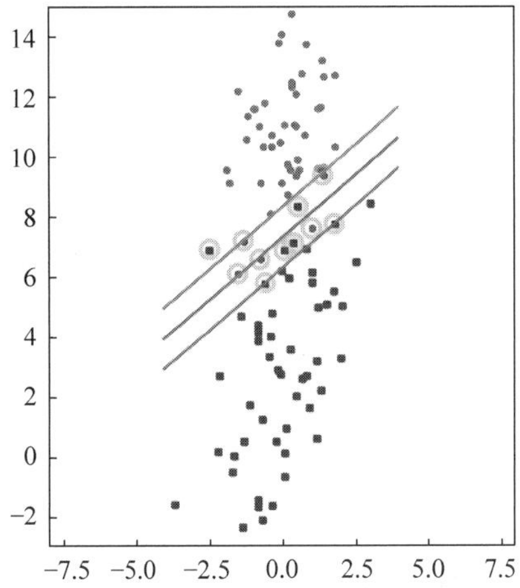

图 2.37 简单数据集 2 上的训练结果

同样以语句“b，alphas＝smoSimple(dataList，labelList，6，0.001，400)”进行训练，然后将样本点、决策面、间隔面和 SV 都可视化出来，结果如图 2.37 所示。

正如所预期的，线性核 SVM 并不能将这个线性不可分数据集完全正确分开，共有 4 个样本点被分错，正类和负类各 2 个。由于是软间隔 SVM，因此在正确间隔面上和正确间隔面错误一端的样本点都是 SV，共计 11 个。

比较图 2.36 和图 2.37 的分类结果，可以发现对率回归模型和线性核软间隔 SVM 的性能基本相当，都有 4 个样本点被分错。另外，对率回归模型在预测时并不会用到训练样本点，因此这方面相比 SVM 还更有优势。当然，前面也谈到了，非线性核 SVM(如高斯核、拉普拉斯核)对于线性不可分数据集更有优势，这些就留给读者来进一步探索。

▶ 2.4.9 拓展阅读

视频讲解

1. 小故事：没有什么比一个好的理论更实用

弗拉基米尔·瓦普尼克(Vladimir N. Vapnik)是杰出的数学家、统计学家和计算机科学家(见图 2.38)。他出生于苏联，1958 年在乌兹别克国立大学获数学硕士学位，1964 年在莫斯科控制科学学院获统计学博士学位，此后一直在该校工作并担任计算机系主任。他于 1990 年离开苏联来到新泽西州的美国电话电报公司贝尔实验室工作，1995 年发表了最初的 SVM 文章。

当时神经网络正当红,因此这篇文章被权威期刊 Machine Learning 要求以"支持向量网络"的名义发表。

实际上,瓦普尼克在1963年就已经提出了支持向量的概念。1968年,他与另一位苏联数学家 A. Chervonenkis 提出了以两人姓氏命名的"VC 维",1974年又提出了结构风险最小化原则,使得统计学习理论在20世纪70年代就已成型。但这些工作主要是以俄文发表的,直到瓦普尼克随着东欧剧变和苏联解体导致的苏联科学家移民潮来到美国,这方面的研究才在西方学术界引起重视,统计学习理论、支持向量机、核方法在20世纪末大放异彩。

图2.38 弗拉基米尔·瓦普尼克

瓦普尼克在2002年加入普林斯顿的 NEC 实验室,2014年加盟脸书(Facebook)公司人工智能实验室。他还曾在伦敦大学、哥伦比亚大学等校担任教授。他有一句名言被广为传诵:"Nothing is more practical than a good theory"。

2. 感悟与启迪

- 理论的建立是一门学科走向成熟的重要标志。
- 追逐热点不如坚持原创、坚持自我。
- 一门学科的发展过程是一个螺旋式上升的历史过程。

2.4.10 习题

1. 基于图2.28中的向量表示,说明法向量 $\boldsymbol{w}$ 垂直于决策面上的任意向量 $\boldsymbol{x}$。

2. 说明2.4.2节里的公式 $t_n y(\boldsymbol{x}_n) \geqslant 0$ 为何成立。

3. 说明为何式(2.36)中,参数 $\boldsymbol{w}$ 和 b 的大小缩放并不会改变样本点 $\boldsymbol{x}_n$ 到决策面的距离。

4. 式(2.39)的优化目标函数里未出现 b,这意味着无须优化 b 吗?谈谈你的理解。

5. 式(2.40)里求和符号的前面为什么是减号?谈谈你的理解。

6. 由式(2.40)推导出式(2.41)和式(2.42)。

7. 利用式(2.41)和式(2.42),消掉式(2.40)中的 $\boldsymbol{w}$ 和 b,得到式(2.43)。

8. 对于 ξ_n 不等于0的情况,说明 $\xi_n = |t_n - y(\boldsymbol{x}_n)|$。

9. 式(2.52)的 KKT 条件表明,要么 $a_n = 0$(样本点在间隔面内部),要么 $t_n y(\boldsymbol{x}_n) = 1 - \xi_n$(样本点在间隔面上或间隔面外部,是支持向量)。请结合图示,进一步说明后一种情况下,样本点所处位置的几种可能情况,并给出 a_n、ξ_n、μ_n 的取值情况。

10. 使用训练好的 SVM 对测试样本进行预测时,会用到哪些训练样本呢?为什么?与2.1节介绍的 KNN、2.2节介绍的决策树、2.3节介绍的对率回归进行比较,有何不同?

11. 对于二次多项式核函数 $k(\boldsymbol{x},\boldsymbol{z}) = (\boldsymbol{x}^{\mathrm{T}}\boldsymbol{z})^2$,请推出对应的特征变换函数 $\varphi(\boldsymbol{x})$。

12. 当采用类似2.3.6节的 loadDataSet()函数把简单数据集1装入 dataList(对应两个特征)和 labelList(对应类别标签)两个列表中时,代码有什么关键不同呢?为什么?

13. 从运算的角度详细分析"fXi = float(np.multiply(alphas,labelMat).T * (dataMat * dataMat[i,:].T)) + b"这句代码是如何对应式(2.63)的,要求给出每个矩阵的形状、每个运算的输入和输出、最终运算结果的形状。

14. 可以通过向量点积来理解间隔的概念,如图2.39所示,正负间隔面上各有一个样本点,其差向量与权重向量 $\boldsymbol{w}$ 的点积即为正负间隔面的距离2,试给出证明。

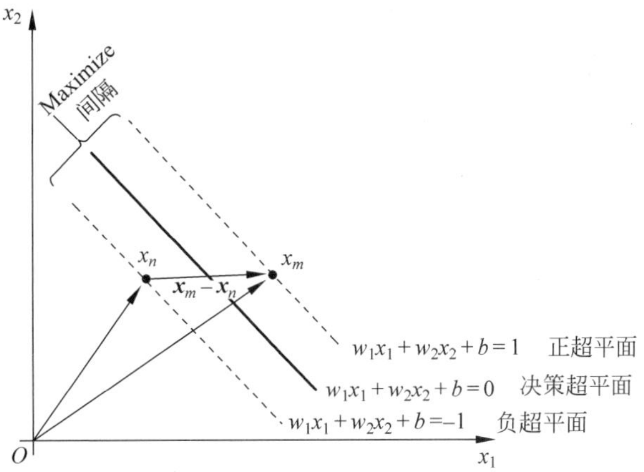

图 2.39 间隔与决策面

15. 可以通过向量点积来理解权重向量 $\boldsymbol{w}$ 与决策面垂直，如图 2.40 所示，决策面上有两个不同样本点，其差向量与权重向量 $\boldsymbol{w}$ 垂直(正交)，试给出证明。

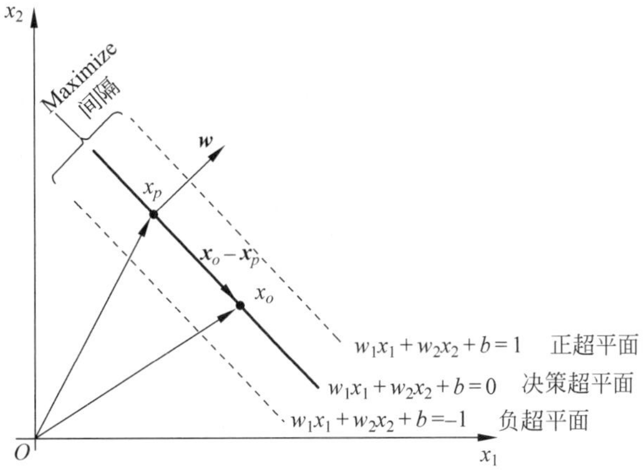

图 2.40 权重向量与决策面

16. 如果 $\varphi(\boldsymbol{x})$的维数高于 $\boldsymbol{x}$ 的维数，则特征空间对原始数据空间进行了升维，那么升维能够带来什么好处呢？试结合图 2.41 进行思考，图中所示的 2 维原始数据(线性不可分)如何能够通过升维而成为线性可分数据？

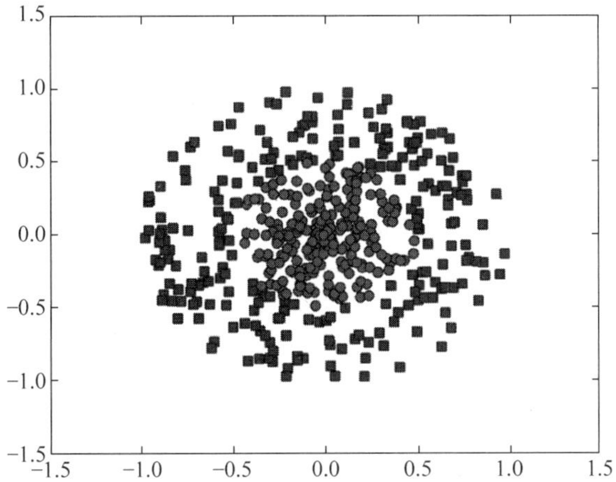

图 2.41 升维前的原始数据

17. 假设 $\boldsymbol{x}$ 和 $\boldsymbol{z}$ 是 2 维向量，请说明高斯核函数（式(2.75)）对应的特征向量 $\varphi(\boldsymbol{x})$ 是无穷维。提示：将 $\|\boldsymbol{x}-\boldsymbol{z}\|^2$ 展开为三项，从而 $k(\boldsymbol{x},\boldsymbol{z})$ 表示为三项的乘积，再应用指数函数的泰勒展开式。

2.5 神经网络

从海量数据中自动学习

从 19 世纪 50 年代的感知机到如今的大模型（见 1.3 节的介绍），神经网络可以说是历史最悠久的机器学习模型之一。其发展过程几起几落，终有大成。那么读者一定想知道，神经网络究竟有什么独到之处呢？笔者认为主要可归结为两点：第一，神经网络可以从海量数据中自动学习特征；第二，神经网络可以进行端对端的学习，只需要告诉它输入是什么、输出是什么，它会自动地学习输入到输出的映射。关于这两点，1.2.1 节有详细讨论，读者可以回顾一下。

本节将着眼于一种最常见的神经网络——全连接多层神经网络（Fully Connected Multiple Layers Neural Network）[①]，对神经网络的基本原理和反向传播算法进行详细介绍。

▶ 2.5.1 全连接多层神经网络

如果将 2.3 节介绍的“对数几率回归模型”作为基本单元（称为神经元），就能够类似“搭积木”一样方便地构建出一种最常见的神经网络——全连接多层神经网络。如图 2.42 所示，将多个神经元按照从左到右的顺序一层层叠起来，层与层之间所有神经元均连接在一起，最右边用一个多类对数几率回归（Softmax）完成最终的多类分类，这就得到了一个很常见的全连接多层神经网络。由于层与层之间所有神经元均连接在一起，所以称这种神经网络为“全连接”。

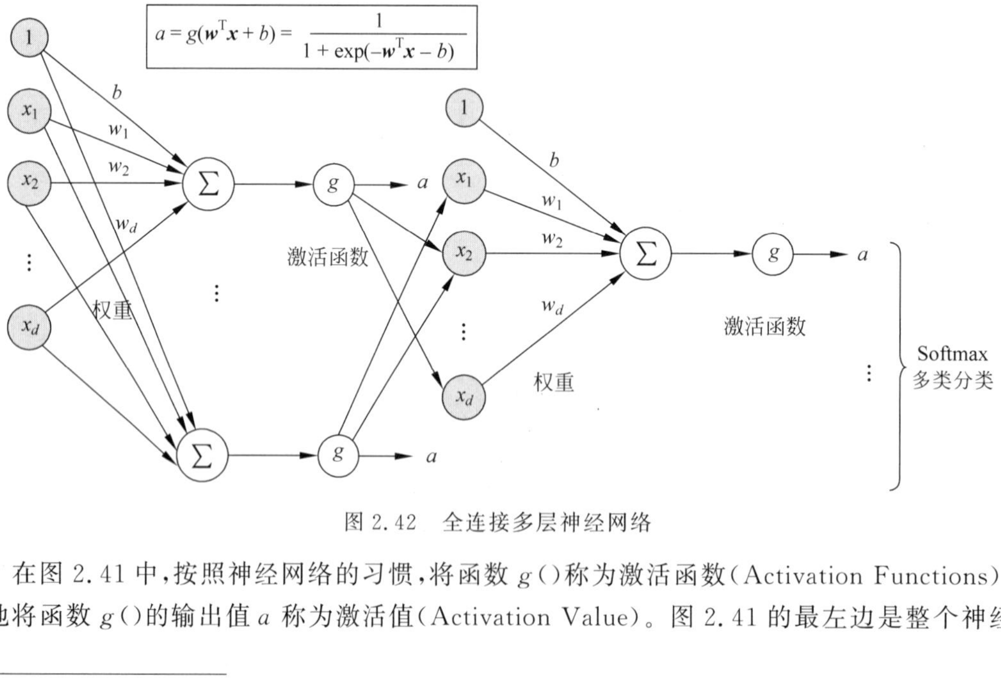

图 2.42 全连接多层神经网络

在图 2.41 中，按照神经网络的习惯，将函数 $g()$ 称为激活函数（Activation Functions），相应地将函数 $g()$ 的输出值 a 称为激活值（Activation Value）。图 2.41 的最左边是整个神经网

① 全连接多层神经网络也常被称为前馈网络（Feedforward）。

络的第 1 层——输入层(Input Layer),用输入向量$(1,x_1,x_2,\cdots,x_d)^T$表示。最右边是整个神经网络的最后一层——输出层(Output Layer),给出多类分类的类别值。其余中间的层次均接收前一层的输出作为输入,并将本层的输出作为后一层的输入。中间层一般也称为"隐藏层"(Hidden Layer),简称"隐层"。图 2.43 给出了一个整体上更清楚的三层全连接神经网络的网络结构图,输入层有 784 个神经元(对应 784 维的输入向量),隐藏层有 15 个神经元,输出层有 10 个神经元(对应 10 个类别)。注意,为了使整体结构清楚,图 2.43 中忽略了神经元的细节(用圆圈表示),而且输入层的 784 个神经元只画了 8 个出来。这个三层网络由于只有一个隐层,因此也常被称为"单隐层神经网络"。如果有多个隐层,就可以称为"深度神经网络"了。实际上,后面将采用这个三层网络来解决一个经典问题:Mnist 手写数字识别。

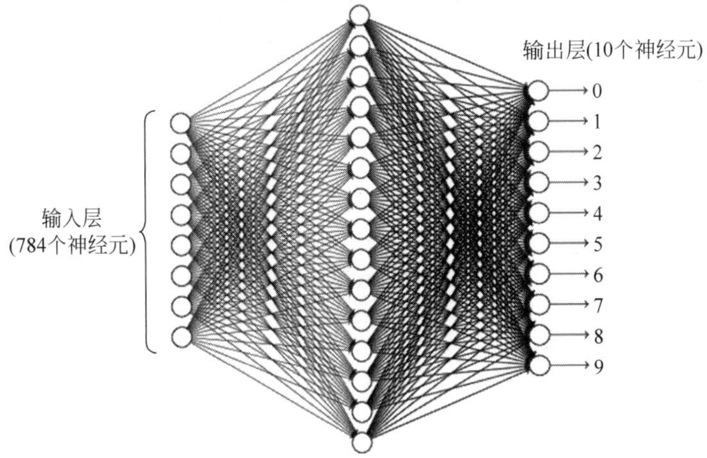

图 2.43　一个三层全连接神经网络

▶ 2.5.2　万能逼近定理

细心的读者一定会问一个问题:如图 2.43 所示神经网络的隐层神经元个数是如何确定的呢?或者,引申一下这个问题:神经网络的学习能力有多强呢?神经网络的结构(有多少个隐层,每个隐层有多少个神经元)应该如何设计呢?可以说,神经网络的万能逼近定理试图从某种程度上回答这个问题。

这个定理的大意是:单隐层神经网络与任意连续 S 型激活函数能够以任意精度逼近任何目标连续函数,只要不对网络的结点数加以限制。说明一下,"S 型激活函数"就是 2.3.2 节谈到的"S 型曲线函数"。

这就意味着,只要不对隐层的神经元个数加以限制,类似图 2.43 的单隐层神经网络能够完美解决任何机器学习问题,即神经网络具有"万能"的学习能力。这当然是个好消息。同时,这个定理建议了一种神经网络的结构:单个隐层,并且隐层的神经元个数可以任意多。以如图 2.43 所示神经网络为例,图中相邻两层神经元之间的每个连接就是一个模型参数(回顾 1.2.2 节谈到的含参模型以及 2.3.1 节的线性模型),由此,在输入层和隐层之间就有 784×15 个参数,类似地,在隐层和输出层之间就有 15×10 个参数。参数的个数反映了模型的复杂程度,因此如果隐层的神经元个数可以任意多,则该单隐层神经网络可以任意复杂,从而可以拟合任意复杂的输入数据。

谈到这里,聪明的读者一定会思考一个问题:在实践中,这样做是否经济划算?一方面,为了简化定理的证明，采用单隐层神经网络或许是很明智的。另一方面，在实际应用中也这样做，就不见得明智了，甚至会不可行。为什么这么说？以识别人脸为例，假如有一百万张不同的人脸图像数据，为了表示这些数据，对于单隐层网络可能需要一百万个隐层神经元（因为每张人脸都不一样），存储开销将非常巨大。换一种做法，既然人脸都是由眼睛、鼻子、嘴巴构成，那 100 种眼睛（对应第一个隐层）与 100 种鼻子（对应第二个隐层）再与 100 种嘴巴（对应第三个隐层）组合在一起不就表示出了这一百万张不同人脸了吗？这种多层组合式的表示方法总共只需要 300 个隐层神经元就解决了问题，经济划算得多。这就是为什么采用多个隐层构建“深度神经网络”的根本原因所在。

当然，上面所说的“第一个隐层对应 100 种眼睛”这些只是一种示意的说法，是为了帮助读者理解“深度”的重要性。实际网络中一般很难说清楚某个隐层神经元所表示的具体内容（回顾 1.3 节谈到的神经网络的“不可解释性”）。因此，神经网络的结构设计（采用多少个隐层，每个隐层有多少个神经元）就成为一个工程问题——“网络工程”，需要在实践中积累经验，不断优化。

视频讲解

2.5.3 学习算法

回顾一下 2.3 节，既然对率回归单元（神经元）可以通过负对数似然函数的梯度下降算法来进行学习，那么由对率回归单元堆叠而成的全连接神经网络也可以采用类似的方法吗？回答是肯定的，但是也有关键的不同：多层神经网络的损失函数是关于各层参数 $\boldsymbol{w}$ 的复合函数。这就导致了需要面向复合函数的误差反向传播算法（Back Propagation，BP）。下面就来详谈。

假设目标变量 $\boldsymbol{y}$ 有 C 个类别取值，为了后面公式推导方便，将其取值定义为独热向量（One-hot Vector），即 C 维的标准单位向量 $\boldsymbol{y}_i=(\cdots,1,\cdots)^{\mathrm{T}}$：第 k 维 y_i^k 为 1 表示其类别为 k。对应地，要求网络的输出 $\boldsymbol{a}_i$ 也是一个 C 维向量。这样，就可以定义一个二次损失函数，用以衡量网络的输出与类别标签一致性如何。如式(2.76)所示，对于训练样本 i，如果输出 $\boldsymbol{a}_i$ 与类别标签 $\boldsymbol{y}_i$ 比较一致，则损失就比较小；否则损失就比较大。其中，N 为总的训练样本数。注意，式(2.76)对求和的值除以 N，以起到归一化的效果（对比 2.3 节的式(2.25)）。至于 N 前面的 2 倍则纯粹是为了后面求梯度得到一个更简洁的数学形式（2.4 节也曾采用了类似的小技巧）。

$$L(\boldsymbol{w},\boldsymbol{b})=\frac{1}{2N}\sum_{i=1}^{N}\|\boldsymbol{y}_i-\boldsymbol{a}_i\|^2$$

$$\boldsymbol{a}_i=g(\boldsymbol{w}^{\mathrm{T}}\boldsymbol{x}_i+\boldsymbol{b})=\frac{1}{1+\exp(-\boldsymbol{w}^{\mathrm{T}}\boldsymbol{x}_i-\boldsymbol{b})} \tag{2.76}$$

要使损失 $L(\boldsymbol{w},\boldsymbol{b})$ 最小，同样可以采用 2.3 节介绍的梯度下降方法。首先计算 $L(\boldsymbol{w},\boldsymbol{b})$ 的梯度 $\nabla_{\boldsymbol{w}}L(\boldsymbol{w},\boldsymbol{b})$ 和 $\nabla_{\boldsymbol{b}}L(\boldsymbol{w},\boldsymbol{b})$。然后用公式 $\boldsymbol{w}=\boldsymbol{w}-\alpha\nabla_{\boldsymbol{w}}L(\boldsymbol{w},\boldsymbol{b})$ 和 $\boldsymbol{b}=\boldsymbol{b}-\alpha\nabla_{\boldsymbol{b}}L(\boldsymbol{w},\boldsymbol{b})$ 更新参数，直到 $\boldsymbol{w}$ 和 $\boldsymbol{b}$ 收敛或者达到最大迭代次数。关键的不同点在于，式(2.76)中的 $\boldsymbol{a}_i$ 实际上本身也是一个关于 $\boldsymbol{w}$ 和 $\boldsymbol{b}$ 的函数；$\boldsymbol{x}_i$ 可能是输入层的输入，也可能是前一层的输出。因此需要用到多层复合函数的链式求导规则。这个求导的过程也被形象地称为误差反向传播算法——从输出层往输入层“反向”进行。下面就来详细介绍误差反向传播算法。

为了讨论的方便，先约定一些数学符号。用 $i=1,2,\cdots,I$ 表示一个 I 层神经网络的各层，其中，第 1 层是输入层，第 I 层是最后一层——输出层。用 $z_j^i=\sum_k w_{jk}^i a_k^{i-1}+b_j^i$ 表示第 i 层第 j 个神经元的权重输入，其值由第 $i-1$ 层所有与第 i 层第 j 个神经元相连的神经元加权求和，

再加上偏置 b_j^i 而得到。如果把第 i 层的所有神经元的权重输入记为向量 $\boldsymbol{z}^i$，则有更简洁的向量形式的表示 $\boldsymbol{z}^i=\boldsymbol{w}^i\boldsymbol{a}^{i-1}+\boldsymbol{b}^i$。用 $\boldsymbol{a}^i=\sigma(\boldsymbol{z}^i)=\sigma(\boldsymbol{w}^i\boldsymbol{a}^{i-1}+\boldsymbol{b}^i)$ 表示第 i 层神经元的输出激活值，激活函数此处采用对数几率函数 $\sigma(x)$。图 2.44 给出了一个简单全连接神经网络的示例，其中，$I=3$。在图 2.44 中，例如，$z_2^2=w_{21}^2a_1^1+w_{22}^2a_2^1+b_2^2$，由于 a_1^1 和 a_2^1 分别就是 x_1 和 x_2，因此 $z_2^2=w_{21}^2x_1+w_{22}^2x_2+b_2^2$。注意，$b_2^2$ 在图中未画出。

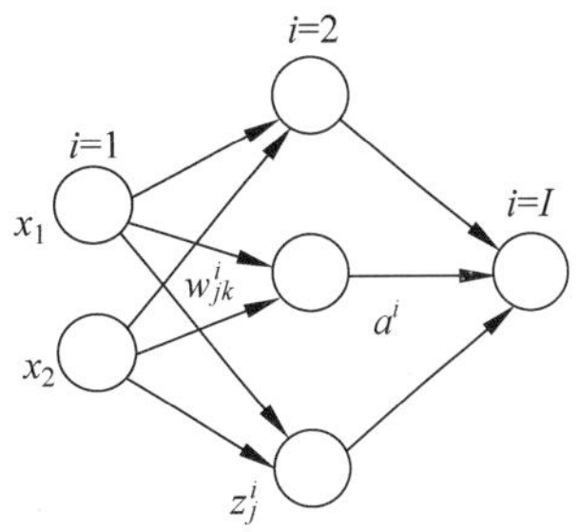

图 2.44 一个简单全连接神经网络的示例

由此，式(2.76)可重写为 $L=\frac{1}{2N}\sum_{n=1}^{N}\|\boldsymbol{y}_n-\boldsymbol{a}^I\|^2$，将 L 分别对 $\boldsymbol{w}$ 和 $\boldsymbol{b}$ 求偏导，得到对应的梯度向量 $\nabla_{\boldsymbol{w}}L(\boldsymbol{w},\boldsymbol{b})$ 和 $\nabla_{\boldsymbol{b}}L(\boldsymbol{w},\boldsymbol{b})$：

$$\nabla_{\boldsymbol{w}}L(\boldsymbol{w},\boldsymbol{b})=\frac{1}{N}\sum_{n=1}^{N}(\boldsymbol{a}^I-\boldsymbol{y}_n)\nabla_{\boldsymbol{w}}\boldsymbol{a}^I \tag{2.77}$$

$$\nabla_{\boldsymbol{b}}L(\boldsymbol{w},\boldsymbol{b})=\frac{1}{N}\sum_{n=1}^{N}(\boldsymbol{a}^I-\boldsymbol{y}_n)\nabla_{\boldsymbol{b}}\boldsymbol{a}^I \tag{2.78}$$

可见，对每一个样本 n，分别计算其梯度向量 $(\boldsymbol{a}^I-\boldsymbol{y}_n)\nabla_{\boldsymbol{w}}\boldsymbol{a}^I$ 和 $(\boldsymbol{a}^I-\boldsymbol{y}_n)\nabla_{\boldsymbol{b}}\boldsymbol{a}^I$，再累加起来即可。

对于一个特定的样本 n，定义 $\delta_j^i=\frac{\partial L}{\partial z_j^i}$ 表示第 i 层第 j 个神经元的误差，其中为了方便，用 L 表示 $L_n=\frac{1}{2}\|\boldsymbol{y}_n-\boldsymbol{a}^I\|^2$。反向传播的过程就是为了计算这个误差 δ_j^i，然后基于误差就能得到梯度 $\nabla_{\boldsymbol{w}}L$ 和 $\nabla_{\boldsymbol{b}}L$。实际上，δ_j^i 就是损失函数 L 关于输入 z 的偏导，所以"误差反向传播"也称为"梯度反向传播"。

先来看第一个反向传播方程。由上面的定义有 $\delta_j^I=\frac{\partial L}{\partial z_j^I}=\sum_k\frac{\partial L}{\partial a_k^I}\frac{\partial a_k^I}{\partial z_j^I}=\frac{\partial L}{\partial a_j^I}\frac{\partial a_j^I}{\partial z_j^I}=\frac{\partial L}{\partial a_j^I}\sigma'(z_j^I)$，这就得到了式(2.80)——输出层的误差。其中，第二步推导就是复合函数的链式求导。第三步推导是由于 $\frac{\partial a_k^I}{\partial z_j^I}$ 当 $k\neq j$ 时为 0，因为同层的不同神经元之间无连接(见图 2.43)。

$$\delta_j^I=\frac{\partial L}{\partial a_j^I}\sigma'(z_j^I)=(a_j^I-y_n^j)\sigma'(z_j^I) \tag{2.79}$$

式(2.79)的向量形式为

$$\boldsymbol{\delta}^I=(\boldsymbol{a}^I-\boldsymbol{y}_i)\nabla_z\sigma(\boldsymbol{z}^I) \tag{2.80}$$

继续推导第二个反向传播方程。$\delta_j^i=\frac{\partial L}{\partial z_j^i}=\sum_k\frac{\partial L}{\partial z_k^{i+1}}\frac{\partial z_k^{i+1}}{\partial z_j^i}=\sum_k\delta_k^{i+1}\frac{\partial z_k^{i+1}}{\partial z_j^i}$，又 $z_k^{i+1}=\sum_j w_{kj}^{i+1}a_j^i+b_k^{i+1}=\sum_j w_{kj}^{i+1}\sigma(z_j^i)+b_k^{i+1}$，$\frac{\partial z_k^{i+1}}{\partial z_j^i}=w_{kj}^{i+1}\sigma'(z_j^i)$，代入则得到

$$\delta_j^i=\sum_k\delta_k^{i+1}w_{kj}^{i+1}\sigma'(z_j^i) \tag{2.81}$$

式(2.81)的向量形式为

$$\boldsymbol{\delta}^i=[(\boldsymbol{w}^{i+1})^{\mathrm{T}}\boldsymbol{\delta}^{i+1}]\nabla_z\sigma(\boldsymbol{z}^i) \tag{2.82}$$

式(2.82)是第 i 层相对于第 $i+1$ 层的误差,实际上就是反向传播第 $i+1$ 层的误差,从而得到第 i 层的误差。由式(2.80)和式(2.82)即可从最后一层 I 开始得到任一层 i 的误差:$\boldsymbol{\delta}^I\rightarrow\boldsymbol{\delta}^{I-1}\rightarrow\cdots\rightarrow\boldsymbol{\delta}^1$。类似地,很容易推导出剩余的两个反向传播方程,即式(2.83)和式(2.84)。

$$\frac{\partial L}{\partial b_j^i}=\delta_j^i \tag{2.83}$$

$$\frac{\partial L}{\partial w_{jk}^i}=a_k^{i-1}\delta_j^i \tag{2.84}$$

写成向量形式则分别为

$$\nabla_b L=\boldsymbol{\delta}^i \tag{2.85}$$

$$\nabla_w L=(\boldsymbol{a}^{i-1})^{\mathrm{T}}\boldsymbol{\delta}^i \tag{2.86}$$

这就得到了最终需要的梯度向量 $\nabla_w L$ 和 $\nabla_b L$。基于此,用梯度下降公式 $\boldsymbol{w}=\boldsymbol{w}-\alpha\nabla_w L(\boldsymbol{w},\boldsymbol{b})$ 和 $\boldsymbol{b}=\boldsymbol{b}-\alpha\nabla_b L(\boldsymbol{w},\boldsymbol{b})$ 更新参数,就可完成神经网络的训练。

▶ 2.5.4 关于可解释性的讨论

1.3 节和 2.5.2 节都谈到了神经网络的“不可解释性”。这里进一步以 2.4 节介绍的 SVM 来类比,因为 SVM 无论从理论支撑、模型设计思想还是模型求解来讲,都具有良好的“可解释性”。反观神经网络,则缺乏理论支撑(脑科学还处于发展的早期),端到端的学习范式导致模型内部是一个“黑盒子”,模型不能保证得到全局最优解等。

话说回来,SVM 真的就能彻底被解释吗?以其核函数的选取为例,线性核函数只能解决线性可分问题,这个能力感知机就已经具备,所以体现不出 SVM 有什么优势。具有非线性核函数的 SVM 才是其真正的优势所在,即只要正确选取核函数,SVM 就能以最优的方式解决任何非线性可分问题。然而,正如 2.4.7 节所谈到的,核函数如何选取是没有理论支撑的、是不可解释的。所以必须认识到,理论支撑和可解释性是一个历史过程,不可能一蹴而就。对于“神经网络与深度学习”而言,我们理应同等对待,在接受其带来的好处的同时也必须同时接受其不可解释性。

计算机科学有一个经典命题:P 是否不等于 NP。大多数人相信“P 不等于 NP”,这意味着:不可解的问题都一样,永远也不可解。或许,“神经网络与深度学习”的不可解释,SVM 核函数的不可解释,都是一样的不可解问题?这个问题的解答只能留给将来。

视频讲解

▶ 2.5.5 全连接神经网络的核心代码实现

定义一个名为 Network 的类,该类包括构造函数、前向计算、反向传播、随机梯度下降、性能评估等方法。

(1) 构造函数__init__()。

```
class Network:
    def __init__(self, sizes):
        self.sizes = sizes
        self.num_layers = len(sizes)
        self.weights = [np.random.randn(y, x) for x, y in zip(sizes[:-1], sizes[1:])]
        self.biases = [np.random.randn(y, 1) for y in sizes[1:]]
```

构造函数有一个额外参数:名为 sizes 的列表。该列表依次指定了每一层的神经元个数,如[2,3,1]意味着一个三层网络,第一层有两个神经元,第二层有三个,而最后一层有一个。实例属性 sizes 和 num_layers 分别记录了神经网络的结构和层数。另外两个实例属性 weights 和 biases 分别对应权重 **w** 和偏置 **b**。值得注意的是,weights 和 biases 都采用标准高斯分布进行了随机初始化,使用的是 NumPy 的 randn()函数。以 sizes=[2,3,1]为例,sizes[:-1]=[2,3],sizes[1:]=[3,1],则 weights 就是一个包含两个二维数组的列表[3×2 数组,1×3 数组],而 biases 则形为[3×1 数组,1×1 数组]。注意 zip()函数返回的是 zip 对象,此处的作用是组合两个参数对应位置的元素。为什么这样组合?如图 2.43 所示,第一层有两个神经元,第二层有三个,两层之间全连接就得到总共 3×2=6 个连接,对应 weights 的第一个元素:一个 3×2 的 NumPy 数组。类似地,第二层和第三层之间的全连接对应 weights 的第二个元素:一个 1×3 的 NumPy 数组。至于 biases,第一层(输入层)并不需要;第二层有三个神经元,而一个神经元需要一个偏置,故共有三个偏置,对应 biases 的第一个元素:一个 3×1 的 NumPy 数组;第三层(输出层)类似,对应 biases 的第二个元素:一个 1×1 的 NumPy 数组。

(2) 前向计算函数 feedforward()。

```
def feedforward(self, a):
    """如果 a 是输入,则该函数返回网络的最终输出。"""
    for b, w in zip(self.biases, self.weights):
        a = sigmoid(np.dot(w, a) + b)
    return a
```

这个函数有一个额外参数 a,如果 a 就是第一层(输入层)的输入,那么这个函数将返回最后一层(输出层)的输出,即网络最终的输出。还是以[2,3,1]这个网络为例,输入 a 为 2×1 的数组,**w** 和 **b** 分别取 weights 和 biases 的第一个元素,则 np.dot(w,a)完成 **w** 和 a 的矩阵乘,得到 3×1 的数组,再加上 **b**,结果还是 3×1 的数组。用这个结果更新 a 的值后,继续进行下一层的运算,就得到了最终的输出:1×1 的数组。注意,sigmoid()函数就是对数几率函数,定义在 2.3.6 节中,读者可以回顾一下。

(3) 随机梯度下降函数 SGD()。

```
def SGD(self, training_data, epochs, mini_batch_size, eta, test_data = None):
    n = len(training_data)

    if test_data:
        n_test = len(test_data)

    for j in range(epochs):
        random.shuffle(training_data)
        mini_batches = [training_data[k:k + mini_batch_size] for k in range(0, n, mini_batch_size)]
        for mini_batch in mini_batches:
            self.update_mini_batch(mini_batch, eta)
        if test_data:
            print("Epoch {} : {} / {}".format(j,self.evaluate(test_data),n_test));
        else:
            print("Epoch {} complete".format(j))
```

这个函数有 5 个额外参数,依次对应训练数据(元组(x,y)的列表)、训练轮数、小 batch 大小、学习率、测试数据。其中,测试数据参数 test_data 指定了默认值 None。对于每一轮训练:首先用 shuffle()函数将训练数据 training_data 随机打乱;然后按照小 batch 大小 mini_batch_size 把 training_data 等分成 k 个小 batch;接着,就是对每一个小 batch 调用 update_ mini_batch()函数完成梯度下降训练；最后，如果指定了测试数据，则调用 evaluate()函数完成模型的性能评估。

```
def update_mini_batch(self, mini_batch, eta):
    nabla_b = [np.zeros(b.shape) for b in self.biases]
    nabla_w = [np.zeros(w.shape) for w in self.weights]
    for x, y in mini_batch:
        delta_nabla_b, delta_nabla_w = self.backprop(x, y)
        nabla_b = [nb + dnb for nb, dnb in zip(nabla_b, delta_nabla_b)]
        nabla_w = [nw + dnw for nw, dnw in zip(nabla_w, delta_nabla_w)]
    self.weights = [w - (eta/len(mini_batch)) * nw
                    for w, nw in zip(self.weights, nabla_w)]
    self.biases = [b - (eta/len(mini_batch)) * nb
                    for b, nb in zip(self.biases, nabla_b)]
```

update_mini_batch()函数需要两个额外参数：小 batch 和学习率。该函数首先将梯度向量 nabla_w 和 nabla_b(分别对应$\nabla_w L$ 和$\nabla_b L$)初始化为 0。然后对小 batch 的每一个样本调用 backprop()函数计算其梯度，并将其累加到 nabla_w 和 nabla_b。最后，就是应用梯度下降公式 $\boldsymbol{w}=\boldsymbol{w}-\frac{\alpha}{m}\nabla_w L$ 和 $\boldsymbol{b}=\boldsymbol{b}-\frac{\alpha}{m}\nabla_b L$ 更新 $\boldsymbol{w}$ 和 $\boldsymbol{b}$。注意，这里的 m 表示小 batch 的大小，对应代码中的 len(mini_batch)。为什么要除以 m 呢？读者可以思考下。实际上，这与式(2.77)中的除以 N 是一样的作用。

(4) 反向传播函数 backprop()。

```
def backprop(self, x, y):
    nabla_b = [np.zeros(b.shape) for b in self.biases]
    nabla_w = [np.zeros(w.shape) for w in self.weights]
    # 前馈计算
    activation = x
    activations = [x]                                    # 逐层存储所有层的输出
    zs = []# list to store all the z vectors, layer by layer  # 逐层存储所有层的 z 向量
    for b, w in zip(self.biases, self.weights):
        z = np.dot(w, activation) + b
        zs.append(z)
        activation = sigmoid(z)
        activations.append(activation)
    # 反向传播
    delta = self.cost_derivative(activations[-1], y) * sigmoid_prime(zs[-1])
    nabla_b[-1] = delta
    nabla_w[-1] = np.dot(delta, activations[-2].transpose())
    for l in range(2, self.num_layers):
        z = zs[-l]
        sp = sigmoid_prime(z)
        delta = np.dot(self.weights[-l+1].transpose(), delta) * sp
        nabla_b[-l] = delta
        nabla_w[-l] = np.dot(delta, activations[-l-1].transpose())
    return (nabla_b, nabla_w)
```

这个函数以数据样本(x,y)为参数，返回该样本的梯度。同样是先将梯度向量 nabla_w 和 nabla_b(分别对应$\nabla_w L$ 和$\nabla_b L$)初始化为 0。然后开始前向计算过程，得到样本(x,y)的各层输出 activation，并将其保存到 activations 列表中。类似地，每一层的权重输入向量 $\boldsymbol{z}$ 保存到 zs 列表中。

接下来，开始反向传播过程。delta 是输出层的输出误差，通过式(2.80)进行计算。由式(2.85)和(2.86)，就可分别得到最后一层关于 **b** 和 **w** 的梯度向量，并保存到 nabla_b[-1]和 nabla_w[－1]之中。得到了倒数第一层(输出层)的梯度向量，根据式(2.82)、式(2.85)和式(2.86)，接下来的 for 循环就计算出了倒数第二层([－2])一直到第二层([2])的梯度向量。

最后提个问题：计算输出层的输出误差 delta 时，用到了 cost_derivative()函数，请根据对应公式完成这个函数的实现。

(5) 性能评估函数 evaluate()。

```
def evaluate(self, test_data):
    test_results = [(np.argmax(self.feedforward(x)), y) for (x, y) in test_data]
    return sum(int(x == y) for (x, y) in test_results)
```

该函数需要给定参数 test_data。所完成的功能就是统计 test_data 的所有数据样本中被网络正确分类的样本有多少个。注意一下 np.argmax(self.feedforward(x))这个语句，由前面的介绍，feedforward()函数计算出网络的最终输出，因此输出层有多少个神经元(对应类别数 C)就有多少个输出，即构成一个 C 维的向量。函数 argmax 得到这个 C 维向量取最大值(对应最大的激活值)的那个神经元的索引值，这个索引值就是网络对样本 x 的类别预测值。

▶ 2.5.6　应用到 Mnist 手写数字识别

Mnist 手写数字识别数据集是机器学习领域的经典数据集，本节将应用 2.5.5 节的代码来解决这个数据集所提出的手写数字识别问题。

如图 2.45 所示，Mnist 数据集的每个数据样本(如最左边的“5”)是一幅 28×28 像素的 8 位灰度图像。解释一下，所谓“28×28 像素”表示图像由 28 行 28 列总共 784 像素构成，即图像的分辨率是 28×28。而“8 位灰度图像”则意味着图像的每个像素用一个字节来表示，其取值范围就为 0～255。假如值 0 表示黑色，而值 255 表示白色，那么介于其间的值就表示介于黑色和白色之间的“灰色”，所以称为“8 位灰度图像”。

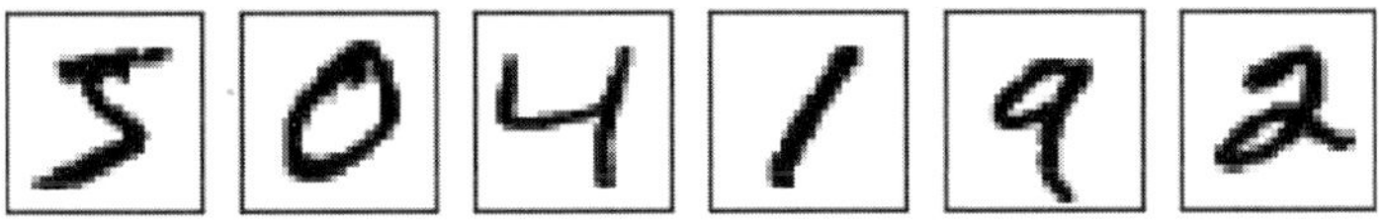

图 2.45　Mnist 数据集的 6 个数据样本

该数据集包含 6 万个样本的训练集和 1 万个样本的测试集。其中，训练集来自 250 个不同的人(一半是美国人口统计局员工，一般是美国中学生)；而测试集则来自另外 250 个不同的人(仍然来自于美国人口统计局和中学生)。

(1) 下载名为 mnist.pkl.gz 的 Mnist 数据文件后，就可以用 load_data()函数装入 Mnist。

```
def load_data():
    f = gzip.open('mnist.pkl.gz', 'rb')
    training_data, validation_data, test_data = pickle.load(f, encoding = "latin1")
    f.close()
    return (training_data, validation_data, test_data)
```

这个函数不需要参数，用到了 gzip 和 pickle 两个标准库。从文件读入的数据被分成三个子集，分别对应训练集、验证集和测试集。在解释器里执行这个函数如下。

```
>>> tr_d, va_d, te_d = load_data()
>>> tr_d
(array([[0., 0., 0., ..., 0., 0., 0.],
        [0., 0., 0., ..., 0., 0., 0.],
        [0., 0., 0., ..., 0., 0., 0.],
        ...,
        [0., 0., 0., ..., 0., 0., 0.],
        [0., 0., 0., ..., 0., 0., 0.],
        [0., 0., 0., ..., 0., 0., 0.]], dtype=float32), array([5, 0, 4, ..., 8, 4, 8], dtype=int64))
>>> va_d
(array([[0., 0., 0., ..., 0., 0., 0.],
        [0., 0., 0., ..., 0., 0., 0.],
        [0., 0., 0., ..., 0., 0., 0.],
        ...,
        [0., 0., 0., ..., 0., 0., 0.],
        [0., 0., 0., ..., 0., 0., 0.],
        [0., 0., 0., ..., 0., 0., 0.]], dtype=float32), array([3, 8, 6, ..., 5, 6, 8], dtype=int64))
>>> te_d
(array([[0., 0., 0., ..., 0., 0., 0.],
        [0., 0., 0., ..., 0., 0., 0.],
        [0., 0., 0., ..., 0., 0., 0.],
        ...,
        [0., 0., 0., ..., 0., 0., 0.],
        [0., 0., 0., ..., 0., 0., 0.],
        [0., 0., 0., ..., 0., 0., 0.]], dtype=float32), array([7, 2, 1, ..., 4, 5, 6], dtype=int64))
```

可见，三个子集的格式是一样的：是一个两个元素的元组，其中第一个元素是表示图像数据本身的二维数组，第二个元素是对应的类别标签一维数组。用 np.shape()函数可以方便地查看每个元素的形状。

```
>>> np.shape(tr_d[0])
(50000, 784)
>>> np.shape(tr_d[1])
(50000,)
>>> np.shape(va_d[0])
(10000, 784)
>>> np.shape(va_d[1])
(10000,)
>>> np.shape(te_d[0])
(10000, 784)
>>> np.shape(te_d[1])
(10000,)
```

可见，训练集 tr_d 有 5 万个样本，每个样本是 784 维的向量（28×28=784）。验证集 va_d 和测试集 te_d 各有 1 万个样本。查看 tr_d 中第一个样本的数据：

```
>>> tr_d[0][0]
    array([0.                    , 0.                      , 0.            ,
0.                  , 0.                       ,              ... ...,
0.                , 0.                  , 0.01171875, 0.0703125   , 0.0703125 ,
0.0703125, 0.4921875 , 0.53125      , 0.68359375, 0.1015625 ,          0.6484375 ,
0.99609375, 0.96484375, 0.49609375, 0.                   ,        0.           ,
0.                  , 0.                      , 0.                        ,
0.            ,           ......,              0.           , 0.            ,
0.              , 0.        ], dtype=float32)
```

可见，每个像素的 8 位灰度（0～255）已经被归一化到[0,1]，如 0.070 312 5 对应灰度级 18。

(2) 为了方便数据的使用,编写一个包装函数 load_data_wrapper()。

```
def load_data_wrapper():
    tr_d, va_d, te_d = load_data()
    training_inputs = [np.reshape(x, (784, 1)) for x in tr_d[0]]
    training_results = [vectorized_result(y) for y in tr_d[1]]
    training_data = zip(training_inputs, training_results)
    validation_inputs = [np.reshape(x, (784, 1)) for x in va_d[0]]
    validation_data = zip(validation_inputs, va_d[1])
    test_inputs = [np.reshape(x, (784, 1)) for x in te_d[0]]
    test_data = zip(test_inputs, te_d[1])
    return (training_data, validation_data, test_data)
```

这个函数不需要参数,首先调用 load_data()函数装入数据。对于训练集 tr_d,语句[np.reshape(x,(784,1)) for x in tr_d[0]]会把每个 784 维的数据向量变换为 784×1 的二维数组,这样 training_inputs 就成为一个含有 5 万个元素的列表,其中每个元素是一个 784×1 的数据数组。语句[vectorized_result(y) for y in tr_d[1]]则会把每个样本的标签进行向量化,得到一个 C 维的标签向量(见 2.5.3 节)。然后,zip()函数将数据与其标签对应,返回对象给 training_data。对于验证集 va_d 和测试集 te_d,数据的处理是类似的,分别得到 validation_inputs 和 test_inputs。不同点在于标签的处理,无须对标签进行向量化,直接用 zip()函数与数据对应即可。

(3) 调用以上实现的代码,完成 Mnist 数据集的训练和测试。

```
training_data, validation_data, test_data = load_data_wrapper()
training_data = list(training_data)     # 将 zip 对象转换为列表类型
test_data = list(test_data)
net = Network([784, 30, 10])
net.SGD(training_data, 30, 10, 3.0, test_data=test_data)
```

以上代码的一次运行结果如下。

```
Epoch 0 : 9106 / 10000
Epoch 1 : 9285 / 10000
Epoch 2 : 9330 / 10000
Epoch 3 : 9378 / 10000
Epoch 4 : 9360 / 10000
Epoch 5 : 9411 / 10000
Epoch 6 : 9442 / 10000
Epoch 7 : 9395 / 10000
Epoch 8 : 9435 / 10000
Epoch 9 : 9451 / 10000
Epoch 10 : 9479 / 10000
Epoch 11 : 9474 / 10000
Epoch 12 : 9482 / 10000
Epoch 13 : 9459 / 10000
Epoch 14 : 9487 / 10000
Epoch 15 : 9506 / 10000
Epoch 16 : 9489 / 10000
Epoch 17 : 9513 / 10000
Epoch 18 : 9522 / 10000
Epoch 19 : 9512 / 10000
Epoch 20 : 9517 / 10000
```

```
Epoch 21 : 9510 / 10000
Epoch 22 : 9516 / 10000
Epoch 23 : 9514 / 10000
Epoch 24 : 9514 / 10000
Epoch 25 : 9533 / 10000
Epoch 26 : 9488 / 10000
Epoch 27 : 9519 / 10000
Epoch 28 : 9495 / 10000
Epoch 29 : 9533 / 10000
```

可以看到，随着训练的推进，网络的精度呈现局部随机波动、整体稳定提升的趋势，符合预期。实际上，正如 2.3.3 节讨论的，神经网络的优化是一个典型的非凸优化问题，训练的轮数、小 batch 的大小、学习率这些超参数都需要根据经验来设定和调整。读者可以尝试去调整这些超参数，甚至修改网络结构，以获得更多感性的经验，这是有益的，也是必需的。

本节虽然力求完整、系统地探讨全连接神经网络的原理、设计、实现及应用，但限于篇幅，神经网络很多重要的方面都尚未涉及，如样本增扩、交叉熵损失函数、过拟合与正则化、梯度不稳定问题、ReLU 激活函数、面向图像数据的卷积神经网络、残差网络、Transformer 等。希望读者可以在实验部分以及今后的学习实践中进一步地探索。

视频讲解

2.5.7 拓展阅读

1. 小故事：信念的力量

Geoffrey Hinton（见图 2.46）从未正式上过计算机课程，本科在剑桥大学读的是生理学和物理学，期间曾转向哲学，但最终拿到的却是心理学方向的学士学位。他曾因为一度厌学去做木匠，但遇挫后还是回到爱丁堡大学，并拿到“冷门专业”人工智能方向的博士学位。数学不好让他在做研究时倍感绝望，当了教授之后，对于不懂的神经科学和计算科学知识，他总会虚心请教自己的研究生。

学术道路看似踉踉跄跄，但 Geoffrey Hinton 却成了笑到最后的那个人，他被誉为“深度学习教父”，并且获得了计算机领域的最高荣誉——图灵奖。

图 2.46 “深度学习教父”Geoffrey Hinton

1973 年，在英国爱丁堡大学，他师从 Langer Higgins 攻读人工智能博士学位，但那时几乎没人相信神经网络，导师也劝他放弃研究这项技术。周遭的质疑并不能动摇他对神经网络的坚定信念，在随后的十年里，他接连提出了反向传播算法、玻尔兹曼机等。经过近半个世纪的技术坚守和生活磨砺，终于，2012 年曙光乍现，他与学生 Alex Krizhevsky、Ilya Sutskever 提出的 AlexNet 震动业界，就此重塑了计算机视觉领域，迎来了新一轮深度学习（强大算力、海量数据及随机梯度下降）的黄金时代。同年，他与这两位学生成立了三人组公司 DNN-research，并将其以 4400 万美元的天价卖给了谷歌公司，他的身份也从学者转变为谷歌副总裁、

Engineering Fellow。2019 年，非计算机科班出身的 AI 教授 Hinton，与 Yoshua Bengio、Yann LeCun 共同获得了图灵奖。

饱经风霜后，这位已经 74 岁的“深度学习教父”依然奋战在 AI 研究一线，他不惮于其他学者发出的质疑，也会坦然承认那些没有实现的判断和预言。不管怎样，他仍然相信深度学习技术会继续释放它的能量，而他也在思索和寻找下一个突破点。

Hinton 曾说：“经常有人说深度学习遇到了瓶颈，但事实上它一直在不断向前发展，我希望怀疑论者能将深度学习现在不能做的事写下来。五年后，我们会证明深度学习能做到这些事。”

2. 感悟与启迪

- 人生的意义在于“坚持信念，追寻理想”。
- 逆境中要保持坚定，顺境中要保持清醒。
- 一项革命性科技的成功需要多方面的因素共同促成。
- 行胜于言。

2.6　习题

1. 在 2.5.1 节谈到了“全连接”这个概念，那么你认为“非全连接神经网络”应该是什么样的呢？这类网络可能有什么潜在优势呢？

2. 试计算如图 2.42 所示神经网络有多少个参数。

3. 式(2.76)中的 $\boldsymbol{a}_i$ 的每个元素的取值范围是多少呢？为什么？假设 $c=2$，试举例说明每个样本的分类损失的取值情况。

4. 试证明式(2.83)和式(2.84)。

5. 标出图 2.43 中神经元及其连接的符号表示，并给出 z_3^2 和 z_1^3 的符号表示。

6. 试解释式(2.81)中的 $\dfrac{\partial z_k^{i+1}}{\partial z_j^i}=w_{kj}^{i+1}\sigma'(z_j^i)$ 这一步推导是如何得到的。

7. 梯度下降公式 $\boldsymbol{w}=\boldsymbol{w}-\dfrac{\alpha}{m}\nabla_w L$ 和 $\boldsymbol{b}=\boldsymbol{b}-\dfrac{\alpha}{m}\nabla_b L$ 里，为什么要除以 m 呢？你认为这样做的目的是什么？

8. 式(2.82)和(2.86)是对应分量形式的向量表达，为什么向量形式的表达需要转置操作呢？试从矩阵运算的角度进行分析。

9. backprop()函数中，计算输出层的输出误差 delta 时，用到了 cost_derivative()函数，试根据对应公式完成这个函数的实现。

10. 根据 load_data_wrapper()函数的要求，实现 vectorized_result()函数。

11. 在 load_data_wrapper()函数中，对于验证集 va_d 和测试集 te_d，为什么无须对标签进行向量化呢？

12. 本节对 Mnist 进行多分类的神经网络模型里采用的是 Softmax 吗？试给出详细的原理和代码分析。

第3章 连续变量与线性回归

回归分析着重寻求变量之间近似的函数关系

正如1.1.1节谈到的，有监督学习根据目标变量 y_i 是否连续可以进一步分为分类（y_i 是离散变量）和回归（y_i 是连续变量）。第2章详细讨论了5种基本的分类模型，本章将对回归模型展开讨论。

根据目标变量 y_i 是否为关于参数的线性函数，可以将回归模型分为线性回归和非线性回归两大类。本章只对线性回归模型进行介绍，至于非线性回归，这里仅做一个简要的说明。以第2章介绍的K近邻和决策树为例，这两种模型都是非线性模型，也都可以用来解决回归问题（如K近邻通过取均值进行回归），而成为非线性回归模型。本章先介绍基本线性回归和经典的最小二乘法，然后介绍岭回归和LASSO两种正则化的线性回归模型。

视频讲解

3.1 基本线性回归

回顾2.3.1节谈到的线性模型 $f(\boldsymbol{x};\boldsymbol{w})=\boldsymbol{w}^{\mathrm{T}}\boldsymbol{x}+b$，这个模型可以直接应用到回归问题上，也就是直接用 $\hat{y}=f(\boldsymbol{x};\boldsymbol{w})$ 来预测连续目标变量 y 的值。这就得到了线性回归模型。图3.1给出了一个线性回归的例子（类似图1.2给出的例子），直观上可以看到拟合出的直线 $y=0.6x+0.52$（如图中长实线所示）从所有样本点的中间穿过。实际上，这正是源于基本线性回归的优化目标：使得所有训练样本点（如图中圆点所示）与其对应的拟合直线上点的距离（图中用短实线标出了一个距离）在总体上达到最小。这就是所谓的最小二乘法。

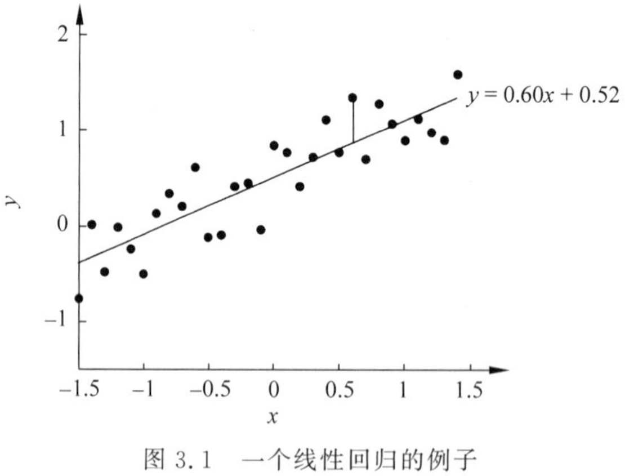

图3.1 一个线性回归的例子

正式地，为了方便，可以将 $f(\boldsymbol{x};\boldsymbol{w})=\boldsymbol{w}^{\mathrm{T}}\boldsymbol{x}+b$ 写为等价的 $f(\boldsymbol{x};\boldsymbol{w})=\boldsymbol{w}^{\mathrm{T}}\boldsymbol{x}$ 增扩向量形式，其中，$\boldsymbol{w}=(w_1,w_2,\cdots,w_F,b)^{\mathrm{T}}$，$\boldsymbol{x}=(x_1,x_2,\cdots,x_F,1)^{\mathrm{T}}$，$F$ 表示特征维数。为了度量预测值 $\hat{y}$ 与真实值 y 之间的误差，可以直接将两个值相减（对应图3.1中的短实线），然后取平方，从而得到二次损失函数：

$$L(\boldsymbol{w})=\frac{1}{2}\sum_{n=1}^{N}(y^{(n)}-\boldsymbol{w}^{\mathrm{T}}\boldsymbol{x}^{(n)})^2 \tag{3.1}$$

其中，$\hat{y}=\boldsymbol{w}^{\mathrm{T}}\boldsymbol{x}^{(n)}$ 为样本点 $\boldsymbol{x}^{(n)}$ 的预测值，$y^{(n)}$ 为其真实值。式(3.1)在训练集 D 的所有 N 个样本点上计算总的损失，正是“误差在总体上最小”这一要求的反映。实际上，在 2.5 节已经用到了二次损失函数，用来度量类别预测误差，使得“误差在总体上最小”。对于分类问题，1.2.3 节也谈到了 0-1 损失函数，这是分类问题最为自然的损失函数：相同则无损失，不同则损失为 1。那么，读者一定会问，对于分类问题，为什么 2.5 节不直接用 0-1 损失函数呢？答案是，2.5 节的梯度下降优化算法需要对损失函数求导，而 0-1 损失函数不可导。因此，采用可导的二次损失函数来替代 0-1 损失函数，并将其称为替代损失函数或者代理损失函数。读者可以进一步思考下，对于回归问题同样采用二次损失函数的合理性在哪里？

式(3.1)是向量形式，为了方便，可以将其写为等价的矩阵形式：

$$L(\boldsymbol{w})=\frac{1}{2}\|\boldsymbol{y}-\boldsymbol{X}^{\mathrm{T}}\boldsymbol{w}\|^2=\frac{1}{2}(\boldsymbol{y}-\boldsymbol{X}^{\mathrm{T}}\boldsymbol{w})^{\mathrm{T}}(\boldsymbol{y}-\boldsymbol{X}^{\mathrm{T}}\boldsymbol{w})$$

其中，$\boldsymbol{y}=[y^{(1)},y^{(2)},\cdots,y^{(N)}]^{\mathrm{T}}\in R^N$

$$\boldsymbol{X}=\begin{bmatrix} x_1^{(1)} & x_1^{(2)} & \cdots & x_1^{(N)} \\ \vdots & \vdots & \ddots & \vdots \\ x_F^{(1)} & x_F^{(2)} & \cdots & x_F^{(N)} \\ 1 & 1 & \cdots & 1 \end{bmatrix} \tag{3.2}$$

其中，$\boldsymbol{y}$ 为 N 个训练样本点对应的标签向量；$\boldsymbol{X}$ 为 N 个训练样本点的增扩特征矩阵，一列表示一个样本点的增扩特征向量，一行表示一个特征。

为了得到 $L(\boldsymbol{w})$ 的最小值，可以求 $L(\boldsymbol{w})$ 对 $\boldsymbol{w}$ 的导数，得到

$$\nabla_{\boldsymbol{w}}L(\boldsymbol{w})=\frac{1}{2}\frac{\partial\|\boldsymbol{y}-\boldsymbol{X}^{\mathrm{T}}\boldsymbol{w}\|^2}{\partial\boldsymbol{w}}=-\boldsymbol{X}(\boldsymbol{y}-\boldsymbol{X}^{\mathrm{T}}\boldsymbol{w}) \tag{3.3}$$

式(3.3)就是二次函数求导，容易得到。取 $\nabla_{\boldsymbol{w}}L(\boldsymbol{w})=0$，就可得到最优的参数 $\boldsymbol{w}^*$：

$$\boldsymbol{w}^*=(\boldsymbol{X}\boldsymbol{X}^{\mathrm{T}})^{-1}\boldsymbol{X}\boldsymbol{y} \tag{3.4}$$

式(3.4)就是所谓的(线性)最小二乘解①。求解基本线性回归的这个方法称为(线性)最小二乘法。

式(3.4)要求方阵 $\boldsymbol{X}\boldsymbol{X}^{\mathrm{T}}$ 可逆，即 $\boldsymbol{X}$ 的行向量(对应特征)之间线性不相关。一种常见的不可逆情况是：样本数 N 小于特征数 $F+1$，这时候相当于有 $F+1$ 个未知数，但只有 N 个方程，$\boldsymbol{w}^*$ 的解就有很多个。

3.2 岭回归

视频讲解

如果 $\boldsymbol{X}\boldsymbol{X}^{\mathrm{T}}$ 不可逆，则式(3.4)给出的最小二乘解就无法求解。岭回归的基本思想是：给 $\boldsymbol{X}\boldsymbol{X}^{\mathrm{T}}$ 的主对角元素都加上一个小的正数 λ，使得方阵 $(\boldsymbol{X}\boldsymbol{X}^{\mathrm{T}}+\lambda\boldsymbol{I})$ 可逆。这样，式(3.4)就成为

$$\boldsymbol{w}^*=(\boldsymbol{X}\boldsymbol{X}^{\mathrm{T}}+\lambda\boldsymbol{I})^{-1}\boldsymbol{X}\boldsymbol{y} \tag{3.5}$$

其中，$\lambda>0$，是一个超参；$\boldsymbol{I}$ 是单位阵。λ 加在 $\boldsymbol{X}\boldsymbol{X}^{\mathrm{T}}$ 的主对角元素上，形成一个个“山岭”，因此称为岭回归。

① 中国古代将平方称为二乘，最小二乘由此得名。对应的英文是 Least Square。

实际上，岭回归就是 L_2 正则化的基本线性回归：

$$L(\boldsymbol{w})=\frac{1}{2}\|\boldsymbol{y}-\boldsymbol{X}^{\mathrm{T}}\boldsymbol{w}\|^2+\frac{1}{2}\lambda\|\boldsymbol{w}\|^2 \tag{3.6}$$

所谓的 L_2 正则化，实际上就是给参数 $\boldsymbol{w}$ 增加了一个二次约束（$\|\boldsymbol{w}\|^2$），或者说给参数 $\boldsymbol{w}$ 增加了一个二次惩罚项。这样，将使得问题能够得到更稳定和推广能力更好的解。式(3.6)中，$L(\boldsymbol{w})$被称为结构风险函数，其中，超参 λ 用来权衡基于训练数据的经验风险项（式(3.6)的第一项）和正则项（式(3.6)的第二项），被称为正则化系数。λ 的值越小，则经验风险项越重要，模型越复杂，更倾向于对训练数据的过拟合；相反，则正则项越重要，模型越简单，更倾向于对训练数据的欠拟合。正如 1.2.3 节所介绍的，可以通过交叉验证等方法选取一个合适的 λ 值，以期达到对训练数据的最佳拟合。回顾一下，在 2.4.4 节中，已经介绍了正则项和正则化系数的概念，在那里超参 C 起着类似的作用。

更一般地，对于任意向量 $\boldsymbol{x}$，有 L_p 范数正则化的概念，其中，L_p 范数定义为

$$\|\boldsymbol{x}\|_p=\left(\sum_i |x_i|^p\right)^{\frac{1}{p}} \tag{3.7}$$

当 $p=2$ 时，就是 L_2 范数，一般省略 p 不写；当 $p=1$ 时，就得到常用的 L_1 范数。式(3.6)中的 L_2 正则化项 $\|\boldsymbol{w}\|^2$ 实际上是 $\boldsymbol{w}$ 的 L_2 范数的平方，是一个二次函数。

3.3 基本线性回归的一个改进：局部加权线性回归

基本线性回归存在的主要问题是，对数据的欠拟合。如图 3.2 所示，训练数据（如图中圆点所示）虽然整体上是一个线性增长的趋势，但存在着局部的起伏，基本线性回归拟合出的直线（图中斜直线所示）并不能反映出这种局部的变化规律，模型处于欠拟合的状态。

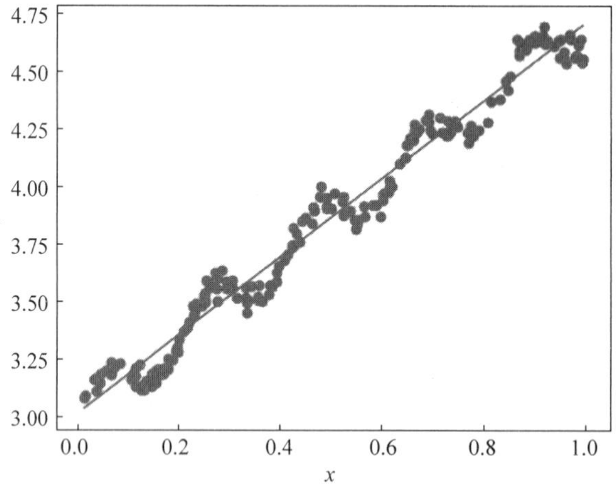

图 3.2　基本线性回归对数据的欠拟合

实际上，局部加权线性回归就是 2.4.7 节介绍的核函数和核方法在回归问题上的一种应用。其基本思想是：引入核函数（如式(2.75)给出的高斯核函数）将基本线性回归模型拓展为对应的非线性模型。以高斯核函数为例，具体来讲，定义 $N\times N$ 的加权矩阵 $\boldsymbol{W}$，其主对角元素为

$$w(i,i)=\exp\left(\frac{-\|\boldsymbol{x}^{(i)}-\boldsymbol{x}\|^2}{2\sigma^2}\right) \tag{3.8}$$

其他元素均为 0。式(3.8)中,$\boldsymbol{x}^{(i)}$ 表示第 i 个训练样本;$\boldsymbol{x}$ 表示测试样本;参数 σ 称为带宽,类似高斯分布中的方差,用来控制各训练样本相对于中心 $\boldsymbol{x}$ 的散开程度,σ 越大,则各训练样本的权重 $w(i,i)$ 越大。对增扩特征矩阵 $\boldsymbol{X}$ 进行加权,则得到

$$\boldsymbol{w}^{*}=(\boldsymbol{XWX}^{\mathrm{T}})^{-1}\boldsymbol{XWy} \tag{3.9}$$

这就是所谓的局部加权线性回归。通过调整高斯核函数的带宽 σ,就可以控制模型的复杂程度,σ 越大,则模型越简单;反之,则模型越复杂。后面通过具体的实例,可以清楚地看到这一点。

3.4 LASSO 回归

如果将式(3.6)中的 L_2 正则化替换为 L_1 正则化,就得到了 L_1 正则化的基本线性回归,称为 LASSO 回归:

$$L(\boldsymbol{w})=\frac{1}{2}\|\boldsymbol{y}-\boldsymbol{X}^{\mathrm{T}}\boldsymbol{w}\|^{2}+\lambda\|\boldsymbol{w}\|_{1} \tag{3.10}$$

其中,$\|\boldsymbol{w}\|_1$ 就是前面提到的 L_1 范数。

为了更清楚地看到超参 λ 在式(3.6)和式(3.10)中的作用,并比较两种正则化方式的不同之处,可以将两个最优化问题分别等价地写为

$$\boldsymbol{w}^{*}=\operatorname{argmin}\|\boldsymbol{y}-\boldsymbol{X}^{\mathrm{T}}\boldsymbol{w}\|^{2},\quad \text{满足 } \|\boldsymbol{w}\|^{2}\leqslant t \tag{3.11}$$

$$\boldsymbol{w}^{*}=\operatorname{argmin}\|\boldsymbol{y}-\boldsymbol{X}^{\mathrm{T}}\boldsymbol{w}\|^{2},\quad \text{满足 } \|\boldsymbol{w}\|_{1}\leqslant t \tag{3.12}$$

其中,$t>0$ 为超参。设 $\boldsymbol{w}=\{w_1,w_2\}$ 为 2 维向量,可以用图示的方式来帮助理解式(3.11)和式(3.12)的几何意义。

图 3.3 给出了式(3.11)岭回归优化过程的图示。该图中,抛物面表示经验风险项 $\|\boldsymbol{y}-\boldsymbol{X}^{\mathrm{T}}\boldsymbol{w}\|^{2}$,其最小值由实心圆点标出,对应式(3.4)给出的最小二乘解。圆柱体表示 L_2 正则条件 $\|\boldsymbol{w}\|^{2}\leqslant t$,其与抛物面的交点(如图中空心圆点所示)即为式(3.11)给出的最优解。由该图可见,t 变小,则 $\|\boldsymbol{w}\|^{2}$ 越小,圆柱体与抛物面的交点越向上移,从而距离实心圆点(最小值)越远;相反,如果 t 变大,则 $\|\boldsymbol{w}\|^{2}$ 越大,交点越向下移,从而距离实心圆点越近。t 变小等价于式(3.6)中 λ 变大,模型更倾向于欠拟合;相反,t 变大等价于 λ 变小,模型更倾向于过拟合。

类似地,图 3.4 给出了式(3.12)LASSO 回归优化过程的图示。在该图中,长方体表示 L_1 正则条件 $\|\boldsymbol{w}\|_{1}\leqslant t$,其与抛物面的交点(图中空心圆点所示)即为式(3.12)给出的最优解。该图中,类似地,t 变小,则 $\|\boldsymbol{w}\|_1$ 越小;t 变大,则 $\|\boldsymbol{w}\|_1$ 越大。

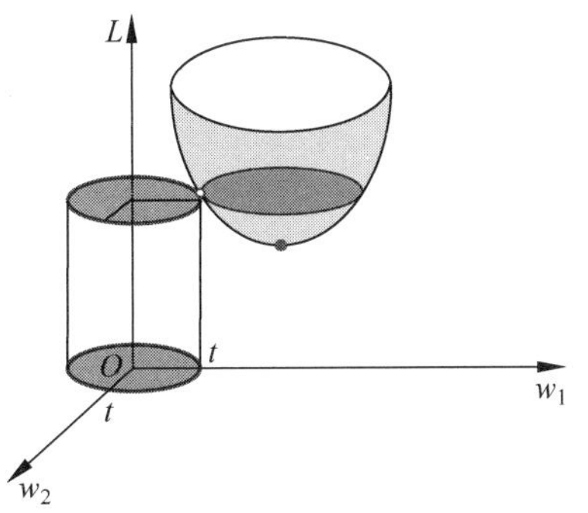

图 3.3 岭回归优化过程的图示

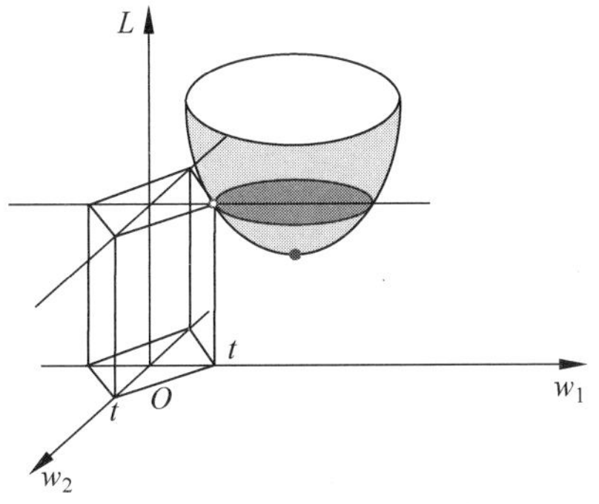

图 3.4 LASSO 回归优化过程的图示

虽然在图 3.3 和图 3.4 中，t 的减小都会起到缩减权重向量 $\boldsymbol{w}$ 的效果，但两者在解的稀疏性上还是有所不同。如图 3.3 所示，关于原点中心对称的圆柱体与一个任意抛物面的交点不会在任意一个坐标轴（w_1 或 w_2）上，也就是说，w_1 或 w_2 都不会为 0。相反，在图 3.4 中，关于原点中心对称且顶点位于坐标轴上的长方体与一个任意抛物面的交点一般会是长方体的顶点，从而或者 w_1 为 0，或者 w_2 为 0。所以，岭回归的解不具有稀疏性，而 LASSO 回归的解则具有稀疏性。因此，LASSO 回归也起到了特征选择的作用：权重为 0 的特征被筛选掉。图 3.5 给出了一个图示，为了看得更清楚，该图是将图 3.3 和图 3.4 的 3 维图形投影到了 w_1 和 w_2 的 2 维平面上。

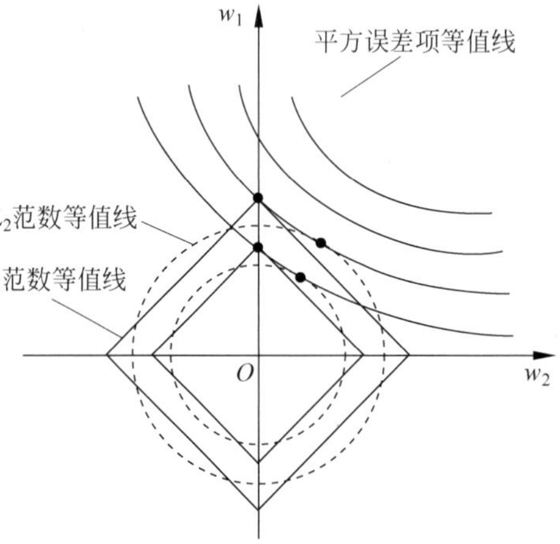

图 3.5　岭回归解与 LASSO 回归解的图示

显然，式(3.6)和式(3.10)的最小化问题都可以通过梯度下降来求解。式(3.10)还可以采用坐标下降方法近似求解。

3.5　线性回归的核心代码实现

本节将分别就基本线性回归、局部加权线性回归、岭回归进行代码实现，并在简单数据集上进行实际验证。相信读者在此基础上能够进一步完善和改进代码，解决更具挑战性的实际问题。

▶ 3.5.1　基本线性回归

```
def standRegres(xList, yList):
    xMat = np.mat(xList); yMat = np.mat(yList).T
    xTx = xMat.T * xMat
    if np.linalg.det(xTx) == 0.0:
        print("This matrix is singular, cannot do inverse")
        return
    ws = xTx.I * (xMat.T * yMat)
    return ws
```

这个函数很简单，就是套用式(3.4)给出的公式直接求解。需要注意如下几点。

(1) 输入参数 xList 和 yList 是列表类型，其中，xList 的一个元素就是一个列表，对应一个样本。

(2) xList 转换成 NumPy 矩阵 xMat 之后，仍然是一行一个样本、一列一个特征，这与式(3.4)要求的 $\boldsymbol{X}$ 恰好相反，因此代码里对应的 $\boldsymbol{X}$ 应该为 xMat.T，而 $\boldsymbol{X}^{\mathrm{T}}$ 应该为 xMat。

(3) 调用 NumPy 的库函数 np.linalg.det()求 xTx 的行列式，行列式为 0 则说明 xTx 不可逆，从而无法求解。

(4) xTx.I 就是计算 xTx 的逆矩阵。

(5) 函数返回权重参数 ws。

图 3.2 就是在简单数据集上运行的结果：横轴为特征，纵轴为真值或预测值。该简单数据集总共有 200 个样本点，一行就是一个样本点，下面给出了前三行的数据。

```
1.000000  0.067732  3.176513
1.000000  0.427810  3.816464
1.000000  0.995731  4.550095
```

其中，每一行的第一列固定为 1，对应增扩特征；第二列是特征；第三列是真值。

图 3.2 的绘图代码如下。

```
xList, yList = reg.loadDataSet('ex0.txt') # 装入数据
ws = reg.standRegres(xList,yList)        # 调用基本线性回归函数
xMat = np.mat(xList)
yMat = np.mat(yList)                     # 真值
yHat = xMat * ws                         # 预测值

fig = plt.figure()
ax = fig.add_subplot(111)
ax.scatter(xMat[:, 1].flatten().A[0], yMat.T[:, 0].flatten().A[0])  # 画出所有样本点

xCopy = xMat.copy()
xCopy.sort(0)                            # 按列排序，方便作图
yHat = xCopy * ws
ax.plot(xCopy[:,1],yHat)                 # 画出拟合直线

plt.xlabel('x'); plt.ylabel('y')
plt.show()
```

需要说明以下几点。

(1) xMat 是 200 行 2 列的矩阵，xMat[:,1]是第 2 列，对应特征。

(2) yMat.T 是 200 行 1 列的矩阵，yMat[:,0]是第 1 列，对应真值。

(3) xMat[:,1].flatten().A[0]：首先把 200 行 1 列的矩阵 xMat[:,1]变换为 1 行 200 列的矩阵 xMat[:,1].flatten()，然后将其变换为 1 行 200 列的 NumPy 数组 xMat[:,1].flatten().A，最后取其第 1 行 xMat[:,1].flatten().A[0]。

(4) yMat.T[:,0].flatten().A[0]：类似(3)，需要注意 yMat.T 只有一列。

图 3.2 中拟合出的斜直线就是基本线性回归的模型，因此对于新的测试数据，输入特征，就可以得到预测值。

另外，如何定量地评估回归的质量呢？除了 1.2.3 节给出的 MAE 和 MSE 这些(MSE 其实就对应二次损失函数)，还可以采用(皮尔逊)相关系数进行评估，NumPy 对应的库函数为 corrcoef()。

▶ 3.5.2 局部加权线性回归

```
def lwlr(testPoint, xList, yList, k = 1.0):
    xMat = np.mat(xList); yMat = np.mat(yList).T
    n = np.shape(xMat)[0]
    weights = np.mat(np.eye((n)))
    for j in range(n):      # 计算权重矩阵
        diffMat = testPoint - xMat[j, :]
        weights[j, j] = np.exp(diffMat * diffMat.T / ( - 2.0 * k ** 2))
    xTx = xMat.T * (weights * xMat)
    if np.linalg.det(xTx) == 0.0:
        print("This matrix is singular, cannot do inverse")
        return
    ws = xTx.I * (xMat.T * (weights * yMat))
    return testPoint * ws
```

这个函数稍微复杂点，主要是式(3.9)中增加的加权矩阵 $\boldsymbol{W}$。首先得到样本个数 n，然后将加权矩阵 $\boldsymbol{W}$ 初始化为 n 阶单位阵 weights。weights 的主对角元素根据式(3.8)进行设置，其中，函数参数 testPoint 对应 $\boldsymbol{x}$，xMat[j,:]对应 $\boldsymbol{x}^{(i)}$，diffMat * diffMat.T 对应 $\|\boldsymbol{x}^{(i)}-\boldsymbol{x}\|^2$，函数默认参数 $k=1.0$ 对应 σ。得到 weights 后，后面就是套用式(3.9)。注意，函数的返回值是 testPoint * ws。

```
def lwlrTestPlot(xList, yList, k = 1.0):
    yHat = np.zeros(np.shape(yList))
    xCopy = np.mat(xList)
    xCopy.sort(0)
    for i in range(np.shape(xList)[0]):
        yHat[i] = lwlr(xCopy[i], xList, yList, k)
    return yHat, xCopy
```

这个函数调用 lwlr()函数，完成对每个样本点 xCopy[i]预测值 yHat[i]的计算。注意 yHat=np.zeros(np.shape(yList))这一句将 yHat 初始化为形状与 yList 相同、初值为 0 的 NumPy 数组。这个函数返回 yHat 和 xCopy，用其就可以方便地通过语句 ax.plot(xCopy[:,1], yHat)画出拟合直线。

图 3.6 给出了不同 k 值的拟合结果，由图可见：$k=1.0$ 时，拟合结果与基本线性回归(见图 3.2)几乎没有差异，模型处于欠拟合的状态；$k=0.01$ 时，拟合结果则很好地反映出了数据的局部起伏，同时整体上也较好地反映出了线性增长的趋势，模型处于最佳拟合的状态；而 $k=0.003$ 时，拟合结果被数据点的随机起伏(噪声)所主导，模型已经处于过拟合的状态。这与 3.3 节给出的理论分析是一致的，即 σ 决定模型的复杂程度，σ 越大，则模型越简单；反之，则模型越复杂。

局部加权线性回归虽然能够很好地拟合数据的局部起伏，但是其计算复杂度也更高：对于每个测试数据点，都需要与所有训练样本点进行计算，计算复杂度为 $O(N)$。而基本线性回归对于测试过程，则无须与训练样本点进行计算，计算复杂度可视为 $O(1)$。当然，对于较小的 k 值(如 $k=0.01$)，很多加权值 weights[j,j]都为 0，可以据此减少很大部分计算量。

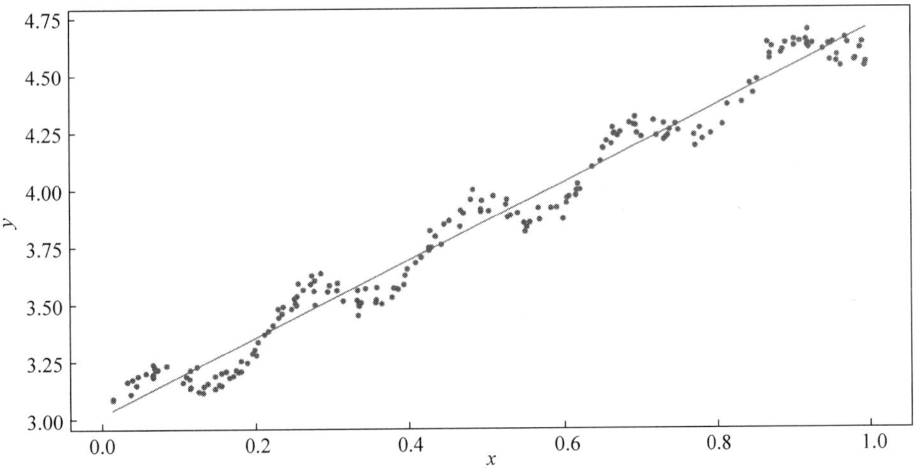

(a) $k = 1.0$

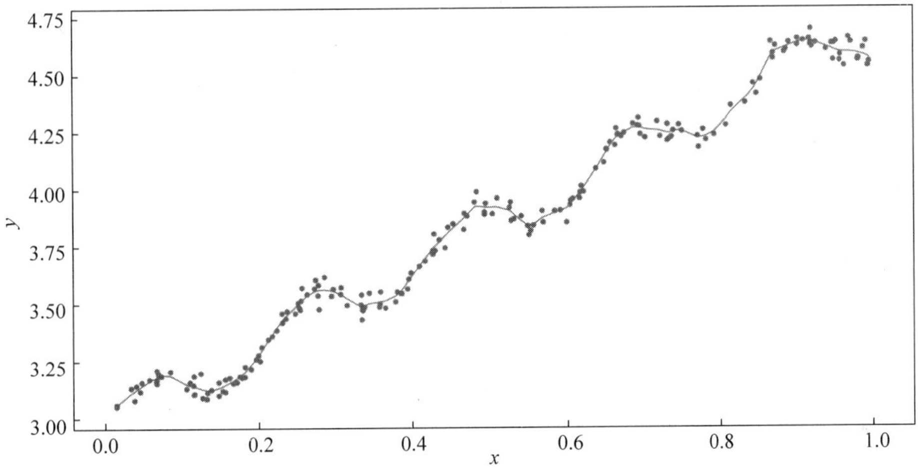

(b) $k = 0.01$

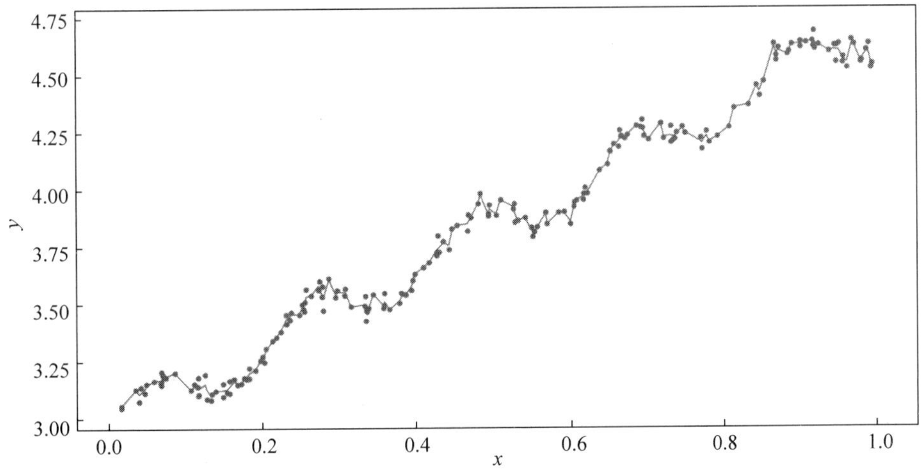

(c) $k = 0.003$

图 3.6　不同 k 值的拟合结果

▶ 3.5.3 岭回归

```
def ridgeRegres(xList, yList, lam = 0.2):
    xMat = np.mat(xList); yMat = np.mat(yList).T
    xTx = xMat.T * xMat
    denom = xTx + np.eye(np.shape(xMat)[1]) * lam
    if np.linalg.det(denom) == 0.0:
        print("This matrix is singular, cannot do inverse")
        return
    ws = denom.I * (xMat.T * yMat)
    return ws
```

这个函数也很简单，套用式(3.5)，得到权重参数 ws。函数的默认参数 lam=0.2 就是式(3.5)中的正则化系数 λ。为了看到 lam 对拟合结果的影响，将其依次设为 0.02、0.2、2.0、20.0 四个不同的值，在简单数据集上进行测试。图 3.7 给出了不同 lam 值的拟合结果。

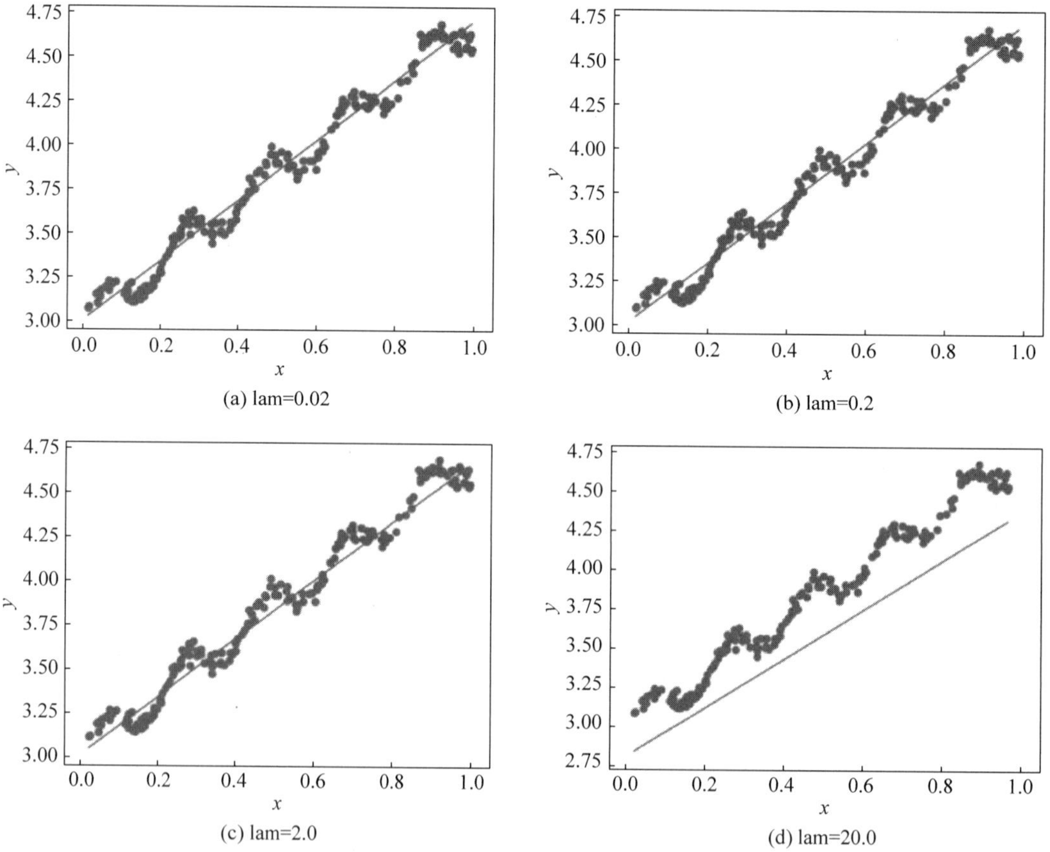

(a) lam=0.02　(b) lam=0.2　(c) lam=2.0　(d) lam=20.0

图 3.7　不同 lam 值的拟合结果

由图 3.7 可知，lam 越小，则经验风险项越重要，更倾向于对训练数据的过拟合；相反，则正则项越重要，更倾向于对训练数据的欠拟合。那么，在图 3.7 中，哪个 lam 值最优呢？这可以通过 1.2.3 节介绍的 MAE 和 MSE 来进行定量评估。评估的结果表明，图 3.7 中，lam=2.0 时能够得到最小的 MAE 和 MSE。

仔细观察图 3.7 还可以发现，随着 lam 逐渐增大，拟合直线逐渐由左上角向右下角移动。实际上，这进一步证实了：lam 越大则 L_2 正则化效果越明显。正如图 3.3 所示，随着 lam 增大(t 变小),则权重参数 ws 变小,对应到图 3.7,就是拟合直线的斜率和截距变小,逐渐由左上角向右下角移动。

LASSO 回归的实现及其与岭回归的比较,将留给读者在实验部分来进一步完成。

3.6 习题

1. 图 3.1 中用短实线给出的训练样本点(如图中圆点所示)与其对应的拟合直线上点的距离可以取为垂直于拟合直线 $y=0.6x+0.52$(如图中长实线所示)吗? 为什么?

2. 对于回归问题同样采用二次损失函数(式(3.1))的合理性在哪里?

3. 说明式(3.2)中向量和矩阵的形状,及其所进行的具体运算和最终结果。

4. 推导式(3.3),并给出式中每一项的行列数。

5. 试用 $\boldsymbol{x}^n$ 和 y^n 表达式(3.4)。

6. 式(3.4)要求方阵 $\mathbf{XX}^{\mathrm{T}}$ 可逆,那么如果 $\mathbf{XX}^{\mathrm{T}}$ 不可逆,你能想到哪些解决办法呢?

7. 试证实从式(3.6)推导出的最优解就是式(3.5)。

8. 如果设真值 y 是一个服从均值为 $f(\boldsymbol{x};\boldsymbol{w})=\boldsymbol{w}^{\mathrm{T}}\boldsymbol{x}$,方差为 σ^2 的高斯分布,则式(3.4)给出的最小二乘解也可以通过极大似然估计(见 2.3.3 节)得到,请给出推导过程。提示:构造关于 $\boldsymbol{w}$ 的对数似然函数。

9. 式(3.6)和式(3.10)的最小化问题都可以通过梯度下降来求解,请分别给出两者的梯度下降公式,并分析各自的下降速度,解释各自解的稀疏性。

10. 图 3.2 中拟合出的斜直线就是基本线性回归的模型,因此对于新的测试数据,输入特征,就可以得到预测值。请编写测试代码,给出特征为 0.5 时的预测值。

11. 试用(皮尔逊)相关系数对 3.5.1 节的回归质量进行评估,注意 NumPy 对应的库函数为 corrcoef(),请仔细阅读该函数的使用说明,并对该函数返回的评估结果进行分析和解释。

12. 针对图 3.6 给出的不同 k 值拟合结果分别计算(皮尔逊)相关系数,并分析该系数的值与模型拟合状态的关系。

13. 编写代码,计算图 3.7 中不同 lam 值下的 MAE 和 MSE,并将其与(皮尔逊)相关系数的值进行比较,哪一个更能反映模型对数据的拟合状态? 为什么?

14. 编写代码,计算图 3.7 中不同 lam 值下的权重参数 ws,分析并解释其变化规律。

第4章 维数灾难与降维

维数与个数是数据的两个基本指标

维数是数学上的一个基本概念，随着维数的增加，会出现新奇的现象，会带来几何想象的困难，会带来计算上的根本困难。对于机器学习模型而言，快速增加的维数将导致“维数灾难”，从而使得模型不再可行。因此，降维是机器学习的基本任务之一。

按照所采用的变换类型的不同，可以将降维方法划分为线性降维和非线性降维两大类。本章只涉及线性降维方法，将详细介绍主成分分析和奇异值分解两种经典方法。在此基础上，读者可以进一步探索更多的线性降维方法（如多维尺度分析）和各种非线性降维方法（如等距特征映射、局部线性嵌套、tSNE等）。

4.1 基本概念

几何上，维数的概念是很直观的。如图4.1所示，一个点可视为0维，一个点向右运动所形成的线段就是1维，而一条线段向下移动所形成的正方形就是2维，以此类推，可以得到3维的立方体、4维的超立方体等。把这个过程反过来，那么 n 维空间中的边界就是 $n-1$ 维，据此可以递归地确定维数。

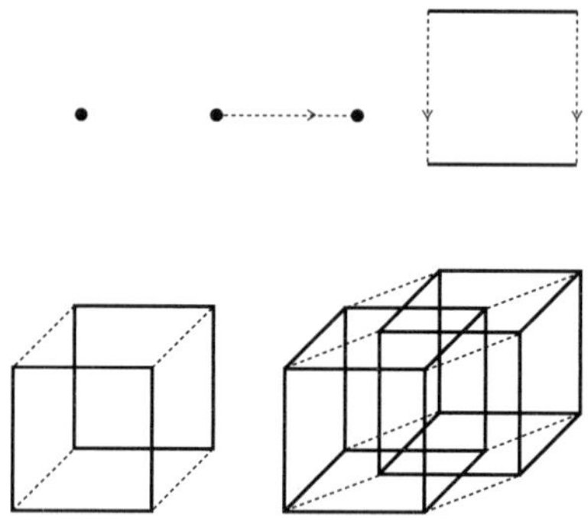

图4.1 递归确定维数

随着维数的增加，会带来什么问题呢？如图4.2所示，想象要把边长为3的空间填满，则维数 $D=1$ 时，只需要 $3=3^1$ 个单元就能解决问题；当 $D=2$ 时，需要的单元数增加到 $3=3^2$；而当 $D=3$ 时，需要的单元数增加到 $3=3^3$。可见，维数的增加将导致需要的单元数呈现指数增长。对于机器学习而言，这就意味着需要的数据样本将随着维数的增加而呈指数增长。这就是所谓的“维数灾难”。实际的机器学习任务一般都具有较高的维数（如1幅500万像素的图片，其维数为500万维），因此降维是机器学习的基本任务之一。

降维可以带来如下一些好处：压缩与简化数据，降低计算复杂度；减小或消除数据中的噪声；帮助理解数据，如找出重要的数据。另外，为了实现数据的可视化，也常常需要将高维

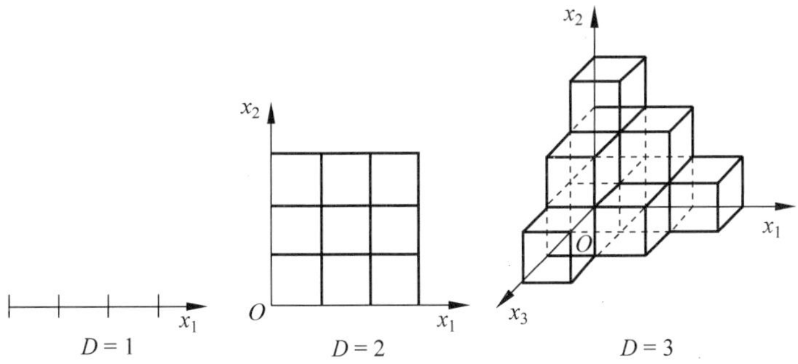

图 4.2 维数灾难

数据降维到 3 维或更低。值得特别注意的是,降维的过程可能会导致丢失有用信息,因此如何减少甚至避免这一点,是需要仔细考虑和权衡的。

下面举两个例子。以图 2.42 为例,这个三层的全连接神经网络从降维的角度来看,就是将原始 784 维(28×28 灰度图像)的输入数据先通过隐藏层降到 15 维,再通过输出层进一步降到 10 维(对应 10 个类别)。实际上,神经网络的根本优势之一就在于通过端对端的方式学习降维。

世上的事物都有两面性,那么维数增加是否可能带来好处呢?回答是肯定的,2.4 节介绍的 SVM 就是这样一个例子:特征变换函数 $\varphi(\boldsymbol{x})$可以将低维空间中线性不可分的数据 $\boldsymbol{x}$ 升维为高维空间中线性可分的数据 $\varphi(\boldsymbol{x})$。进一步得到启发:在设计神经网络时,可以将“升维”① 也考虑进去。

4.2 主成分分析

回顾线性代数里讲到的特征分解 $\boldsymbol{A}\boldsymbol{x}=\lambda\boldsymbol{x}$,主成分分析(Principal Component Analysis, PCA)其实就是实对称阵 $\boldsymbol{A}$ 的特征分解。所谓主成分(Principal Component,PC),就是指对应较大特征值 λ 的特征向量 $\boldsymbol{x}$。

具体来讲,设 $\boldsymbol{A}$ 为 $F\times F$ 实对称阵(元素都为实数的对称方阵),则 $\boldsymbol{A}$ 有实且正交的特征分解,即特征值 λ 都为实数,对应 λ 的实特征向量 $\boldsymbol{x}$ 相互之间正交。这样,$\boldsymbol{A}$ 通过特征分解就能够得到 K 个($K\leqslant F$)对应较大特征值的特征向量,这些特征向量反映了 $\boldsymbol{A}$ 中较重要的信息(所以称为主成分)。如果 $K<F$,就达到了降维的目的;如果 $K=F$,就仅仅是进行了投影和坐标旋转(从而与特征向量对齐)。

那么,为什么说对应较大特征值的特征向量就更重要呢?这要从降维期望达到的目标说起。一般而言,降维的目标是:保留重要的关系,同时减少信息损失,保持数据区分度。那么,数据中存在一些什么关系?哪些关系是数据中重要的关系?如何度量信息的损失?什么又是数据的区分度?如何保持数据的区分度?

不同的降维方法看待和处理这些问题的角度往往有所不同。PCA 试图保持数据的一些重要维度的信息,这些维度相互是正交的关系,其衡量重要性的准则是特定维度数据的方差,而对于数据的区分度也是通过不同维度的方差不同来刻画的。因为一般来讲,数据的方差越大,其信息熵也越大(见式(2.5)),有用的数据往往具有较大的方差,而噪声则具有较小的方差。因此,PCA 保持具有较大方差的维度,能够起到保留有用信息、降低噪声的作用。用线性

① 实际上,先降维(编码)再升维(解码)也是常见且应用广泛的神经网络之一。

代数的术语来讲，PCA 定义了一个正交变换（正交投影），通过这个变换将高维多元数据投影到一个低维的坐标系统，并使得原始数据的第一大方差投影到第一个坐标上，第二大方差投影到第二个坐标上，以此类推。换句话说，PCA 将原始数据投影到了一个能更好地刻画数据特征的正交坐标系中。

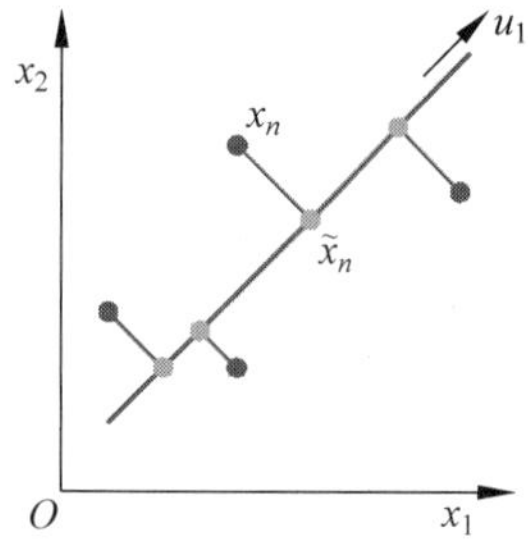

图 4.3　PCA

如图 4.3 所示，原始 2 维笛卡儿坐标系中的数据点 $\boldsymbol{x}_i=(x_1^{(i)}, x_2^{(i)})^{\mathrm{T}}(i=1,2,\cdots,N)$ 通过投影到其最大方差方向 $\boldsymbol{u}_1$ 而被降为 1 维，这个降维过程保持了重要的信息——方差。如果进一步考虑与 $\boldsymbol{u}_1$ 正交的方向 $\boldsymbol{u}_2$，$\boldsymbol{u}_2$ 就对应第二大方差方向，数据投影到 $\boldsymbol{u}_2$ 就同样保持了第二大方差信息。当然，如果把 $\boldsymbol{u}_1$ 和 $\boldsymbol{u}_2$ 两个方向的投影信息都保持下来，就不再有降维的作用了，而只是投影加上坐标旋转——将原始坐标轴与两个主成分（$\boldsymbol{u}_1$ 和 $\boldsymbol{u}_2$）对齐。

视频讲解

▶ 4.2.1　最大化投影方差推导

明白了 PCA 的降维思想，接下来就可以运用线性代数知识来详细地推导整个过程。设样本点 $\boldsymbol{x}_i(i=1,2,\cdots,N)$ 为 F 维向量，定义一个 F 维单位方向向量 $\boldsymbol{u}_1$，从而有 $\boldsymbol{u}_1^{\mathrm{T}}\boldsymbol{u}_1=1$。$\boldsymbol{x}_i$ 在 $\boldsymbol{u}_1$ 上的投影为一个标量值 $\boldsymbol{u}_1^{\mathrm{T}}\boldsymbol{x}_i$。

首先得到所有样本点的均值向量：

$$\bar{\boldsymbol{x}}=\frac{1}{N}\sum_{i=1}^{N}\boldsymbol{x}_i \tag{4.1}$$

则投影样本点的方差为

$$\frac{1}{N}\sum_{i=1}^{N}\{\boldsymbol{u}_1^{\mathrm{T}}\boldsymbol{x}_i-\boldsymbol{u}_1^{\mathrm{T}}\bar{\boldsymbol{x}}\}^2=\boldsymbol{u}_1^{\mathrm{T}}\boldsymbol{S}\boldsymbol{u}_1 \tag{4.2}$$

其中，$\{\boldsymbol{u}_1^{\mathrm{T}}\boldsymbol{x}_i-\boldsymbol{u}_1^{\mathrm{T}}\bar{\boldsymbol{x}}\}^2=\boldsymbol{u}_1^{\mathrm{T}}(\boldsymbol{x}_i-\bar{\boldsymbol{x}})(\boldsymbol{u}_1^{\mathrm{T}}(\boldsymbol{x}_i-\bar{\boldsymbol{x}}))^{\mathrm{T}}=\boldsymbol{u}_1^{\mathrm{T}}(\boldsymbol{x}_i-\bar{\boldsymbol{x}})(\boldsymbol{x}_i-\bar{\boldsymbol{x}})^{\mathrm{T}}\boldsymbol{u}_1$，$\boldsymbol{S}$ 是协方差矩阵（$F\times F$ 实对称阵）：

$$\boldsymbol{S}=\frac{1}{N}\sum_{i=1}^{N}(\boldsymbol{x}_i-\bar{\boldsymbol{x}})(\boldsymbol{x}_i-\bar{\boldsymbol{x}})^{\mathrm{T}} \tag{4.3}$$

这里的目标是相对于 $\boldsymbol{u}_1$ 最大化投影数据的方差 $\boldsymbol{u}_1^{\mathrm{T}}\boldsymbol{S}\boldsymbol{u}_1$，且满足约束 $\boldsymbol{u}_1^{\mathrm{T}}\boldsymbol{u}_1=1$。由此，引入 Lagrange 乘子 λ_1 并定义一个无约束最大化问题：

$$\boldsymbol{u}_1^{\mathrm{T}}\boldsymbol{S}\boldsymbol{u}_1+\lambda_1(1-\boldsymbol{u}_1^{\mathrm{T}}\boldsymbol{u}_1) \tag{4.4}$$

上式对 $\boldsymbol{u}_1$ 求导并将其置为 0 得到

$$\begin{aligned}&\boldsymbol{u}_1^{\mathrm{T}}\boldsymbol{S}-\lambda_1\boldsymbol{u}_1^{\mathrm{T}}=0=>\boldsymbol{u}_1^{\mathrm{T}}\boldsymbol{S}=\lambda_1\boldsymbol{u}_1^{\mathrm{T}}=>\boldsymbol{S}\boldsymbol{u}_1=\lambda_1\boldsymbol{u}_1\\&\boldsymbol{S}\boldsymbol{u}_1-\lambda_1\boldsymbol{u}_1=0=>\boldsymbol{S}\boldsymbol{u}_1=\lambda_1\boldsymbol{u}_1\end{aligned} \tag{4.5}$$

上面两个式子是一个东西，只不过为了说明向量求导特意写了两遍，意在说明对于求导 $\boldsymbol{u}_1^{\mathrm{T}}$ 与 $\boldsymbol{u}_1$ 并无区别，最后的结果 $\boldsymbol{u}_1^{\mathrm{T}}\boldsymbol{S}=\lambda_1\boldsymbol{u}_1^{\mathrm{T}}$ 与 $\boldsymbol{S}\boldsymbol{u}_1=\lambda_1\boldsymbol{u}_1$ 并无区别，因为 $\boldsymbol{S}$ 是对称阵，一个式子两边同时转置即得到另一个式子，两者定义的方程组完全一致。

式(4.5)表明 $\boldsymbol{u}_1$ 是 $\boldsymbol{S}$ 的一个特征向量。式(4.5)两边左乘 $\boldsymbol{u}_1^{\mathrm{T}}$ 并注意到 $\boldsymbol{u}_1^{\mathrm{T}}\boldsymbol{u}_1=1$，得到方差 $\boldsymbol{u}_1^{\mathrm{T}}\boldsymbol{S}\boldsymbol{u}_1=\lambda_1$，这意味着只要选取对应最大特征值 λ_1 的那个特征向量 $\boldsymbol{u}_1$ 就能保证投影后的数据具有最大方差。问题得到完美解决。

上面考虑的是 $K=1$ 的情况。对于 $K>1$ 的一般情况，显然，第二个主分量就是对应第二大特征值的那个特征向量，第三个主分量就是对应第三大特征值的那个特征向量，以此类推。

由于协方差矩阵 $\boldsymbol{S}$ 是 $F\times F$ 维实对称阵，故其有 F 个实特征值，分别对应 F 个两两正交的特征向量，这些两两正交的特征向量构成一个正交坐标系统。PCA 的实质就是将原始数据投影到这个能更好刻画数据特征的正交坐标系中。当然，如果取 $K=F$，就不再有降维的效果，而只是简单的坐标旋转，这一点在说明图 4.3 的时候已经提到过。

还要强调一点，协方差矩阵 $\boldsymbol{S}$ 的表达式(见式(4.3))中，涉及每个数据向量 $\boldsymbol{x}_i$ 减去均值向量 $\bar{\boldsymbol{x}}$ 从而得到 0 均值数据向量(方差也称为二阶中心矩，这个中心就是指的均值，减掉均值就得到 0 中心，这也是一种常见的标准化手段)。注意，均值向量 $\bar{\boldsymbol{x}}$ 是所有数据向量 $\boldsymbol{x}_i(i=1,2,\cdots,N)$ 的均值(见式(4.1))。在实践中，有很多细节容易犯错。例如，设 $\boldsymbol{x}_i$ 是 224×224×3 的 RGB 彩色图像，那么均值向量 $\bar{\boldsymbol{x}}$ 应该如何考虑呢？所有 $\boldsymbol{x}_i$ 的所有像素得到一个均值标量？所有 $\boldsymbol{x}_i$ 的对应通道的像素得到一个均值标量，从而形成一个具有三个分量的均值向量？还是所有 $\boldsymbol{x}_i$ 的对应通道的对应像素得到一个均值标量，从而形成一个具有 224×224×3 个分量的均值向量？应该说最后这一种才是跟均值向量的定义完全一致的(数据向量与均值向量具有相同的维数)。但是在实践中，为了方便，更多时候采用的是第二种，即每个通道计算一个均值。与此相关的一种常见的错误是，将数据向量 $\boldsymbol{x}_i$ 减去其自身每个通道的均值，这是完全违背定义的，需要特别引起注意。均值作为最基本的一个统计量，一定是针对所有数据样本而言的。由这个例子，读者应该能体会到工程实现上的细节恰如绣女绣花，不能有半点马虎，要做到精益求精就更是要斟酌每一个细节，不断改进，不断完善。

▶ 4.2.2　最小化投影误差推导

PCA 的推导还有另一种从本质上讲完全等价的观点——最小化投影后的误差。如图 4.3 中到 $\boldsymbol{u}_1$ 的投影线段所示，PCA 实际上也是在最小化原始数据与投影数据之间的均方差(MSE)。

为此，首先引入一个完备标准正交基向量集合 $\{\boldsymbol{u}_i, i=1,2,\cdots,F\}$，其中，每个 $\boldsymbol{u}_i$ 为 F 维向量。由于两两标准正交，所以有

$$\boldsymbol{u}_i^{\mathrm{T}}\boldsymbol{u}_j=\delta_{ij} \tag{4.6}$$

其中，δ_{ij} 是指示函数，即 $i=j$ 时，值为 1，反之则为 0。

又由于是完备基，那么每一个数据点 $\boldsymbol{x}_i$ 都可以表示为基向量 $\boldsymbol{u}_j$ 的线性组合：

$$\boldsymbol{x}_i=\sum_{j=1}^{F}a_{ij}\boldsymbol{u}_j \tag{4.7}$$

由此，$\boldsymbol{x}_i$ 的 F 个分量 $\{x_1^{(i)},x_2^{(i)},\cdots,x_F^{(i)}\}$ 被替换为一个等价的集合 $\{a_{i1},a_{i2},\cdots,a_{iF}\}$。$\boldsymbol{x}_i$ 的转置与 $\boldsymbol{u}_j$ 求内积，并使用式(4.6)即可得到 $a_{ij}=\boldsymbol{x}_i^{\mathrm{T}}\boldsymbol{u}_j$，将其代入式(4.7)就得到

$$\boldsymbol{x}_i=\sum_{j=1}^{F}(\boldsymbol{x}_i^{\mathrm{T}}\boldsymbol{u}_j)\boldsymbol{u}_j \tag{4.8}$$

这里的目标是用 $K<F$ 个基向量得到的表示来逼近 $\boldsymbol{x}_i$。这 K 个基向量是原始 F 个基向量在一个低维子空间上的投影。由此，$\boldsymbol{x}_i$ 的逼近可表示为

$$\tilde{\boldsymbol{x}}_i=\sum_{j=1}^{K}z_{ij}\boldsymbol{u}_j+\sum_{j=K+1}^{F}b_j\boldsymbol{u}_j \tag{4.9}$$

其中，$\{z_{ij}\}$ 依赖于特定的数据点 $\boldsymbol{x}_i$，而 b_j 是对所有数据点都相同的常量。采用 MSE 来度量 $\boldsymbol{x}_i$ 与 $\tilde{\boldsymbol{x}}_i$ 之间的误差，目标是最小化这个误差

$$J=\frac{1}{N}\sum_{i=1}^{N}\|\boldsymbol{x}_i-\tilde{\boldsymbol{x}}_i\|^2 \tag{4.10}$$

首先考虑相对于$\{z_{ij}\}$来最小化J。将式(4.8)和式(4.9)代入式(4.10),并利用式(4.6),则有

$$\begin{aligned}&\|\boldsymbol{x}_i-\tilde{\boldsymbol{x}}_i\|^2\\&=\left\|\sum_{j=1}^{F}(\boldsymbol{x}_i^{\mathrm{T}}\boldsymbol{u}_j)\boldsymbol{u}_j-\sum_{j=1}^{K}z_{ij}\boldsymbol{u}_j-\sum_{j=K+1}^{F}b_j\boldsymbol{u}_j\right\|^2\\&=\sum_{j=1}^{K}(\boldsymbol{x}_i^{\mathrm{T}}\boldsymbol{u}_j-z_{ij})^2+\sum_{j=K+1}^{F}(\boldsymbol{x}_i^{\mathrm{T}}\boldsymbol{u}_j-b_j)^2\end{aligned} \tag{4.11}$$

注意:$\|\cdot\|$表示L_2范数,详见式(3.7)。

由此,J对z_{ij}求导并置为0,得到

$$\frac{\mathrm{d}J}{\mathrm{d}z_{ij}}=-2(\boldsymbol{x}_i^{\mathrm{T}}\boldsymbol{u}_j-z_{ij})=0 \Rightarrow z_{ij}=\boldsymbol{x}_i^{\mathrm{T}}\boldsymbol{u}_j \tag{4.12}$$

其中,$j=1,2,\cdots,K$。

类似地,J可以对b_j求导并置为0,利用式(4.6),可得到

$$\frac{\mathrm{d}J}{\mathrm{d}b_j}=-2\left(\frac{1}{N}\sum_{i=1}^{N}\boldsymbol{x}_i^{\mathrm{T}}\boldsymbol{u}_j-b_j\right)=0 \Rightarrow b_j=\frac{1}{N}\sum_{i=1}^{N}\boldsymbol{x}_i^{\mathrm{T}}\boldsymbol{u}_j=\bar{\boldsymbol{x}}^{\mathrm{T}}\boldsymbol{u}_j \tag{4.13}$$

注意:对b_j求导需要对所有数据点进行累加。此处$j=K+1,K+2,\cdots,F$。

将式(4.12)、式(4.13)代入式(4.9),可得

$$\begin{aligned}\tilde{\boldsymbol{x}}_i&=\sum_{j=1}^{K}(\boldsymbol{x}_i^{\mathrm{T}}\boldsymbol{u}_j)\boldsymbol{u}_j+\sum_{j=K+1}^{F}(\bar{\boldsymbol{x}}^{\mathrm{T}}\boldsymbol{u}_j)\boldsymbol{u}_j\\&=\sum_{j=1}^{F}(\bar{\boldsymbol{x}}^{\mathrm{T}}\boldsymbol{u}_j)\boldsymbol{u}_j+\sum_{j=1}^{K}(\boldsymbol{x}_i^{\mathrm{T}}\boldsymbol{u}_j-\bar{\boldsymbol{x}}^{\mathrm{T}}\boldsymbol{u}_j)\boldsymbol{u}_j\\&=\bar{\boldsymbol{x}}+\sum_{j=1}^{K}(\boldsymbol{x}_i^{\mathrm{T}}\boldsymbol{u}_j-\bar{\boldsymbol{x}}^{\mathrm{T}}\boldsymbol{u}_j)\boldsymbol{u}_j\end{aligned} \tag{4.14}$$

这个式子表明,$\boldsymbol{x}_i$的逼近值$\tilde{\boldsymbol{x}}_i$是$\boldsymbol{x}_i$的一个K维压缩表示(只需存储K个系数$(\boldsymbol{x}_i^{\mathrm{T}}\boldsymbol{u}_j-\bar{\boldsymbol{x}}^{\mathrm{T}}\boldsymbol{u}_j)$),$K$值越小,压缩率越大。

由式(4.8)、式(4.9)、式(4.12)、式(4.13)易得

$$\boldsymbol{x}_i-\tilde{\boldsymbol{x}}_i=\sum_{j=K+1}^{F}\{(\boldsymbol{x}_i^{\mathrm{T}}-\bar{\boldsymbol{x}}^{\mathrm{T}})\boldsymbol{u}_j\}\boldsymbol{u}_j \tag{4.15}$$

由式(4.15)可见,从$\boldsymbol{x}_i$到$\tilde{\boldsymbol{x}}_i$的位移向量$\boldsymbol{x}_i-\tilde{\boldsymbol{x}}_i$是$\{\boldsymbol{u}_j,j=K+1,K+2,\cdots,F\}$的线性组合(注意式(4.15)中$(\boldsymbol{x}_i^{\mathrm{T}}-\bar{\boldsymbol{x}}^{T})\boldsymbol{u}_j$是标量),而$\{\boldsymbol{u}_j,j=K+1,K+2,\cdots,F\}$所定义的空间是与$\{\boldsymbol{u}_j,j=1,2,\cdots,K\}$所定义的空间(称为主子空间)正交的空间,因此位移向量$\boldsymbol{x}_i-\tilde{\boldsymbol{x}}_i$所在的空间与主子空间正交。如图4.3中的$\boldsymbol{u}_1$对应主子空间,而与$\boldsymbol{u}_1$正交的投影线段就是位移向量所在的空间。直观上看,到$\boldsymbol{u}_1$的正交投影能够得到最小误差。

将式(4.15)代入式(4.10),易得到

$$\begin{aligned}J&=\frac{1}{N}\sum_{i=1}^{N}\sum_{j=K+1}^{F}(\boldsymbol{x}_i^{\mathrm{T}}\boldsymbol{u}_j-\bar{\boldsymbol{x}}^{\mathrm{T}}\boldsymbol{u}_j)^2\\&=\frac{1}{N}\sum_{i=1}^{N}\sum_{j=K+1}^{F}\{(\boldsymbol{x}_i-\bar{\boldsymbol{x}})^{\mathrm{T}}\boldsymbol{u}_j\}^2\end{aligned}$$

$$
\begin{aligned}
&= \frac{1}{N}\sum_{i=1}^{N}\sum_{j=K+1}^{F}\boldsymbol{u}_j^{\mathrm{T}}(\boldsymbol{x}_i-\bar{\boldsymbol{x}})(\boldsymbol{x}_i-\bar{\boldsymbol{x}})^{\mathrm{T}}\boldsymbol{u}_j \\
&= \sum_{j=K+1}^{F}\boldsymbol{u}_j^{\mathrm{T}}\left\{\frac{1}{N}\sum_{i=1}^{N}(\boldsymbol{x}_i-\bar{\boldsymbol{x}})(\boldsymbol{x}_i-\bar{\boldsymbol{x}})^{\mathrm{T}}\right\}\boldsymbol{u}_j \\
&= \sum_{j=K+1}^{F}\boldsymbol{u}_j^{\mathrm{T}}\boldsymbol{S}\boldsymbol{u}_j
\end{aligned} \tag{4.16}
$$

这个推导结果意味着，投影误差 J 就是位移向量所在 $F-K$ 维空间（该空间与 K 维主子空间正交）各维方差的和。这说明，要使得投影误差 J 最小，就等价于 K 维主子空间上投影方差最大。

因此，类似式(4.4)、式(4.5)，可得到

$$
\boldsymbol{S}\boldsymbol{u}_j=\lambda_j\boldsymbol{u}_j \tag{4.17}
$$

于是 J 的值即为

$$
J=\sum_{j=K+1}^{F}\lambda_j \tag{4.18}
$$

也就是与主子空间正交的那些特征向量所对应特征值的和，这些特征值就是 $F-K$ 个较小的特征值。

▶ 4.2.3 核心代码实现

视频讲解

为了后面代码测试的方便，先用 NumPy 的 random. standard_normal()函数生成 10 个二维数据点（为了看得更清楚，只生成 10 个点），如图 4.4 所示。

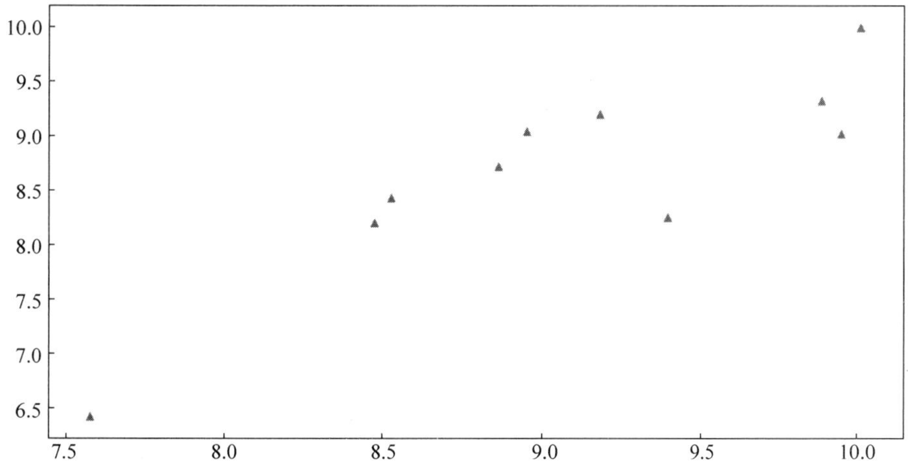

图 4.4　一个随机生成的二维简单数据集

接下来，定义函数 loadDataSet()用来从生成的数据文件中读入数据。

```
def loadDataSet(fileName, delim = '\t'):
    with open(fileName) as fr:
        strList = [line.strip().split(delim) for line in fr.readlines()]
    datList = [list(map(float, line)) for line in strList]
    return np.mat(datList)
```

这段代码用到了 map()函数完成从字符串类型到浮点类型的转换，最后返回 NumPy 的矩阵类型。

```
def pca(dataMat, topNfeat = 1):
    meanVals = np.mean(dataMat, axis = 0)            # 列对应轴 0,即属性
    meanRemoved = dataMat - meanVals                 # 减均值
    covMat = np.cov(meanRemoved, rowvar = 0)         # 指定 rowvar = 0,即列为属性
    eigVals, eigVects = np.linalg.eig(np.mat(covMat))
                                                     # 特征向量 eigVects 是规范化的,即单位长度
    eigValInd = np.argsort(eigVals)                  # 特征值从小到大排序
    eigValInd = eigValInd[: - (topNfeat + 1): - 1]   # 得到最大的 topNfeat 个特征值的索引
    redEigVects = eigVects[:, eigValInd]             # 得到按特征值从大到小排列的对应特征向量
    lowDDataMat = meanRemoved * redEigVects          # 得到降维后的数据
    reconMat = (lowDDataMat * redEigVects.T) + meanVals     # 得到重构数据
    return lowDDataMat, reconMat
```

函数 pca()完成数据矩阵 dataMat 的 PCA 变换，默认参数 topNfeat＝1 指定变换后的数据维数。

（1）首先计算 dataMat 的均值 meanVals。注意列对应特征，所以需要指定 axis＝0（列对应轴 0）。

（2）然后 dataMat 减掉均值得到矩阵 meanRemoved。

（3）调用 NumPy 的函数 cov()得到协方差矩阵 covMat。同样，需要指定 rowvar＝0（列为特征）。

（4）调用 NumPy 的线性代数库函数 linalg.eig()得到 covMat 的特征分解：特征值 eigVals 和特征向量 eigVects。注意 eigVects 的第 i 列特征向量对应 eigVals 的第 i 个特征值。

（5）接下来的三行代码根据特征值的大小完成对特征向量的间接排序。由于 NumPy 函数 argsort()是从小到大排序，所以采用负索引 eigValInd[:－(topNfeat＋1):－1]得到最大 topNfeat 个特征值的索引值，然后通过 eigVects[:,eigValInd]就得到了对应的 topNfeat 个特征向量。

（6）接下来的两行代码就是套用公式$(\boldsymbol{x}_i^{\mathrm{T}}-\bar{\boldsymbol{x}}^{\mathrm{T}})\boldsymbol{u}_j$ 和式(4.14)分别得到降维后的数据 lowDDataMat 和重构数据 reconMat（即式(4.14)中的逼近值 $\tilde{\boldsymbol{x}}_i$）。

下面用图 4.4 的 10 个二维数据点进行实际验证。

```
lowDMat,reconMat = pca(dataMat,1)
```

topNfeat 指定为 1 将参数调用 pca()，并用 Matplotlib 的 scatter()函数将 dataMat、lowDMat 和 reconMat 都可视化出来，结果如图 4.5 所示。其中，三角形的点表示数据矩阵 dataMat，跟三角形点挨着的圆点表示重构数据 reconMat，而左下角的圆形点就是降维后的数据 lowDDataMat。正如所期望的，二维的 dataMat 降维后得到一维的 lowDDataMat，而且其跟 x 轴对齐。reconMat 是基于 lowDDataMat、对应最大特征值的特征向量 redEigVects.T 和均值 meanVals 重构出来的二维数据。可以看到，redEigVects.T 方向（图中带箭头的直线所示）是 dataMat 的最大方差方向，也是最小投影误差方向。reconMat 相对于 dataMat 所丢失的信息主要是与 redEigVects.T 垂直的方向，这印证了式(4.15)。

如果不降维又是什么效果呢？

```
lowDMat,reconMat = pca(dataMat,2)
```

图 4.6 给出了对应的可视化结果。由该图可见，reconMat 和 dataMat 完全重合。lowDDataMat 没有损失什么信息，只是做了些几何变换而已。

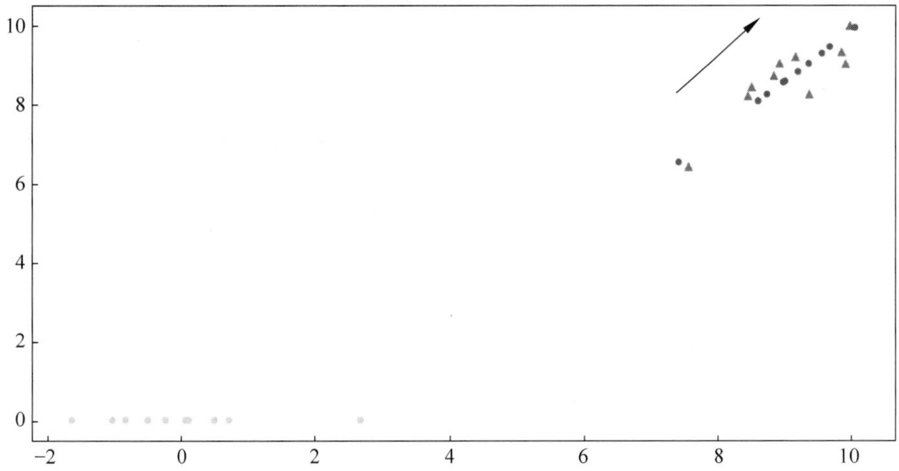

图 4.5　降到一维的可视化结果

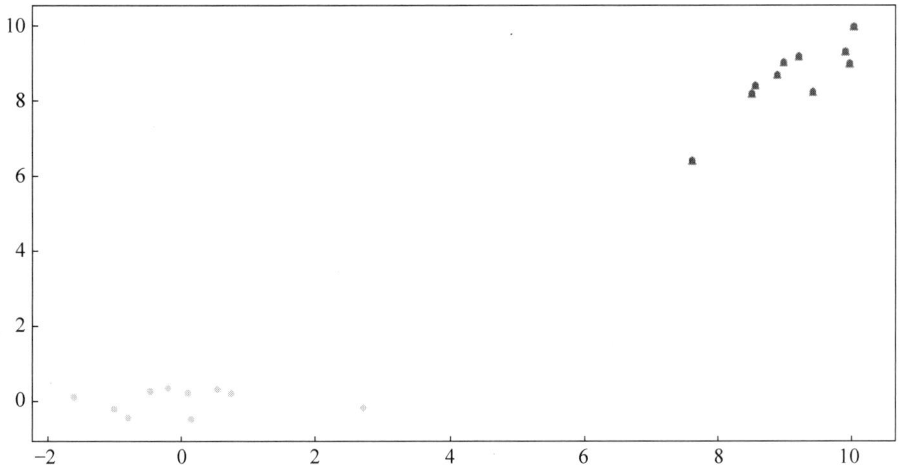

图 4.6　不降维的可视化结果

最后，生成 1000 个二维数据点，并类似图 4.5 和图 4.6 给出可视化结果，如图 4.7 和图 4.8 所示。

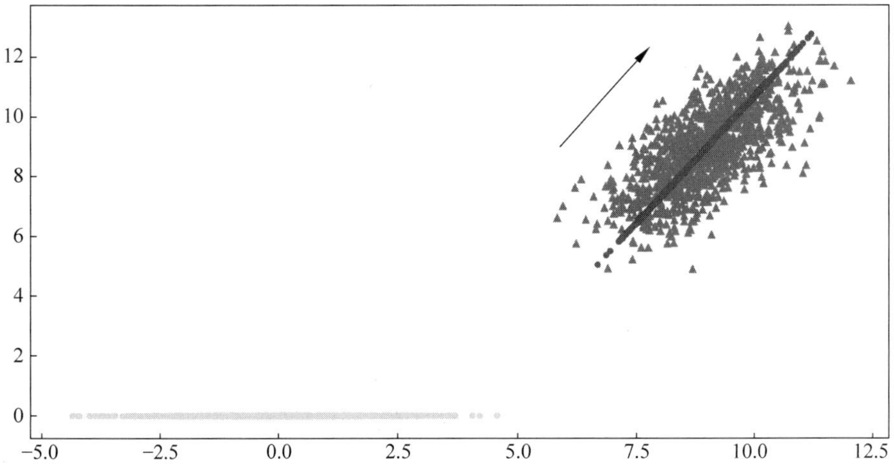

图 4.7　降到一维的可视化结果

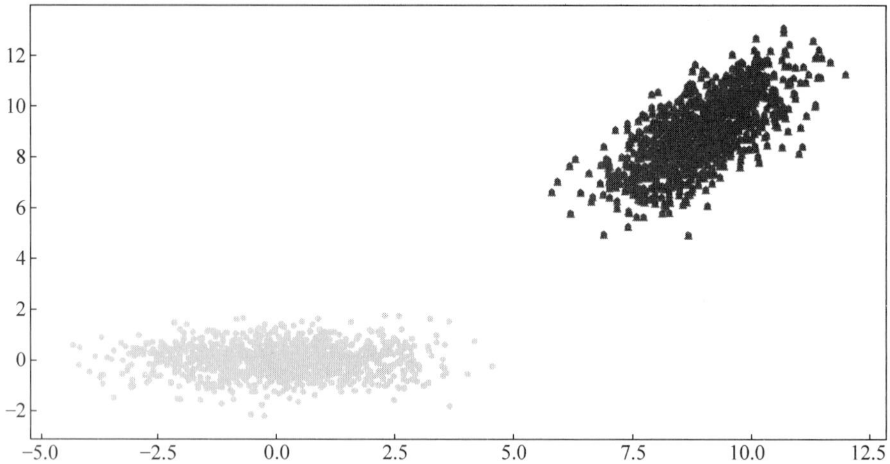

图 4.8　不降维的可视化结果

4.3　奇异值分解

4.2节已经介绍了主成分分析，本节继续介绍另一个常用的降维方法：奇异值分解(Singular value decomposition，SVD)。SVD在许多领域都有广泛的应用，包括图像压缩、数据降维、矩阵逆的计算、奇异值软阈值处理等。它还在推荐系统中被用于协同过滤算法，以及在自然语言处理中用于词嵌入等任务。

视频讲解

4.3.1　奇异值分解的公式

实际上，SVD是一种矩阵分解方法，可将任意矩阵分解为三个矩阵的乘积，用以代表原矩阵中最本质的变换。如式(4.19)所示，利用SVD可以将任意矩阵 $\boldsymbol{A}$ 分解为 $\boldsymbol{U}$、$\boldsymbol{\Sigma}$ 和 $\boldsymbol{V}^{\mathrm{T}}$ 三个矩阵的乘积：

$$\boldsymbol{A}=\boldsymbol{U}\boldsymbol{\Sigma}\boldsymbol{V}^{\mathrm{T}} \tag{4.19}$$

其中，$\boldsymbol{A}$ 的维度为 $m\times n$。$\boldsymbol{U}$ 为左奇异矩阵，其维度为 $m\times m$，是一个标准正交矩阵，即 $\boldsymbol{U}\boldsymbol{U}^{\mathrm{T}}=\boldsymbol{E}$，$\boldsymbol{E}$ 为单位矩阵。$\boldsymbol{V}$ 为右奇异矩阵，其维度为 $n\times n$，也是一个正交矩阵，即 $\boldsymbol{V}\boldsymbol{V}^{\mathrm{T}}=\boldsymbol{E}$。$\boldsymbol{\Sigma}$ 为奇异值矩阵，是一个 $m\times n$ 的对角矩阵，仅在主对角线上有值，其他元素均为0。$\boldsymbol{\Sigma}$ 的主对角线上的值称为 $\boldsymbol{A}$ 的奇异值(记为 σ_i)，该奇异值同时也是 $\boldsymbol{A}^{\mathrm{T}}\boldsymbol{A}$ 或 $\boldsymbol{A}\boldsymbol{A}^{\mathrm{T}}$ 的特征值(记为 λ_i)的平方根，即 $\sigma_i=\sqrt{\lambda_i}\,(i=1,2,\cdots,r)$，注意 r 为 m 和 n 中的最小者。

基于奇异值分解的矩阵降维，就是要找到一个比较小的值 k，保留 $\boldsymbol{\Sigma}$ 中前 k 个奇异值，其中 $\boldsymbol{U}$ 的维度从 $m\times m$ 变成了 $m\times k$，$\boldsymbol{V}$ 的维度从 $n\times n$ 变成了 $k\times n$，$\boldsymbol{\Sigma}$ 的维度从 $m\times n$ 变成了 $k\times k$ 的方阵，从而达到降维效果。

4.3.2　奇异值分解的原理

类比方阵的特征分解，对于任意矩阵 $\boldsymbol{A}$(维度为 $m\times n$)，可以类似定义其特征分解 $\boldsymbol{A}\boldsymbol{x}=\lambda\boldsymbol{x}$，下面推导其与方阵特征分解的关系。

与式(4.19)的记法一致，取 $\boldsymbol{V}$ 的单位向量 $\boldsymbol{v}_i$，则

$$\begin{aligned}\|\boldsymbol{A}\boldsymbol{v}_i\|^2&=(\boldsymbol{A}\boldsymbol{v}_i)^{\mathrm{T}}\boldsymbol{A}\boldsymbol{v}_i\\&=\boldsymbol{v}_i^{\mathrm{T}}\boldsymbol{A}^{\mathrm{T}}\boldsymbol{A}\boldsymbol{v}_i\end{aligned}$$

$$=\boldsymbol{v}_i^{\mathrm{T}}\lambda_i\boldsymbol{v}_i$$
$$=\lambda_i \tag{4.20}$$

可见，$\boldsymbol{A}$ 的右奇异向量 $\boldsymbol{v}_i$ 就是 $\boldsymbol{A}^{\mathrm{T}}\boldsymbol{A}$ 的特征向量，$\boldsymbol{A}$ 的奇异值 σ_i 就是特征值 λ_i 的平方根。

类似地，$\boldsymbol{A}$ 的左奇异向量 $\boldsymbol{u}_i$ 就是 $\boldsymbol{A}\boldsymbol{A}^{\mathrm{T}}$ 的特征向量，$\boldsymbol{A}$ 的奇异值 σ_i 就是特征值 λ_i 的平方根。

因此，任意矩阵 $\boldsymbol{A}$ 的 SVD 分解过程如图 4.9 所示。

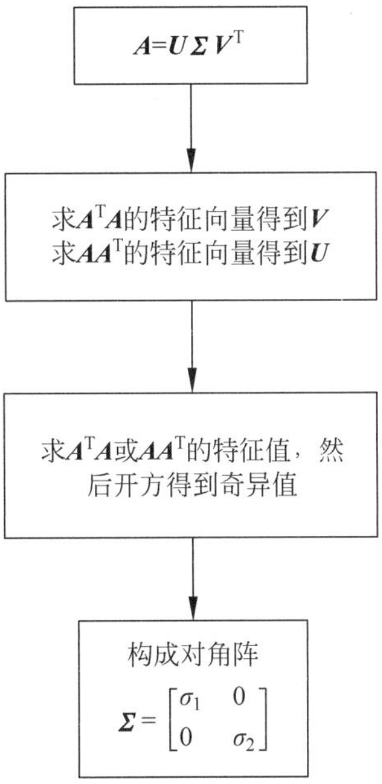

图 4.9　矩阵的 SVD 分解过程

▶ 4.3.3　矩阵的 SVD 层级分解

设矩阵 $\boldsymbol{A}=\begin{bmatrix}3&1&4&1\\5&9&2&6\\5&3&5&8\\9&7&9&3\end{bmatrix}$，其 SVD 分解结果为 $\boldsymbol{A}=\boldsymbol{U\Sigma V}^{\mathrm{T}}$，如图 4.10 所示。

矩阵 $\boldsymbol{A}$

3	1	4	1
5	9	2	6
5	3	5	8
9	7	9	3

=

矩阵 $\boldsymbol{U}$

-0.21	0.37	-0.13	-0.89
-0.52	-0.7	0.43	-0.23
-0.48	-0.21	-0.84	0.15
-0.67	0.57	0.31	0.36

·

矩阵 $\boldsymbol{\Sigma}$

21.2			
	6.4		
		4.9	
			0.15

·

矩阵 $\boldsymbol{V}^{\mathrm{T}}$

-0.55	-0.52	-0.49	-0.43
0.26	-0.4	0.65	-0.59
0.07	0.7	-0.22	-0.68
0.79	-0.29	-0.54	-0.04

图 4.10　矩阵 $\boldsymbol{A}$ 的 SVD 分解结果

按照 4 个奇异值从大到小的顺序，可将矩阵 $\boldsymbol{A}$ 分解为四个层级。当奇异值取最大值 $\sigma_1=21.2$ 时，矩阵 $\boldsymbol{A}$ 的分解层级为

$$\boldsymbol{L}_1=\sigma_1\cdot\boldsymbol{U}(:,0)\boldsymbol{V}^{\mathrm{T}}(0,:) \tag{4.21}$$

当奇异值取次大值 $\sigma_2=6.4$ 时，矩阵 $\boldsymbol{A}$ 的分解层级为

$$\boldsymbol{L}_2=\sigma_2\cdot\boldsymbol{U}(:,1)\boldsymbol{V}^{\mathrm{T}}(1,:) \tag{4.22}$$

当奇异值取值 $\sigma_3=4.9$ 时，矩阵 $\boldsymbol{A}$ 的分解层级为

$$\boldsymbol{L}_3=\sigma_3\cdot\boldsymbol{U}(:,2)\boldsymbol{V}^{\mathrm{T}}(2,:)\tag{4.23}$$

当奇异值取最小值 $\sigma_4=0.15$ 时，矩阵 $\boldsymbol{A}$ 的分解层级为

$$\boldsymbol{L}_4=\sigma_4\cdot\boldsymbol{U}(:,3)\boldsymbol{V}^{\mathrm{T}}(3,:)\tag{4.24}$$

这 4 个层级体现了矩阵 $\boldsymbol{A}$ 的 4 个不同结构层面，将其累加即为矩阵 $\boldsymbol{A}$ 的原始取值，如图 4.11 所示。

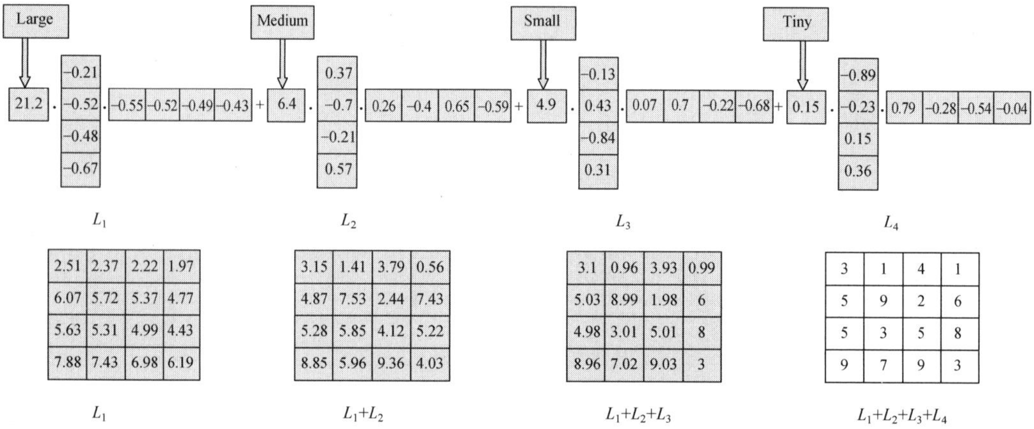

图 4.11 矩阵 $\boldsymbol{A}$ 的 SVD 层级分解结果及其累加结果

4.3.4 SVD 的核心代码实现

本节将介绍 SVD 算法的 Python 代码实现，并给出代码的简单运行实例。相信读者在此基础上能够在实验过程中进一步完善和改进代码，完成更具挑战性和实用性的应用任务。

1. 矩阵的 SVD 分解

很多软件包都可以实现 SVD，Numpy 的线性代数工具箱 linalg 就是其中之一。例如，对矩阵 $\begin{bmatrix}1 & 1\\7 & 7\end{bmatrix}$ 实现 SVD 分解，可在 Python 控制台下输入如下命令：

```
>>> import numpy.linalg as la
>>> U, Sigma, VT = la.svd([[1, 1], [7, 7]])
>>> U
array([[ - 0.14142136, - 0.98994949],
       [ - 0.98994949, 0.14142136]])
>>> Sigma
array([1.00000000e + 01, 2.82797782e - 16])
>>> VT
array([[ - 0.70710678, - 0.70710678],
       [ 0.70710678, - 0.70710678]])
```

注意：对角阵 Sigma 以行向量 array([1.00000000e+01, 2.82797782e−16])返回，可以有效地节省内存空间。

视频讲解

2. 基于 SVD 分解的图片压缩

基于 SVD 分解的图片压缩利用的是矩阵的“低秩近似”性质。所谓矩阵的低秩近似，实际上就是矩阵的一种稀疏表示形式，即利用一个秩较低的矩阵来近似表达原矩阵，不但能保留原矩阵的主要特征，而且可以降低数据的存储空间和计算开销。具体来讲，就是对图像矩阵进行

SVD 分解，并保留最重要的奇异值和对应的奇异向量，从而实现对图像的压缩。当然，基于保留的奇异值和奇异向量还可以方便地将压缩的图像重构出来。下面是具体的代码实现。

(1) 导入相关的库，并定义 3 个变量。

```
import numpy as np
from numpy.linalg import svd
import matplotlib.pyplot as plt
from matplotlib.pyplot import imshow
vmin = 0                                    #图像最小像素值
vmax = 1                                    #图像最大像素值
image_bias = 1                              #反转显示
```

(2) 定义函数 plot_svd()。该函数首先将输入矩阵进行 SVD 分解，得到 U、S、V 三个矩阵。

(3) 计算输入矩阵的层级分解结果，存放于列表 imgs 中。

(4) 将层级分解结果按照奇异值的索引标号 i 进行累加，存放于列表 combined_imgs 中。combined_imgs[i]表示 imgs 的前 i 项之和，即原始图像按照前 i 项奇异值的压缩结果。

(5) 将输入图像的层级分解结果及压缩结果利用 plt.show()函数进行可视化。

```
def plot_svd(A):
    n = len(A)
    imshow(image_bias - A, cmap = 'gray', vmin = vmin, vmax = vmax)
    plt.show()
    U, S, V = svd(A)
    imgs = []
    for i in range(n):
        imgs.append(S[i] * np.outer(U[:, i], V[i])) #见 4.3.3 节公式
    combined_imgs = []
    for i in range(n):
        img = sum(imgs[:i+1])
        combined_imgs.append(img)
    fig, axes = plt.subplots(figsize = (n * n, n), nrows = 1, ncols = n, sharex = True, sharey = True)
    for num, ax in zip(range(n), axes):
        ax.imshow(image_bias - imgs[num], cmap = 'gray', vmin = vmin, vmax = vmax)
        ax.set_title(np.round(S[num], 2), fontsize = 50)
    plt.show()
    fig, axes = plt.subplots(figsize = (n * n,n), nrows = 1, ncols = n, sharex = True, sharey = True)
    for num, ax in zip(range(n), axes):
        ax.imshow(image_bias - combined_imgs[num], cmap = 'gray', vmin = vmin, vmax = vmax)
    plt.show()
    return U, S, V
```

① 定义 ***D*** 为一张原始二值图片对应的矩阵。

```
D = np.array([ [0, 1, 1, 0, 1, 1, 0],
               [1, 1, 1, 1, 1, 1, 1],
               [1, 1, 1, 1, 1, 1, 1],
               [0, 1, 1, 1, 1, 1, 0],
               [0, 0, 1, 1, 1, 0, 0],
               [0, 0, 0, 1, 0, 0, 0],
                ])
```

② 执行语句 U,S,V=plot_svd(D)。

D 的可视化结果如图 4.12 所示。

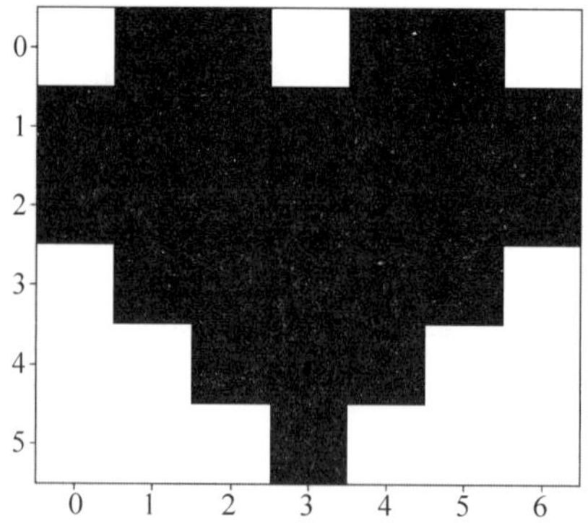

图 4.12 原始图像 **D**

原始图像 **D** 的层级分解结果如图 4.13 所示。其中，第一行的数字为原始图像矩阵 **D** 的奇异值大小，包括 $\lambda_1=4.74$，$\lambda_2=\lambda_3=1.41$，$\lambda_4=0.73$，$\lambda_5=\lambda_6=0$。第二行的图片为原始图像分别按照对应奇异值进行层级分解的结果。可以直观地看到，越大的特征值的分解结果包含信息越多。需要特别注意的是，由于 $\lambda_5=\lambda_6=0$，其对应的图像层级分解结果为零矩阵，如第二行的后两列。

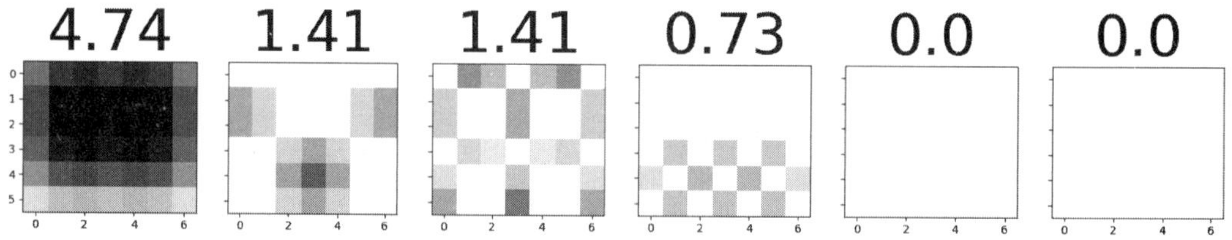

图 4.13 原始图像的层级分解结果

图 4.14 给出了不同层级分解结果的累加图像，即原始图像按照前 i 项奇异值的压缩结果。可以直观地看到，从左到右，压缩结果逐渐逼近原始图像。需要特别注意的是，由于 $\lambda_5=\lambda_6=0$，其对应的累加图像和 λ_4 对应的累加图像完全一致，如后三列所示。

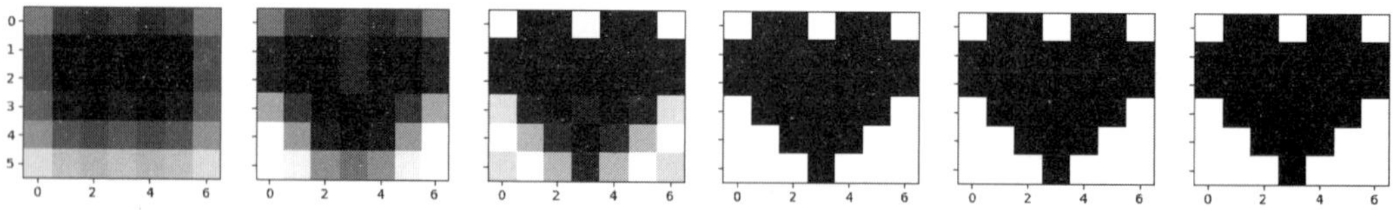

图 4.14 不同层级分解结果的累加图像

视频讲解

3. 基于 SVD 分解的餐馆菜品推荐系统

推荐系统的工作过程是给定一个用户，系统为此用户推荐 N 个评分最高的菜品。为此，需要做到：

(1) 找到用户没有评分的菜品；

(2) 在用户没有评分的所有菜品中，对每个菜品估计一个评分；

(3) 对这些菜品的评分从高到低进行排序，返回前 N 个菜品。

菜品推荐数据集如图 4.15 所示，可以看作是一个“用户-菜品”矩阵，其中有很多菜品没有评分(即图中为 0 分的菜品)。

	鳗鱼饭	日式炸鸡排	寿司饭	烤牛肉	三文鱼汉堡	鲁宾三明治	印度烤鸡	麻婆豆腐	宫保鸡丁	印度奶酪咖喱	俄式汉堡
Brett	2	0	0	4	4	0	0	0	0	0	0
Rob	0	0	0	0	0	0	0	0	0	0	5
Drew	0	0	0	0	0	0	0	1	0	4	0
Scott	3	3	4	0	3	0	0	2	2	0	0
Mary	5	5	5	0	0	0	0	0	0	0	0
Brent	0	0	0	0	0	0	5	0	0	5	0
Kyle	4	0	4	0	0	0	0	0	0	0	5
Sara	0	0	0	0	0	4	0	0	0	0	4
Shaney	0	0	0	0	0	0	5	0	0	5	0
Brendan	0	0	0	3	0	0	0	0	4	5	0
Leanna	1	1	2	1	1	2	1	0	4	5	0

图 4.15 菜品推荐数据集

新建文件 svdRec. py,定义如下函数:

```
def loadExData2(): #图 4.15 的菜品推荐数据集
return[ [2, 0, 0, 4, 4, 0, 0, 0, 0, 0, 0],
        [0, 0, 0, 0, 0, 0, 0, 0, 0, 0, 5],
        [0, 0, 0, 0, 0, 0, 0, 1, 0, 4, 0],
        [3, 3, 4, 0, 3, 0, 0, 2, 2, 0, 0],
        [5, 5, 5, 0, 0, 0, 0, 0, 0, 0, 0],
        [0, 0, 0, 0, 0, 0, 5, 0, 0, 5, 0],
        [4, 0, 4, 0, 0, 0, 0, 5, 0, 0, 5],
        [0, 0, 0, 0, 0, 4, 0, 0, 0, 0, 4],
        [0, 0, 0, 0, 0, 0, 5, 0, 0, 5, 0],
        [0, 0, 0, 3, 0, 0, 0, 0, 4, 5, 0],
        [1, 1, 2, 1, 1, 2, 1, 0, 4, 5, 0]]
```

在 Python 控制台下输入如下命令:

```
>>> import svdRec
>>> import numpy as np
>>> U, Sigma, VT = np.linalg.svd(np.mat(svdRec.loadExData2()))
>>> np.set_printoptions(suppress = True) #设置浮点数的显示方式,禁止科学计数法
>>> Sigma
array([13.65574047, 12.09426471, 8.39491738, 6.87317307, 5.32788293, 4.70763385, 3.2008274,
2.5168136, 1.9890208, 0.6710918, 0.])
```

可见,11 个奇异值依次减小,只有最后一个奇异值为 0。进一步,可以通过求前 k 个奇异值的平方和得到其"能量",然后观察 k 取值为多少时能达到总能量的 90%,具体命令行执行结果如下。

```
>>> Sig2 = Sigma ** 2
>>> sum(Sig2)                #总能量:全部 11 个奇异值的平方和
522.000000000003
>>> sum(Sig2) * 0.9          #总能量的 90%
469.800000000003
>>> sum(Sig2[:2])            #前 2 个奇异值的能量
332.7504865882234
>>> sum(Sig2[:3])            #前 3 个奇异值的能量
```

```
403.2251244091107
>>> sum(Sig2[:4])            #前 4 个奇异值的能量
450.46563239414655
>>> sum(Sig2[:5])            #前 5 个奇异值的能量
478.85196886454156
```

可见，当 $k=5$ 时高于总能量的 90%。于是，可以仅保留前 5 个奇异值及其对应的左右奇异向量，损失的能量仅有 10%。

据此，可以将所有的菜品映射到一个低维空间，再通过相似度计算（见 2.1.2 节）进行菜品推荐。定义函数 svdEst()，对给定用户和菜品估计一个评分值，其参数包括数据矩阵 dataMat、用户编号 user、相似度计算方法 simMeas、菜品编号 item 等，返回值为用户对菜品的评分。

```
def svdEst(dataMat, user, simMeas, item):
    n = np.shape(dataMat)[1]
    simTotal = 0.0; ratSimTotal = 0.0
    U, Sigma, VT = np.linalg.svd(dataMat)
    Sig5 = np.mat(np.eye(5) * Sigma[:5])              #Sig5 是一个对角阵
    xformedItems = dataMat.T * U[:, :5] * Sig5.I     #得到变换后的数据项
    for j in range(n):
        userRating = dataMat[user, j]
        if (userRating == 0) or (j == item): #用户对菜品 j 没有评分或菜品 j 是用户给定的菜品
            continue
        similarity = simMeas(xformedItems[item, :].T, xformedItems[j, :].T)
        print ('the {} and {} similarity is: {}'.format(item, j, similarity))
        simTotal += similarity
        ratSimTotal += similarity * userRating
    if simTotal == 0: return 0
    else: return ratSimTotal/simTotal
```

该函数的第 3 行代码对数据集 dataMat 进行了 SVD 分解。然后，选取前 5 个奇异值（超过总能量的 90%），构建对角矩阵 Sig5，以便进行矩阵运算。函数的第 5 行代码利用矩阵 $\boldsymbol{U}$ 和对角矩阵 Sig5 的逆矩阵将“用户-菜品”矩阵（11×11 维）转换到低维（11×5 维）空间。

对于给定的用户 user 和菜品 item，通过 for 循环在用户对应行的所有元素（菜品）上进行遍历，并在低维空间中计算相似度。然后，对相似度及其与用户评分值（dataMat[user, j]）的乘积求和，将二者的比值（ratSimTotal/simTotal）作为返回值。

相似度计算定义了 ecludSim()、pearsSim()、cosSim()，分别对应欧氏距离法、皮尔逊相关系数法、余弦相似度法。这 3 个函数的输入参数 inA 和 inB 都是列向量，返回值为两个列向量的相似度。具体实现代码如下。

```
def ecludSim(inA, inB):
    return 1.0/(1.0 + np.linalg.norm(inA - inB))                  #取值范围为(0, 1]

def pearsSim(inA, inB):
    if len(inA) < 3 : return 1.0
    return 0.5 + 0.5 * np.corrcoef(inA, inB, rowvar = 0)[0][1]    #取值范围为[0, 1]
def cosSim(inA, inB):
    num = float(inA.T * inB)
    denom = np.linalg.norm(inA) * np.linalg.norm(inB)
    return 0.5 + 0.5 * (num/denom)                                #取值范围为[0, 1]
```

定义函数 recommend()，实现推荐引擎的功能。此时会调用 svdEst() 函数，该函数产生

评分最高的 N 个推荐结果，如果不指定 N 的大小，则默认为 3。该函数的参数还包括数据矩阵 dataMat、用户编号 user、相似度计算方法 simMeas 和估计方法 estMethod 等。

首先，对给定的用户 user 建立一个未评分的菜品列表，这个功能通过第 1 行代码"unratedItems=np.nonzero(dataMat[user,:].A==0)[1]"实现。如果不存在未评分菜品，则直接返回；否则，在所有的未评分菜品上进行循环。对每个未评分菜品，通过调用 estMethod()产生该菜品的估计分值，并保存在列表 itemScores 中。最后按照估计的分值，对列表 itemScores 进行从大到小的逆向排序，返回得分最高的 N 个菜品。具体实现代码如下。

```
def recommend(dataMat, user, N = 3, simMeas = cosSim, estMethod = standEst):
    unratedItems = np.nonzero(dataMat[user, :].A == 0)[1]        # 找到未评分的菜品
    if len(unratedItems) == 0: return 'you rated everything'    # 没有未评分菜品
    itemScores = []
    for item in unratedItems:                                    # 只在未评分菜品里进行推荐
        estimatedScore = estMethod(dataMat, user, simMeas, item)
        itemScores.append((item, estimatedScore))
    return sorted(itemScores, key = lambda jj: jj[1], reverse = True)[:N]
```

实际运行效果如下。

```
>>> import svdRec
>>> import numpy as np
>>> myMat = np.mat(svdRec.loadExData2())
>>> svdRec.recommend(myMat, 1, estMethod = svdRec.svdEst)
the 0 and 10 similarity is: 0.5440638439162508
the 1 and 10 similarity is: 0.3109563679388968
the 2 and 10 similarity is: 0.5323440877050434
the 3 and 10 similarity is: 0.4946502823155839
the 4 and 10 similarity is: 0.4531874380554362
the 5 and 10 similarity is: 0.7831450773172727
the 6 and 10 similarity is: 0.48492673307147904
the 7 and 10 similarity is: 0.8704435221137724
the 8 and 10 similarity is: 0.47895909338892634
the 9 and 10 similarity is: 0.5004306037986824
[(0, 5.0), (1, 5.0), (2, 5.0)]
```

这里对用户 1(Rob)进行了菜品推荐。由图 4.15 可知，用户 1 只对菜品 10(俄式汉堡)进行了评分，因此 recommend()函数将基于 SVD 和菜品 10 的评分，估计该用户对其余 10 份菜品的评分。该函数将从这些菜品中推荐评分最高的 3 个菜品：菜品 0(鳗鱼饭)、菜品 1(日式炸鸡排)和菜品 2(寿司饭)，对应的估计分值都为 5.0。

类似地，可以对用户 3(Scott)进行菜品推荐。

```
>>> svdRec.recommend(myMat, 3, estMethod = svdRec.svdEst)
the 3 and 0 similarity is: 0.582287755604963
the 3 and 1 similarity is: 0.3306573409743566
the 3 and 2 similarity is: 0.37688226884110326
the 3 and 4 similarity is: 0.9528412570168112
the 3 and 7 similarity is: 0.5570891816169508
the 3 and 8 similarity is: 0.6572710915280217
the 5 and 0 similarity is: 0.3667300422408521
the 5 and 1 similarity is: 0.4764394146521668
the 5 and 2 similarity is: 0.5360103459607823
the 5 and 4 similarity is: 0.289825882298011
the 5 and 7 similarity is: 0.5086261351958441
```

```
the 5 and 8 similarity is: 0.8501988459532437
the 6 and 0 similarity is: 0.5624609729795953
the 6 and 1 similarity is: 0.44186020176575314
the 6 and 2 similarity is: 0.48752886088256747
the 6 and 4 similarity is: 0.5172024395918892
the 6 and 7 similarity is: 0.6387294399074961
the 6 and 8 similarity is: 0.23720977749330718
the 9 and 0 similarity is: 0.45030821482967975
the 9 and 1 similarity is: 0.5141713201901604
the 9 and 2 similarity is: 0.515476767819365
the 9 and 4 similarity is: 0.46138747814868947
the 9 and 7 similarity is: 0.46273673933664433
the 9 and 8 similarity is: 0.7319059579940872
the 10 and 0 similarity is: 0.5440638439162508
the 10 and 1 similarity is: 0.3109563679388968
the 10 and 2 similarity is: 0.5323440877050434
the 10 and 4 similarity is: 0.4531874380554362
the 10 and 7 similarity is: 0.8704435221137724
the 10 and 8 similarity is: 0.47895909338892634
[(6, 2.86536863953136), (9, 2.7834282978555747), (3, 2.7577463106038547)]
```

将相似度度量方法修改为皮尔逊系数法,运行结果如下。

```
>>> svdRec.recommend(myMat, 1, estMethod = svdRec.svdEst, simMeas = svdRec.pearsSim)
……
[(0, 5.0), (1, 5.0), (2, 5.0)]
>>> svdRec.recommend(myMat, 3, estMethod = svdRec.svdEst, simMeas = svdRec.pearsSim)
……
[(6, 2.88186477783302), (9, 2.775509091499505), (3, 2.7400646925129157)]
```

4.4 习题

1. SVD 适用于(　　)任务。

A. 图像压缩　　B. 数据降维

C. 矩阵逆的计算　　D. 以上所有选项

2. SVD 可以用于数据降维的方法是(　　)。

A. 选取最大的 k 个奇异值和对应的奇异向量

B. 选取最小的 k 个奇异值和对应的奇异向量

C. 选取所有奇异值和对应的奇异向量

D. 选取中间的 k 个奇异值和对应的奇异向量

3. 在 SVD 中,矩阵 $\boldsymbol{A}$ 的奇异值是(　　)。

A. $\boldsymbol{A}$ 的特征值　　A. $\boldsymbol{A}$ 的特征向量

C. $\boldsymbol{A}^{\mathrm{T}}\boldsymbol{A}$ 的特征值的平方根　　D. $\boldsymbol{A}$ 的零空间的维度

4. SVD 分解后的矩阵 $\boldsymbol{\Sigma}$ 是一个对角矩阵,其对角线上的元素是(　　)。

A. 矩阵 $\boldsymbol{A}$ 的特征值　　B. 矩阵 $\boldsymbol{A}$ 的奇异值

C. 矩阵 $\boldsymbol{A}$ 的特征向量　　D. 矩阵 $\boldsymbol{A}$ 的奇异向量

5. 在 SVD 中,正交矩阵 $\boldsymbol{U}$ 和 $\boldsymbol{V}$ 的作用分别是(　　)。

A. $\boldsymbol{U}$ 用于表示 $\boldsymbol{A}$ 的特征向量,$\boldsymbol{V}$ 用于表示 $\boldsymbol{A}$ 的特征值

B. $\boldsymbol{U}$ 用于表示 $\boldsymbol{A}$ 的奇异值，$\boldsymbol{V}$ 用于表示 $\boldsymbol{A}$ 的奇异向量

C. $\boldsymbol{U}$ 用于表示 $\boldsymbol{A}$ 的左奇异向量，$\boldsymbol{V}$ 用于表示 $\boldsymbol{A}$ 的右奇异向量

D. $\boldsymbol{U}$ 用于表示 $\boldsymbol{A}$ 的左奇异向量，$\boldsymbol{V}$ 用于表示 $\boldsymbol{A}$ 的右特征向量

6. "对于1幅500万像素的图片，其维数为500万维。"这句话应该如何理解？这里所说的2维的图片是500万维，看似自相矛盾，那究竟是什么意思呢？

7. 如图4.3所示，原始2维笛卡儿坐标系中的数据点 $\boldsymbol{x}_n$ $(n=1,\cdots,N)$ 通过正交投影到其最大方差方向 u_1 而被降为1维，这个降维过程保持了重要的信息——方差。如果进一步考虑与 u_1 正交的方向 u_2，u_2 就对应第二大方差方向，数据正交投影到 u_2 就同样保持了第二大方差信息。试在图4.3中画出 u_2，及各数据点在 u_2 上的正交投影。

8. 试给出式(4.11)的详细推导过程。

9. 试说明式(4.14)每一步推导的理由。

10. 试推导式(4.15)。

11. 在图4.6中，lowDDataMat 相对于 dataMat 进行了哪些几何变换？为什么需要进行这些几何变换？

12. 试证明：由任意 $m\times n$ 矩阵 $\boldsymbol{A}$ 构造的对称方阵 $\boldsymbol{A}\boldsymbol{A}^{\mathrm{T}}$ 和 $\boldsymbol{A}^{\mathrm{T}}\boldsymbol{A}$ 具有完全一样的非0特征值。

13. 函数 recommend()仅在"未评分菜品"unratedItems 里进行推荐，这样做有局限性吗？如果有则应进行改进，先说明改进思路，再进行代码实现和实际验证。

14. 试解释函数 svdEst()中代码行"xformedItems=dataMat.T * U[:,:5] * Sig5.I # 得到变换后的数据项"的作用，分析其背后的原理并给出证明。

第 5 章　K均值聚类

一种典型的无监督学习

K 均值聚类(K-means Clustering)是一种将数据样本点划归到指定数量的“簇”(见 1.1.2 节)中的简单聚类方法,其中 K 指的是簇的个数。K-means 聚类是聚类算法中一种比较简单的基础算法,是公认的十大数据挖掘算法之一。

视频讲解

5.1　聚类分析概念

聚类分析是一种典型的无监督学习,用于对数据样本进行划分,将它们按照一定的规则划分成若干个簇。相似的样本聚类在同一个簇中,不相似的样本则在不同的簇中,以揭示样本的内在性质及内在规律。聚类算法在银行、零售、保险、医学、军事等领域都有着广泛的应用。

K-means 聚类是基于距离度量(见 2.1.2 节)的聚类算法,其基本思想是:通过计算样本点与簇中心的距离,将距离簇中心较近的样本点划分到该簇。

5.2　K-means 聚类算法的原理

图 5.1 为一个样本集示例。直观上可看出,该样本集可划分为三个簇。其中,簇大小指簇中所含样本的数量;簇中心指一个簇中所有样本点的均值;簇密度指簇中样本点的紧密程度。

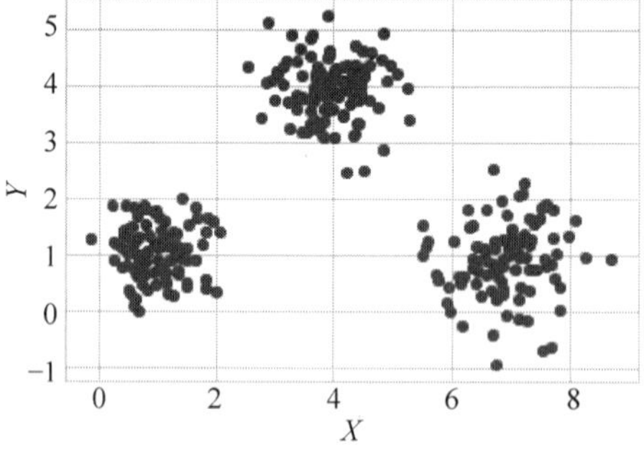

图 5.1　样本集示例

K-means 聚类算法将样本划分为互斥的簇。通过确定 k 个簇中心的位置,将每个样本点划归到距离最近的中心点所属的簇。那么,如何确定这些中心点呢?实际上,一般使用的是一种基于迭代的优化方法。从随机中心位置开始,将样本分配给最近的中心,然后使用这些簇成员的平均位置更新中心位置。接着用这些新的中心点对样本重新进行簇划分。样本被用于重新计算簇中心。重复以上过程,直到簇中心收敛到固定位置。

利用 K-means 聚类算法对图 5.1 样本集($k=3$)进行聚类,结果如图 5.2 所示。

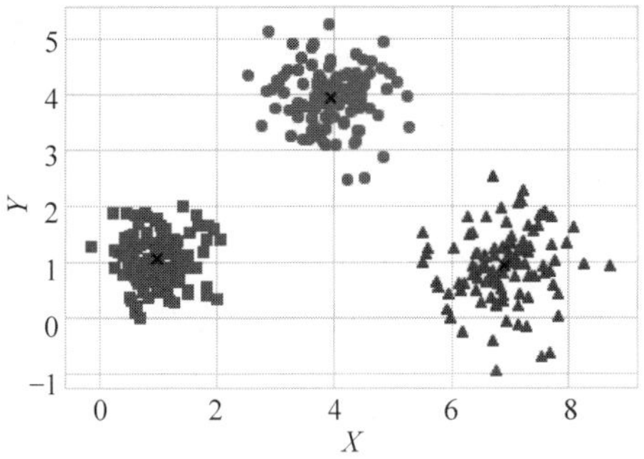

图 5.2　利用 K-means 聚类算法对小数据集聚类的结果

具体来讲，K-means 聚类算法的步骤如下。

(1) 用户指定 k 的值。

(2) 随机选取 k 个样本作为 k 个簇的中心。

(3) 对每个待划分样本点，计算它们到各个中心的距离(如欧氏距离)，并将其归入距离最小的簇中。

(4) 根据划分情况重新计算各个簇的新中心。

重复执行步骤(3)和(4)，直到所有样本点的划分情况保持不变，此时说明 K 均值聚类已收敛到最优解。

因为 K-means 聚类算法的初始中心位置是随机选取的，这种迭代有时会导致收敛到非最优中心位置。因此，可以通过尝试多个起始点位置，得到多个聚类结果。那么，在这些结果中，哪一个结果是最好的呢？直观上来讲，一个好的聚类结果应该让样本点尽可能聚集到中心点附近。因此，可以对每个样本点到簇中心的距离进行求和，作为聚类质量的度量。这样，从多个初始中心位置运行该算法，最终会返回具有最低整体距离的聚类结果。

这里给出一个常用的聚类质量度量公式，即平方误差

$$J = \sum_{i=1}^{k} \| \boldsymbol{x}^{(i)} - \boldsymbol{\mu}_{c(i)} \|^2 \tag{5.1}$$

其中，$\boldsymbol{\mu}_{c(i)}$ 表示第 i 个样本 $\boldsymbol{x}^{(i)}$ 所属簇的中心，J 表示每个样本点到其所在簇中心 $\boldsymbol{\mu}_{c(i)}$ 距离的平方和。J 越小，所有样本点与其所在簇的整体距离越小，样本划分的质量越好。K-means 算法的终止条件就是 J 收敛到最小值。但要让 J 收敛到最小值，需要对所有样本点可能的簇划分情况进行穷举，这是一个 NP 难问题，因此 K-means 算法常采用贪心策略进行求解。

如何求得目标函数式(5.1)的最小值呢？首先将平方误差公式进行变形，以 1 维数据为例，x_j 表示第 j 个样本，c_i 表示第 i 个簇的中心，则

$$J = \sum_{i=1}^{k} \sum_{x_j \in c_i} (x_j - c_i)^2 \tag{5.2}$$

$$\begin{aligned}
\frac{\partial J}{\partial c_i} &= \frac{\partial}{\partial c_i} \sum_{i=1}^{k} \sum_{x_j \in c_i} (x_j - c_i)^2 \\
&= \sum_{i=1}^{k} \sum_{x_j \in c_i} \frac{\partial}{\partial c_i} (x_j - c_i)^2 \\
&= -2 \sum_{x_j \in c_i} (x_j - c_i)
\end{aligned} \tag{5.3}$$

当 $-2\sum_{x_j \in c_i}(x_j - c_i) = 0$ 时，$c_i = \frac{1}{|c_i|}\sum_{x_j \in c_i} x_j$，$|c_i|$ 表示第 i 个簇的样本个数，即最优化的结果就是计算簇内样本点的均值。

在实际应用中，如果数据集过大，则可能导致算法收敛速度过慢，从而无法得到有效结果。此时，可以为 K-means 聚类算法指定最大收敛次数或指定簇中心变化阈值，当算法运行达到最大收敛次数或簇中心变化率小于某个阈值时，算法即停止运行。

5.3 K-means 聚类算法中 k 值的选取方式

在 K-means 聚类算法中，k 值的选取方式显然影响着聚类效果。如果事先知道所有样本点中有多少个簇，或者对簇的个数有明确要求，那么在指定 k 值时没有太大问题。但在实际应用中，对一些数据集，很多情况下并不知道样本的分布情况，簇的个数不能直观看出，这时应如何选取 k 值呢？

一种方式是尝试不同的 k 取值。当 k 取不同值时，基于聚类结果计算簇内的总变化量 SSE(Sum of Squared Errors)的值，并据此画出 SSE 曲线图，从而寻找最佳的 k 值。簇内的总变化量 SSE 定义为各个簇内的变化量之和，即

$$\text{SSE} = \sum_{i=1}^{N}\sum_{j=1}^{K}\text{dist}(x_i, c_j) \tag{5.4}$$

其中，N 表示数据点的数量，K 表示簇的数量，x_i 表示第 i 个样本点，c_j 表示第 j 个簇的聚类中心，dist(·)表示 x_i 和 c_j 之间的距离度量函数。

以鸢尾花数据集为例进一步分析。图 5.3 为鸢尾花示意图，其中花瓣(petal)和萼片(sepal)能很好地表征鸢尾花的外观和类型。据此，鸢尾花数据集取了 4 个特征，分别为花瓣长、花瓣宽、萼片长和萼片宽。

如图 5.4 所示，将鸢尾花数据集的花瓣长(横轴)和花瓣宽(纵轴)两个特征及对应的类别用散点图进行可视化，其中圆点、X 点、方点分别表示鸢尾花的三种不同类别。由此可见，三种不同类别自然地形成了三个簇。因此，接下来将尝试通过 SSE 变化曲线图找到这个最佳的 k 值。

图 5.3　鸢尾花示意图

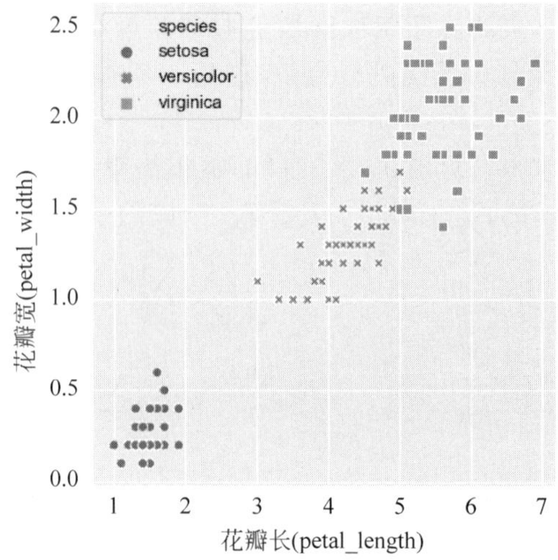

图 5.4　鸢尾花数据集散点图

依次取 $k=1,2,\cdots,9$，基于聚类结果作出簇内的总变化量 SSE 的折线图，如图 5.5 所示。由图 5.5 可见，随着 k 值的增加，簇内的总变化量总比前一次更小。当每个簇内只有一个样本点时，簇内的总变化量为 0。但是，由图 5.4 可知，并不是 k 值越大越好。因此，一种常见的做法是，采用肘部技术(elbow technique)进行 k 值的选取。由图 5.5 可见，当 $k=3$ 时簇内总变化量有个较大幅度的减小，但之后簇内总变化量就不会下降那么快了，这就是"肘部点"，据此可以确定最佳的 k 值为 3。

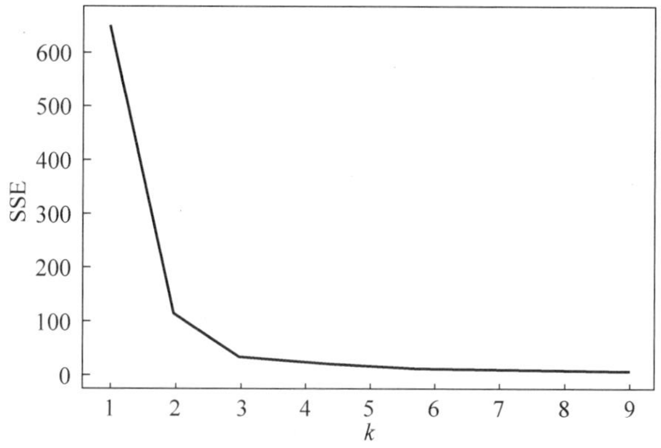

图 5.5　鸢尾花数据集 SSE 折线图

显然，在大数据集下这样的做法非常耗费资源。因此，各种更实用的选择最佳 k 值的做法被不断提出，例如：

(1) 与层次聚类算法结合，先通过层次聚类算法得到大致的聚类数目，并且获得一个初始聚类结果，然后通过 K-means 聚类算法改进这个聚类结果。

(2) 基于系统演化方法，通过模拟伪热力学系统中的分裂和合并，不断演化直到达到稳定平衡状态，从而确定 k 值。

5.4　K-means 聚类算法的优缺点

K-means 聚类算法原理简单，容易实现，运行效率较高。算法的聚类结果容易解释，适用于高维数据的聚类。

对于大数据集，可指定迭代次数，在牺牲一定准确度的情况下提升算法的运行效率。由于 K-means 聚类算法采用了贪心策略对样本进行聚类，导致算法容易局部收敛，在大规模的数据集上求解较慢。K-means 聚类算法对离群点和噪声点非常敏感，少量的离群点和噪声点可能对算法求平均值产生极大影响，从而影响最终的聚类结果。K-means 聚类算法仅在凸形簇结构的数据集上效果较好。此外，K-means 聚类算法在使用时，还需要注意如下问题。

(1) 模型的输入数据为数值型数据。

(2) 需要将原始数据做归一化或标准化处理，因为涉及距离计算。

5.5　K-means++聚类算法

K-means 聚类算法的初始聚类中心的选择对算法结果影响很大，不同的初始中心可能会导致不同的聚类结果。对此，提出一种 K-means++聚类算法，其思想是使初始聚类中心的相互距离尽可能远。步骤如下。

(1) 从样本集 χ 中随机选取一个样本点 $x^{(i)}$ 作为第 1 个聚类中心。

(2) 计算其他样本点 $x^{(j)}$ 到最近的聚类中心的距离 $d(x)$。

(3) 以概率 $\dfrac{d(x)^2}{\sum\limits_{x\in\chi} d(x)^2}$ 选择一个新的样本点 $x^{(l)}$ 加入聚类中心点集合中,其中,距离值 $d(x)$ 越大,被选中的可能性越高。

(4) 重复步骤(2)和(3),选定 k 个聚类中心。

(5) 基于这 k 个聚类中心进行 K-means 运算。

视频讲解

5.6 K-means 聚类的核心代码实现

本节将介绍 K-means 聚类算法的 Python 代码实现,并给出代码的简单运行实例。相信读者在此基础上能够在实验课中进一步完善和改进代码,完成更具挑战性和实用性的应用任务。

数据集共 80 个样本点,如图 5.6 所示,每一行对应一个样本点,每一列为一个特征,共两列。图 5.6 仅展示了前 20 条样本。

kMeans.py testSet.txt

```
1.658985	4.285136
-3.453687	3.424321
4.838138	-1.151539
-5.379713	-3.362104
0.972564	2.924086
-3.567919	1.531611
0.450614	-3.302219
-3.487105	-1.724432
2.668759	1.594842
-3.156485	3.191137
3.165506	-3.999838
-2.786837	-3.099354
4.208187	2.984927
-2.123337	2.943366
0.704199	-0.479481
-0.392370	-3.963704
2.831667	1.574018
-0.790153	3.343144
2.943496	-3.357075
-3.195883	-2.283926
```

图 5.6 数据集

5.6.1 K-means 聚类算法

首先介绍 K-means 聚类算法的几个支持函数。

(1) loadDataSet()函数,用于将文本文件导入一个列表中。文本文件每一行为 Tab 键分隔的浮点数,将每一行添加到 dataMat 中,并返回 dataMat。dataMat 是一个包含许多其他列表的列表。

```
def loadDataSet(fileName):                  # 函数功能：读文件并解析 TAB 分开的浮点数
    dataMat = []                             # 设每行的最后一列是目标变量的值
    fr = open(fileName)
    for line in fr.readlines():
        curLine = line.strip().split('\t')
        fltLine = list(map(float,curLine))   # map 将所有值转换为浮点数
        dataMat.append(fltLine)
    return dataMat
```

（2）distEuclid()函数，用于计算两个向量的欧氏距离。

```
def distEuclid(vecA, vecB):
    return np.sqrt(np.sum(np.power(vecA - vecB, 2)))   # 等价于语句 np.linalg.norm(vecA - vecB)
```

（3）randCent()函数，为给定数据集构建一个包含 k 个随机质心的矩阵。随机质心必须在整个数据集的边界之内，这可以通过找到数据集每一维特征的最小值和最大值来完成：生成 0～1 的随机数，通过取值范围和最小值，确保随机点在数据的边界之内。rangeJ 表示 k 个质心向量的第 j 维数据值为位于(最小值，最大值)内的某一值，centroids[:,j]为簇矩阵的第 j 列，random.rand(k,1)表示产生(k,1)维的随机数矩阵，且随机数分布在[0,1)。

```
def randCent(dataSet, k):
    n = shape(dataSet)[1]
    centroids = mat(zeros((k,n)))       # 创建初值为 0 的簇中心矩阵
    for j in range(n):                  # 创建随机簇中心，各维都有其取值范围
        minJ = min(dataSet[:,j])
        rangeJ = float(max(dataSet[:,j]) - minJ)
      centroids[:,j] = mat(minJ + rangeJ * random.rand(k,1))
    return centroids
```

将以上函数保存到文件 kMeans.py 里，然后在 Python 解释器里执行如下命令：

```
>>> import kMeans
>>> import numpy as np
>>> datMat = np.mat(kMeans.loadDataSet('testSet.txt'))
>>> min(datMat[:,0])
matrix([[-5.379713]])
>>> min(datMat[:,1])
matrix([[-4.232586]])
>>> max(datMat[:,0])
matrix([[4.838138]])
>>> max(datMat[:,1])
matrix([[5.1904]])
>>> kMeans.randCent(datMat, 2)
matrix([[ 2.20313084, -1.69216831],
        [-2.73759393, 0.9952749 ]])
>>> kMeans.distEuclid(datMat[0], datMat[1])
```

执行结果如下，验证了以上三个函数的正确性。

```
5.184632816681332
```

接下来就是 K-均值聚类算法的具体实现——函数 kMeans()，该函数接收 4 个输入参数，只有数据集及簇的数目是必选参数，而用于计算距离和创建初始质心的函数都是可选的，默认为上面定义的 distEuclid()函数和 randCent()函数。

kMeans()函数一开始确定数据集中数据点的总数，然后创建一个矩阵 clusterAssment 来

存储每个点的簇分配结果。该矩阵包含两列：第一列存储簇索引值，即每个样本对应的簇中心；第二列存储误差，即当前样本点到簇中心的距离，可用来评价聚类的效果。

kMeans()函数按照"计算质心—分配—重新计算"反复迭代，直到所有数据点的簇分配结果不再改变为止。程序中创建了一个标志变量 clusterChanged，如果该值为 True，则继续迭代。接下来遍历所有数据点，找到距离每个点最近的质心：通过对每个点遍历所有质心并计算点到每个质心的距离来完成。计算距离是调用 distMeas 参数给出的距离函数，默认是 distEuclid()。如果任一点的簇分配结果发生改变，则将 clusterChanged 标志置为 True。然后遍历所有质心并更新它们的取值，具体步骤为：首先，通过数组过滤获得给定簇的所有点；然后，计算所有点的均值，选项 axis=0 表示沿矩阵的列方向(对应特征)进行均值计算；最后，程序返回所有的簇质心及数据点分配结果。

```
def kMeans(dataSet, k, distMeas = distEuclid, createCent = randCent):
#dataset:数据集;k:簇的个数;distMeas:距离计算函数;createCent:随机质心生成函数
    m = np.shape(dataSet)[0]                    #获取数据集样本点数
    clusterAssment = np.mat(np.zeros((m, 2)))   #创建一个初值为0的矩阵来存储每个数据点的
                                                #簇分配结果
    centroids = createCent(dataSet, k)
    clusterChanged = True
    while clusterChanged:
        clusterChanged = False
        for i in range(m):                      #将每个数据点分配给最近的簇
            minDist = np.inf; minIndex = -1     #初始化最小距离为正无穷;最小距离对应簇索引
                                                #为-1;minDist保存最小距离, minIndex保存最
                                                #小距离对应的簇质心
            for j in range(k):                  #循环k个簇的质心,找到距离第i个样本最近的簇
                distJI = distMeas(centroids[j, :],dataSet[i, :])  #计算数据点到簇质心的欧
                                                                  #氏距离
                if distJI < minDist:
                    minDist = distJI; minIndex = j      #更新当前最小距离及对应的簇索引
            if clusterAssment[i, 0] != minIndex: clusterChanged = True
                          #如果第i个样本点的聚类结果发生变化,则将clusterChanged置为true
            clusterAssment[i, :] = minIndex, minDist ** 2  #更新样本点i的聚类结果
        print (centroids)
        for cent in range(k):                           #重新计算簇中心
            ptsInClust = dataSet[np.nonzero(clusterAssment[:,0].A == cent)[0]]
                                                        #获取簇cent的所有数据点
            centroids[cent, :] = np.mean(ptsInClust, axis = 0) #所有数据点的均值即为簇中心
    return centroids, clusterAssment
```

在 Python 解释器里执行如下命令：

```
>>> myCentroids, clustAssing = kMeans.kMeans(datMat, 4)
[[ 4.23481803 2.37662322]
[ -1.42590616 1.15020136]
[ 0.25053297  -3.03194382]
[ 2.90651356  -2.10638585]]
[[ 2.71358074 3.11839563]
[ -2.44978374 2.38092765]
[ -2.73649319  -2.99246324]
[ 3.17437012  -2.75441347]]
[[ 2.6265299 3.10868015]
[ -2.46154315 2.78737555]
[ -3.38237045  -2.9473363 ]
[ 2.80293085  -2.7315146 ]]
```

由此可见，经过多次迭代后 K-means 聚类算法即收敛。注意，由于 randCent() 函数具有随机性，因此 kMeans() 函数每次执行的结果都有所不同。图 5.7 给出了某一次执行结果的可视化，包括 4 个簇（分别对应 4 种形状）及其中心（五角星）。

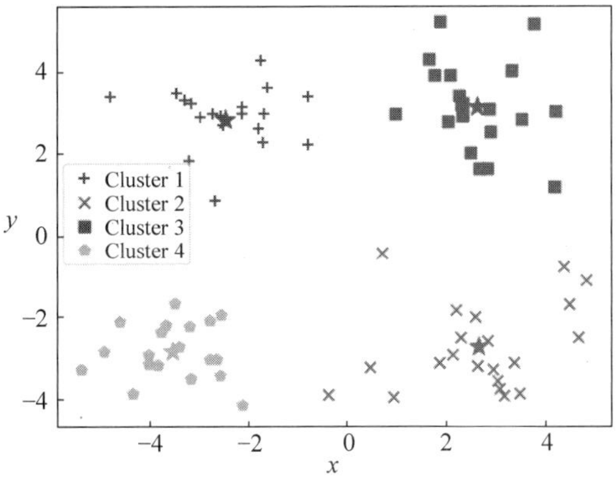

图 5.7　K-means 聚类的某一次结果

▶ 5.6.2　二分 K-means 聚类算法

一种用于度量聚类效果的指标是 SSE（式(5.4)给出的误差平方和），其对应 kMeans() 函数中的 clusterAssment 矩阵的第一列之和。SSE 值越小，表示数据点越接近它们的质心，聚类效果也越好。由于对误差取了平方，因此更加重视远离中心的点。一种可以降低 SSE 值的方法是增加簇的个数，但这违背了聚类的目标。聚类的目标是在保持簇数目不变的情况下提高簇的质量。

为克服 K-means 聚类算法收敛于局部最小值的问题，提出二分 K-means 聚类算法。该算法首先将所有点作为一个簇，然后将该簇一分为二。之后选择其中一个簇继续划分，选择哪一个簇进行划分取决于对其划分是否可最大程度降低 SSE 的值。上述基于 SSE 的划分过程不断重复，直到得到用户指定的簇数目为止。

函数 biKmeans() 是二分 K-means 聚类算法的具体实现，在给定数据集、簇数目及距离计算方法的条件下，返回聚类结果。该函数首先创建一个矩阵来存储数据集中每个点的簇分配结果及平方误差，然后计算整个数据集的质心，并使用一个列表来保留所有的质心。得到上述质心后，遍历数据集中的所有点来计算每个点到质心的误差值。

接下来进入 while 循环，该循环不停地对簇进行划分，直到得到指定的簇数目为止。内层 for 循环遍历所有的簇来决定最佳的簇进行划分，为此需要比较划分前后的 SSE。开始时，将 SSE 最小值 lowestSSE 的初值设置为无穷大，然后遍历簇列表 centList 中的每一个簇。对每个簇 i，获取到其所有数据点 ptsInCurrCluster，然后调用 kMeans() 函数进行二分($k=2$)，返回两个质心，同时给出每个簇的误差值。这些误差(sseSplit)与剩余数据集的误差(sseNotSplit)之和作为本次划分的总误差，如果该值小于当前的 SSE 最小值 lowestSSE，则本次划分被保存。

一旦内层 for 循环决定了要划分的簇，接下来就执行划分操作：将要划分的簇所有点的簇分配结果进行修改。在调用 kMeans() 函数进行二分($k=2$)时，会得到两个编号分别为 0 和 1 的簇，因此只需要将这些簇编号修改为划分簇及新加簇的编号即可，该过程通过两个数组过滤器实现。最后，新的簇分配结果被保存，新的质心被添加到 centList 中。

当 while 循环结束时，函数返回质心列表与簇分配结果。

```
def biKmeans(dataSet, k, distMeas = distEclud):
    m = np.shape(dataSet)[0]
    clusterAssment = mat(zeros((m,2)))   # 创建一个初值为 0 的矩阵，以存储数据集中每个点的簇
                                         # 分配结果及平方误差
    centroid0 = mean(dataSet, axis = 0).tolist()[0]
    centList = [centroid0]               # 用列表存储簇中心，初始状态只有一个簇
    for j in range(m):                   # 计算初始误差
        clusterAssment[j,1] = distMeas(np.mat(centroid0), dataSet[j,:]) ** 2
    while (len(centList) < k):
        lowestSSE = np.inf
        for i in range(len(centList)):
            ptsInCurrCluster = dataSet[nonzero(clusterAssment[:,0].A == i)[0],:]
                                         # 获取簇 i 的所有数据点
            centroidMat, splitClustAss = kMeans(ptsInCurrCluster, 2, distMeas)
            sseSplit = np.sum(splitClustAss[:,1])
            sseNotSplit = np.sum(clusterAssment[nonzero(clusterAssment[:,0].A!= i)[0],1])
            print ("sseSplit, and notSplit: ",sseSplit,sseNotSplit)
            if (sseSplit + sseNotSplit) < lowestSSE:      # 本次划分的误差是否更小
                bestCentToSplit = i
                bestNewCents = centroidMat
                bestClustAss = splitClustAss.copy()
                lowestSSE = sseSplit + sseNotSplit
        bestClustAss[np.nonzero(bestClustAss[:,0].A == 1)[0],0] = len(centList)
                                         # 将簇编号修改为划分簇及新加簇的编号
        bestClustAss[np.nonzero(bestClustAss[:,0].A == 0)[0],0] = bestCentToSplit
        print ('the bestCentToSplit is: ',bestCentToSplit)
        print ('the len of bestClustAss is: ', len(bestClustAss))
        centList[bestCentToSplit] = bestNewCents[0,:].tolist()[0] # 更新为两个新的最佳簇中心
        centList.append(bestNewCents[1,:].tolist()[0])
        clusterAssment[np.nonzero(clusterAssment[:,0].A == bestCentToSplit)[0],:] = bestClustAss
                                         # 更新为新的簇分配结果
    return np.mat(centList), clusterAssment
```

在 Python 解释器里执行如下命令：

```
>>> datMat3 = np.mat(kMeans.loadDataSet('testSet2.txt'))
>>> centList,myNewAssments = kMeans.biKmeans(datMat3, 3)
[[-4.42959232 -0.32507779]
 [ 3.58077101 2.13138021]]
[[-1.73028592 0.20133246]
 [ 2.76275171 3.12704005]]
[[-1.70351595 0.27408125]
 [ 2.93386365 3.12782785]]
sseSplit, and notSplit: 541.2976292649145 0.0
the bestCentToSplit is: 0
the len of bestClustAss is: 60
[[-3.74083326 -0.30787434]
 [-1.80975894 4.17627223]]
[[-0.74459109 -2.39373345]
 [-2.87553522 3.53474367]]
[[-0.45965615 -2.7782156 ]
 [-2.94737575 3.3263781 ]]
sseSplit, and notSplit: 67.2202000797829 39.52929868209309
[[4.26595061 4.3663869 ]
 [2.90421006 1.83129415]]
```

```
[[3.6690305 4.03686067]
 [2.61879214 2.73824236]]
sseSplit, and notSplit: 27.813776175385765 501.7683305828214
the bestCentToSplit is: 0
the len of bestClustAss is: 40
>>> centList
matrix([[ - 0.45965615, - 2.7782156 ],
        [ 2.93386365, 3.12782785],
        [ - 2.94737575, 3.3263781 ]])
```

可见,运行结果正如所预期的,通过两次划分得到 3 个簇。多次运行进行验证,发现聚类的结果相同。图 5.8 给出了 3 个簇及其中心的可视化结果。

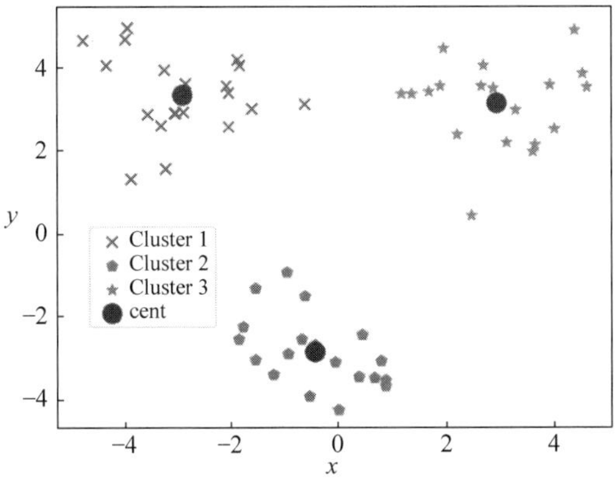

图 5.8 二分 K-means 聚类结果

5.7 习题

1. K-means 聚类算法的目标是(　　)。

A. 最小化簇内的平方误差和　　B. 最大化簇间的平方误差和

C. 最小化簇内的距离和　　D. 最大化簇间的距离和

2. K-means 聚类算法的收敛条件是(　　)。

A. 簇内的平方误差和不再减小　　B. 簇间的平方误差和不再减小

C. 簇内的距离和不再减小　　D. 簇间的距离和不再减小

3. 在 K-means 聚类算法中,(　　)可以确定最优的簇数 k。

A. 根据领域知识和经验进行选择　　B. 使用肘部法则分析簇内平方误差和

C. 使用轮廓系数评估聚类效果　　D. 以上选项都可能

4. K-means 聚类算法属于(　　)类型的机器学习算法。

A. 监督学习　　B. 无监督学习

C. 半监督学习　　D. 强化学习

5. 试详细说明 5.6.1 节中的命令"kMeans. randCent(datMat. 2)"的返回值在各特征的取值范围内。

6. 关于初始簇中心的选取,5.6 节的代码实现与 5.2 节的原理介绍有何不同?如何理解这种不同?

第6章 生成模型与贝叶斯分类器

能够生成一个事物,才能说真正理解了它

到目前为止,无论是有监督还是无监督,本书关注的都是给定数据 $\boldsymbol{x}$,预测目标变量 y(如有监督的类别、无监督的簇),用概率的术语来讲,模型学习的是条件概率分布 $p(y|\boldsymbol{x})$。由于这类模型的目标是把 $\boldsymbol{x}$ 的不同 y 区分开来(即概率高的 y 作为预测值),因此被称为区分模型或判别模型。相对而言,如果一个模型学习的不是 $p(y|\boldsymbol{x})$,而是联合概率分布 $p(\boldsymbol{x},y)$,则被称为生成模型。这类模型的优势在于,一旦学习到 $p(\boldsymbol{x},y)$,即可以得到 $p(y|\boldsymbol{x})$,从而完成对 $\boldsymbol{x}$ 的区分与判别;也可以根据 $p(\boldsymbol{x}|y)$,指定 y 而采样生成样本数据 $\boldsymbol{x}$,这也是称为生成模型的原因。总体来说,判别模型和生成模型各有优缺点和适应场合。

源于贝叶斯公式的贝叶斯分类器实际上形成了一个模型"谱系",包括具有理论意义的贝叶斯最优分类器、假定特征条件独立的朴素贝叶斯分类器、假定部分特征条件独立的半朴素贝叶斯分类器和不假定特征条件独立的贝叶斯网(也称为有向概率图模型)。本章将介绍贝叶斯最优分类器和朴素贝叶斯分类器。

视频讲解

6.1 贝叶斯最优分类器

首先回忆一下概率论的重要公式——贝叶斯公式,如式(6.1)所示。

$$p(y \mid \boldsymbol{x})=\frac{p(\boldsymbol{x} \mid y)p(y)}{p(\boldsymbol{x})},\quad p(\boldsymbol{x})=\sum_{y} p(\boldsymbol{x} \mid y)p(y) \tag{6.1}$$

其中,$p(y|\boldsymbol{x})$称为后验概率,$p(\boldsymbol{x}|y)$称为观察概率或似然概率,$p(y)$称为先验概率,$p(\boldsymbol{x})$称为证据因子。由概率的积规则可知,联合概率 $p(\boldsymbol{x},y)=p(\boldsymbol{x}|y)p(y)$。如果 $p(\boldsymbol{x}|y)$和 $p(y)$都可以从数据样本中估计得到,那么就可以得到 $p(\boldsymbol{x},y)$,这就是生成模型的基本思路。

以多分类任务为例。假设有 C 个类别,标签 $y=\{a_1,a_2,\cdots,a_C\}$,L_{ij} 是将一个真实标签为 a_i 的样本误分类为 a_j 所产生的损失。则基于后验概率 $p(y|\boldsymbol{x})$和 L_{ij} 可以得到将样本 $\boldsymbol{x}$ 分类为 a_i 的期望损失:

$$R(a_i \mid \boldsymbol{x})=\sum_{j=1}^{C} L_{ij}p(a_j \mid \boldsymbol{x}) \tag{6.2}$$

对训练集 D 上所有 N 个样本的期望损失求和,得到总体损失 R:

$$R=\sum_{\boldsymbol{x}} R(a_i \mid \boldsymbol{x}) \tag{6.3}$$

显然,要使得 R 最小,只需要每个 $R(a_i|\boldsymbol{x})$最小,这就得到了贝叶斯判定准则:在每个样本 $\boldsymbol{x}$ 上选择能使期望损失 $R(a_i|\boldsymbol{x})$最小的那个标签 a_i,即

$$b^*(\boldsymbol{x})=\underset{a_i \in y}{\operatorname{argmin}} R(a_i \mid \boldsymbol{x}) \tag{6.4}$$

此时,称 $b^*(\boldsymbol{x})$为贝叶斯最优分类器,对应的总体损失 R^* 称为贝叶斯风险或贝叶斯误差。

$1-R^*$ 就是模型能够达到的最高精度。

如果损失 L_{ij} 采用 1.2.3 节定义的 0-1 损失(式(1.1)),则由式(6.2)可得到:

$$R(a_i \mid \boldsymbol{x}) = 1 - p(a_i \mid \boldsymbol{x}) \tag{6.5}$$

此时,式(6.4)成为

$$b^*(\boldsymbol{x}) = \underset{a_i \in y}{\operatorname{argmax}} p(a_i \mid \boldsymbol{x}) \tag{6.6}$$

即在每个样本 $\boldsymbol{x}$ 上选择能使后验概率 $p(a_i|\boldsymbol{x})$最大的那个标签 a_i。

那么,如何得到后验概率 $p(a_i|\boldsymbol{x})$呢?这就回到了本章开头提到的两种做法。一种是直接建模 $p(a_i|\boldsymbol{x})$,被称为区分模型或判别模型。另一种是对联合概率 $p(\boldsymbol{x},a_i)$进行建模,然后由式(6.1)得到 $p(a_i|\boldsymbol{x})$,被称为生成模型。此处,生成模型可写为

$$p(a_i \mid \boldsymbol{x}) = \frac{p(\boldsymbol{x},a_i)}{p(\boldsymbol{x})} = \frac{p(\boldsymbol{x} \mid a_i)p(a_i)}{p(\boldsymbol{x})} \tag{6.7}$$

其中,$p(a_i)$是类别 a_i 的先验概率——类先验概率,$p(\boldsymbol{x}|a_i)$是样本 $\boldsymbol{x}$ 相对于类别 a_i 的条件概率——类条件概率。对于给定的样本 $\boldsymbol{x}$,证据因子 $p(\boldsymbol{x})$与类别 a_i 无关,因此基于训练集 D 估计后验概率 $p(a_i|\boldsymbol{x})$的问题就转换为如何估计类先验概率 $p(a_i)$和类条件概率 $p(\boldsymbol{x}|a_i)$。

估计类先验概率 $p(a_i)$通常容易办到,只要训练集 D 中有足够多的独立同分布样本,就可以用每个类别在 D 中出现的频率来进行估计。困难在于估计类条件概率 $p(\boldsymbol{x}|a_i)$,因为样本 $\boldsymbol{x}$ 一般为 F 维特征向量(构成 F 维特征空间),其分布 $p(\boldsymbol{x})$实际上是 F 个特征的联合分布 $p(x_1,x_2,\cdots,x_F)$。正如 4.1 节谈到的,为了把 F 维特征空间填满,需要的数据样本将随着维数 F 的增加而呈指数增长,这就意味着,在含 N 个有限样本的训练集 D 中,很多特征 x_i 的取值根本不会出现,从而没有办法通过频率来估计 $p(\boldsymbol{x}|a_i)$。注意:"不出现"仅意味着在 D 中没有观察到或采样到,并不意味着"出现概率为 0"。

可以采用 2.3.3 节介绍的极大似然估计对类条件概率 $p(\boldsymbol{x}|a_i)$进行估计。类似 2.3.3 节的做法,先假定 $p(\boldsymbol{x}|a_i;\boldsymbol{\theta})$是一个含参模型,并且具有某种确定的概率分布形式,再基于训练样本和对数似然函数,对参数$\boldsymbol{\theta}$ 进行估计。显然,极大似然估计严重依赖于假定的概率分布形式和真实数据分布(未知)的符合程度。为此,关于具体应用任务的经验知识往往能够有所帮助。例如,以抛硬币为例,经验告诉我们,硬币要么是正面要么是反面,所以假定伯努利分布($p(\boldsymbol{x}|\mu)$,其中 μ 是唯一的参数)是与真实数据分布相符的。再如,统计一个班的成绩分布,经验告诉我们,如果学生人数足够多,采用高斯分布比较合适。更复杂的情况,一般还需对经验知识进行简化,从而实现建模。接下来要介绍的朴素贝叶斯模型就是一个典型例子。

6.2 朴素贝叶斯分类器

为了实现对类条件概率 $p(\boldsymbol{x}|a_i)$进行估计,朴素贝叶斯分类器假设所有特征相互独立——特征条件独立性假设。这就意味着,每个特征独立地对分类结果产生影响。特征条件独立性假设是一个很强的假设,在实践中一般并不成立。例如一个西瓜,其"敲声"与其"成熟度""密度""含糖率"等往往关系紧密。再如,短语"第一季度"经常出现在商业分析文章中,其出现的概率大于"第一"出现的概率和"季度"出现的概率相乘的结果。虽然如此,但有趣的是,朴素贝叶斯分类器在很多情形下都能获得相当好的性能(后面给出了两个应用实例)。一种解释是,虽然违背独立性会导致后验概率更接近 1 或 0,但其各个类别概率值的大小顺序一般受到的影响并不大。

基于特征条件独立性假设，式(6.7)可重写为

$$p(a_i \mid \boldsymbol{x})=\frac{p(\boldsymbol{x},a_i)}{p(\boldsymbol{x})}=\frac{p(a_i)}{p(\boldsymbol{x})}\prod_{j=1}^{F}p(x_j \mid a_i) \tag{6.8}$$

其中，F 为特征数目（即样本 $\boldsymbol{x}$ 的维数），x_j 为 $\boldsymbol{x}$ 在第 j 个特征上的取值。

由于在式(6.8)中，证据因子 $p(\boldsymbol{x})$ 与类别 a_i 无关，因此由贝叶斯判定准则（式(6.6)）可得

$$b_n(\boldsymbol{x})=\underset{a_i\in y}{\operatorname{argmax}}\,p(a_i)\prod_{j=1}^{F}p(x_j \mid a_i) \tag{6.9}$$

这就是朴素贝叶斯分类器的表达式。

显然，朴素贝叶斯分类器的训练过程就是基于训练集 D，对类先验概率 $p(a_i)$ 和类条件概率 $p(x_j|a_i)$ 进行估计。设 D_c 表示 D 中第 c 类样本组成的集合，则类先验概率可估计为

$$p(a_c)=\frac{|D_c|}{|D|} \tag{6.10}$$

对于类条件概率，需要分别考虑特征 x_j 为离散或连续两种情况。如果 x_j 为离散值，设 $D_{c,j}$ 表示 D_c 中第 j 个特征取值为 x_j 的样本组成的集合，则类条件概率可估计为

$$p(x_j \mid a_c)=\frac{|D_{c,j}|}{|D_c|} \tag{6.11}$$

式(6.11)还存在一个问题：如果 D_c 中 x_j 未出现该怎么办？一方面，正如 6.1 节所说，“未出现”仅意味着没有观察到或采样到，并不意味着“出现概率为 0”。另一方面，在这里还可以看到，如果某个 $p(x_j|a_c)$ 为 0，则将导致式(6.9)中的连乘式 $\prod_{j=1}^{F}p(x_j \mid a_i)$ 为 0，其他不为 0 的 $p(x_j|a_c)$ 也被“抹掉了”。这启发我们，需要对式(6.10)和式(6.11)进行合适的修正，以做到不会出现为 0 的 $p(x_j|a_c)$。

实际上，式(6.10)和式(6.11)就是极大似然估计的结果——概率等于频率，没出现的概率就为 0。因此，可以采用贝叶斯的方式，通过引入先验来解决这个问题，这就是所谓的贝叶斯估计。

$$p(a_c)=\frac{|D_c|+\beta}{|D|+C\beta} \tag{6.12}$$

$$p(x_j \mid a_c)=\frac{|D_{c,j}|+\beta}{|D_c|+F_j\beta} \tag{6.13}$$

其中，$\beta\geqslant 0$，C 是类别数，F_j 是第 j 个特征取值个数。显然，如果 $\beta=0$，就回到式(6.10)和式(6.11)。常取 $\beta=1$，称为“拉普拉斯平滑”。以 $\beta=1$ 为例，如果 $|D_{c,j}|=0$，则 $p(x_j|a_c)=1/(|D_c|+F_j)$，可见拉普拉斯平滑实质上假定了类别和特征取值的均匀分布先验。另外，随着训练集 D 的增大（从而 $|D|$、$|D_c|$ 和 $|D_{c,j}|$ 增大），先验的影响将减小，估计值将更接近实际概率值。

如果 x_j 为连续值，可基于概率密度函数来考虑。例如，设 $p(x_j|a_c)$ 服从均值为 $\mu_{c,j}$ 方差为 $\sigma_{c,j}^2$ 的高斯分布，则有

$$p(x_j \mid a_c)=\frac{1}{\sqrt{2\pi}\sigma_{c,j}}\exp\left(-\frac{(x_j-\mu_{c,j})^2}{2\sigma_{c,j}^2}\right) \tag{6.14}$$

其中，$\mu_{c,j}$ 和 $\sigma_{c,j}^2$ 分别是第 c 类样本在第 j 个特征上取值的均值和方差。

6.3　半朴素贝叶斯分类器和贝叶斯网

为了完整性，本节简单介绍一下半朴素贝叶斯分类器和贝叶斯网。

正如前面已经提到的，朴素贝叶斯分类器假定所有特征条件独立，而半朴素贝叶斯分类器仅假定部分特征条件独立，贝叶斯网则对于特征的条件独立性不做任何假设。这就构成了一个完整的贝叶斯分类器模型"谱"：朴素贝叶斯分类器和贝叶斯网分别位于"谱"的两端，而介于两者之间的就是一系列半朴素贝叶斯分类器。

将式(6.8)改写为

$$p(a_i \mid \boldsymbol{x})=\frac{p(\boldsymbol{x},a_i)}{p(\boldsymbol{x})}=\frac{p(a_i)}{p(\boldsymbol{x})}\prod_{j=1}^{F}p(x_j \mid a_i,p_j) \tag{6.15}$$

其中，p_j 表示 x_j 所依赖的特征，称为 x_j 的父特征。式(6.15)就是一种常见的半朴素贝叶斯分类器：每个特征在类别之外仅依赖一个其他特征。选择 p_j 的方式不同，可得到不同的半朴素贝叶斯分类器。

贝叶斯网是一个有向概率图模型(对应一个有向无环图)，可以用联合概率的方式写为

$$p(\boldsymbol{x})=\prod_{j=1}^{F}p(x_j \mid p_j) \tag{6.16}$$

其中，p_j 表示 x_j 所依赖特征的集合，称为 x_j 的父特征集合。

举个贝叶斯网的例子，如图6.1所示，这个贝叶斯网对应的联合概率分布为 $p(x_1,x_2,\cdots,x_7)=p(x_1)p(x_2)p(x_3)p(x_4|x_1,x_2,x_3)p(x_5|x_1,x_3)p(x_6|x_4)p(x_7|x_4,x_5)$。

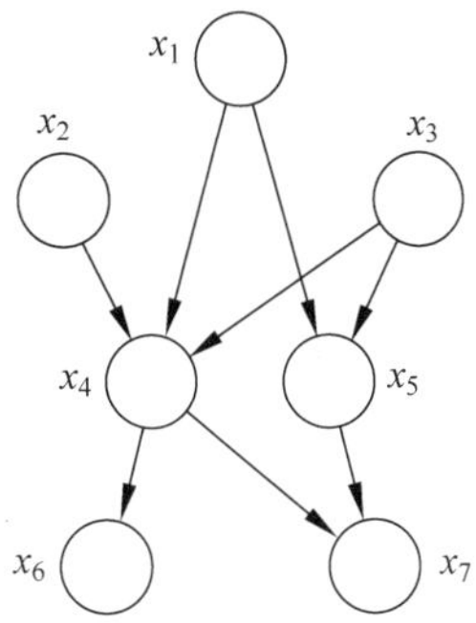

图6.1　一个贝叶斯网

6.4　朴素贝叶斯分类器核心代码实现

本节用Python实现朴素贝叶斯分类器，采用"词集"和"词袋"两种方式进行实现，并将其应用到情绪分类和垃圾邮件过滤两个任务上。

▶ 6.4.1　词集与情绪分类

1. 装入数据

```
def loadDataSet():
postingList = [['my', 'dog', 'has', 'flea', 'problems', 'help', 'please'],
               ['maybe', 'not', 'take', 'him', 'to', 'dog', 'park', 'stupid'],
               ['my', 'dalmation', 'is', 'so', 'cute', 'I', 'love', 'him'],
               ['stop', 'posting', 'stupid', 'worthless', 'garbage'],
               ['mr', 'licks', 'ate', 'my', 'steak', 'how', 'to', 'stop', 'him'],
               ['quit', 'buying', 'worthless', 'dog', 'food', 'stupid']]
classVec = [0,1,0,1,0,1]      # 1 表示负面情绪,0 表示正面情绪
return postingList, classVec
```

嵌套列表postingList包含6句话，每句话已经分成一个个词。标签向量classVec用0表示正面情绪，用1表示负面情绪。

2. 创建“词集”

```
def createVocabList(dataSet):
    vocabSet = set([])                          # 创建空词集
    for document in dataSet:
        vocabSet = vocabSet | set(document)     # 集合的并
    return list(vocabSet)
```

集合 vocabSet(称为“词集”)通过“并”运算将 dataSet 中不同的词记录下来,以列表类型返回。

3. 基于词集创建文本向量

```
def setOfWords2Vec(vocabList, inputSet):
    returnVec = [0] * len(vocabList)
    for word in inputSet:
        if word in vocabList:
            returnVec[vocabList.index(word)] = 1
        else: print("the word: %s is not in my Vocabulary!" % word)
    return returnVec
```

文本向量 returnVec(初值为 0)的长度为词集 vocabList 的长度,如果输入句子 inputSet 中出现词集中的词,则将文本向量对应元素置为 1;如果 inputSet 中出现词集中没有的词,则打印提示信息。这样,returnVec 就反映了词集中的词在 inputSet 中出现的情况,0 表示未出现,1 表示出现。

4. 训练朴素贝叶斯分类器

```
def trainNB0(trainArray, trainCategory):
    numTrainDocs = len(trainArray)
    numWords = len(trainArray[0])
    pAbusive = sum(trainCategory)/float(numTrainDocs)
    p0Num = np.ones(numWords); p1Num = np.ones(numWords)
    p0Denom = 2.0; p1Denom = 2.0
    for i in range(numTrainDocs):
        if trainCategory[i] == 1:
            p1Num += trainArray[i]
            p1Denom += sum(trainArray[i])
        else:
            p0Num += trainArray[i]
            p0Denom += sum(trainArray[i])
    p1Vect = np.log(p1Num/p1Denom)
    p0Vect = np.log(p0Num/p0Denom)
    return p0Vect, p1Vect, pAbusive
```

trainArray 和 trainCategory 都是 NumPy 数组,前者的每个元素就是一个文本向量,后者则是其对应的标签。pAbusive 是负面情绪样本数占总样本数的比例,而 1−pAbusive 当然就是正面情绪的比例,对应式(6.10)给出的类先验概率。向量 p0Num 和 p1Num(都定义为 NumPy 数组)分别用于记录正面情绪和负面情绪样本中各单词各自出现的总次数;p0Denom 和 p1Denom 则分别用于记录正面情绪和负面情绪样本中所有单词出现的总次数。由此,向量 p0Vect 和 p1Vect 对应式(6.11)给出的类条件概率。

为什么向量 p0Num 和 p1Num 的各元素的初值都设为 1?类似地,为什么 p0Denom 和 p1Denom 的初值都设为 2?实际上,这是式(6.13)当 $\beta=1$ 时给出的拉普拉斯平滑。

还有一点，为什么计算 p0Vect 和 p1Vect 时要取对数呢？聪明的读者可能马上想到了，这是因为式(6.9)中是概率值的连乘，取对数后将其转换为加法运算，可以有效地防止下溢。

5. 分类和测试函数

```
def classifyNB(vec2Classify, p0Vec, p1Vec, pClass1):
    p1 = np.sum(vec2Classify * p1Vec) + np.log(pClass1)     # 向量逐元素相乘'*'
    p0 = np.sum(vec2Classify * p0Vec) + np.log(1.0 - pClass1)
    print('p1:',p1,'p0:',p0)
    if p1 > p0:
        return 1
    else:
        return 0
```

这个函数输入一个文本向量 vec2Classify，利用 trainNB0()的训练结果进行情绪分类。这个函数就是调用式(6.9)。

```
def testingNB():
    listOPosts, listClasses = loadDataSet()
    myVocabList = createVocabList(listOPosts)
    trainList = []
    for postinDoc in listOPosts:
        trainList.append(setOfWords2Vec(myVocabList, postinDoc))
    p0V, p1V, pAb = trainNB0(np.array(trainList), np.array(listClasses))
    testEntry = ['love', 'my', 'dalmation']
    thisDoc = np.array(setOfWords2Vec(myVocabList, testEntry))
    print(testEntry, 'classified as: ', classifyNB(thisDoc, p0V, p1V, pAb))
    testEntry = ['stupid', 'garbage']
    thisDoc = np.array(setOfWords2Vec(myVocabList, testEntry))
    print(testEntry, 'classified as: ', classifyNB(thisDoc, p0V, p1V, pAb))
    testEntry = ['bad', 'garbage']
    thisDoc = np.array(setOfWords2Vec(myVocabList, testEntry))
    print(testEntry, 'classified as: ', classifyNB(thisDoc,p0V,p1V,pAb))
    testEntry = ['bad', 'person']
    thisDoc = np.array(setOfWords2Vec(myVocabList, testEntry))
    print(testEntry, 'classified as: ', classifyNB(thisDoc,p0V,p1V,pAb))
```

这个函数调用 loadDataSet()装入训练数据，调用 createVocabList()创建词集，调用 setOfWords2Vec()生成文本向量。完成这些准备工作后，调用 trainNB0()完成训练，然后依次测试了 4 个样本，运行结果如下。

```
p1: -9.826714493730215 p0: -7.694848072384611
['love', 'my', 'dalmation'] classified as:  0
p1: -4.702750514326955 p0: -7.20934025660291
['stupid', 'garbage'] classified as:  1
the word: bad is not in my Vocabulary!
p1: -3.044522437723423 p0: -3.9512437185814275
['bad', 'garbage'] classified as:  1
the word: bad is not in my Vocabulary!
the word: person is not in my Vocabulary!
p1: -0.6931471805599453 p0: -0.6931471805599453
['bad', 'person'] classified as:  0
```

可见，前两个样本分类正确，这两个样本都没有出现词集中没有的词。第三个样本的词'bad'未在词集中出现，所以打印了提示信息。由于词集中未出现的词在计算中就不予考虑，所以第三个样本仅依据'garbage'这个词进行判断，进而得出负面情绪的结果。第四个样本的所有词都未在词集中出现，所以正面情绪和负面情绪等概率。

6.4.2 词袋与垃圾邮件过滤

1. 邮件数据集介绍

用于实验的邮件数据集共50个样本，正常邮件和垃圾邮件各25个。例如，第一个正常邮件内容如下。

```
Hi Peter,

With Jose out of town, do you want to
meet once in a while to keep things
going and do some interesting stuff?

Let me know
Eugene
```

对应地，第一个垃圾邮件内容如下。

```
--- Codeine 15mg -- 30 for $203.70 -- VISA Only!!! --

-- Codeine (Methylmorphine) is a narcotic (opioid) pain reliever
-- We have 15mg & 30mg pills -- 30/15mg for $203.70 - 60/15mg for $385.80 - 90/15mg for
$562.50 -- VISA Only!!! ---
```

2. 基于词集的垃圾邮件过滤

```
def spamTest():
    docList = []; classList = []; fullText = []
    for i in range(1, 26):
        wordList = textParse(open('email/spam/%d.txt' % i).read())
        docList.append(wordList)
        classList.append(1)
        wordList = textParse(open('email/ham/%d.txt' % i).read())
        docList.append(wordList)
        classList.append(0)
    vocabList = createVocabList(docList)            # 创建词集
    trainingSet = list(range(50)); testSet = []     # 创建训练集和测试集
    for i in range(10):
        randIndex = int(np.random.uniform(0, len(trainingSet)))
        testSet.append(trainingSet[randIndex])
        del(trainingSet[randIndex])
    trainList = []; trainClasses = []
    for docIndex in trainingSet:
        trainList.append(setOfWords2Vec(vocabList, docList[docIndex]))
        trainClasses.append(classList[docIndex])
    p0V, p1V, pSpam = trainNB0(np.array(trainList), np.array(trainClasses))
    errorCount = 0
    for docIndex in testSet:
        wordVector = setOfWords2Vec(vocabList, docList[docIndex])
        if classifyNB(np.array(wordVector), p0V, p1V, pSpam) != classList[docIndex]:
            errorCount += 1
            print("classification error", docList[docIndex])
    print('the error rate is: ', float(errorCount)/len(testSet))
```

这个函数首先调用 textParse()完成邮件数据的解析，得到正常邮件和垃圾邮件各 25 条。接着，生成词集 vocabList。为了进行交叉验证，从 50 个样本中随机选取 10 个用于测试。之后就是训练和测试过程，并打印出测试集上的错误率。

运行 spamTest()共 30 次，得到平均错误率为 3%。

3. 基于词袋的垃圾邮件分类

“词集”只考虑某个词是否出现，“词袋”则进一步记录某个词在文本中的出现次数。

```
def bagOfWords2VecMN(vocabList, inputSet):
    returnVec = [0] * len(vocabList)
    for word in inputSet:
        if word in vocabList:
            returnVec[vocabList.index(word)] += 1
    return returnVec
```

将前面的 spamTest()函数测试阶段的 setOfWords2Vec()替换为 bagOfWords2VecMN()，同样运行 30 次，得到平均错误率为 2.67%。确实性能有进一步提升。

6.5 习题

1. 对于式(6.12)和式(6.13)，仅考虑了 $|D_{c,i}|=0$ 的情况，你认为需要考虑 $|D_c|=0$ 的情况吗？为什么？请写出 $\beta=1$ 时 $p(a_c)$ 和 $p(x_i|a_c)$ 的表达式，并分析其意义。

2. 为什么向量 p0Num 和 p1Num 的各元素的初值都设为 1？类似地，为什么 p0Denom 和 p1Denom 的初值都设为 2？请结合式(6.13)当 $\beta=1$ 时给出的拉普拉斯平滑进行具体分析。

3. 6.4.1 节的代码实现中是否考虑了式(6.12)给出的贝叶斯估计？为什么这样考虑？合理性是什么？

4. 6.4.1 节代码的运行结果，为何 p1 和 p0 不是正常的概率值，而是负值呢？如何进行改进？

5. 6.4.1 节代码的运行结果，为何第四个样本的 p1 和 p0 都是 −0.6931471805599453？这个值是如何算出来的？

6. spamTest()函数中，为了进行交叉验证，从 50 个样本中随机选取 10 个用于测试。试分析代码是否能保证随机选取的样本是类别平衡的，并实际验证。

7. 试实现 textParse()函数，完成邮件数据的解析，返回按词(字母小写)分隔的列表，要求词的长度大于 2。

8. 短语“第一季度”经常出现在商业分析文章中，其出现的概率大于“第一”出现的概率和“季度”出现的概率相乘的结果。试分析并解释原因。

9. 朴素贝叶斯分类器在很多情形下都能获得相当好的性能，6.2 节给出了一种解释，试分析这种解释的合理性。还可能有哪些解释？与具体的应用领域是否相关？

10. classifyNB()函数中，vec2Classify * p1Vec 的作用是什么？

11. 基于图 6.2 中给出的西瓜数据集，应用朴素贝叶斯分类器判断“色泽为乌黑、根蒂为硬挺、敲声为清脆、纹理为模糊、脐部为平坦、密度为 0.732、含糖率为 0.315”的西瓜是否为好瓜。注意：图 6.2 中，密度和含糖率为连续值，假定其符合高斯分布(见式(6.14))。

12. 在 6.4.2 节中，将 spamTest()函数测试阶段的 setOfWords2Vec()替换为

编号	色泽	根蒂	敲声	纹理	脐部	触感	密度	含糖率	好瓜
1	青绿	蜷缩	浊响	清晰	凹陷	硬滑	0.697	0.460	是
2	乌黑	蜷缩	沉闷	清晰	凹陷	硬滑	0.774	0.376	是
3	乌黑	蜷缩	浊响	清晰	凹陷	硬滑	0.634	0.264	是
4	青绿	蜷缩	沉闷	清晰	凹陷	硬滑	0.608	0.318	是
5	浅白	蜷缩	浊响	清晰	凹陷	硬滑	0.556	0.215	是
6	青绿	稍蜷	浊响	清晰	稍凹	软粘	0.403	0.237	是
7	乌黑	稍蜷	浊响	稍糊	稍凹	软粘	0.481	0.149	是
8	乌黑	稍蜷	浊响	清晰	稍凹	硬滑	0.437	0.211	是
9	乌黑	稍蜷	沉闷	清晰	稍凹	硬滑	0.666	0.091	否
10	青绿	硬挺	清脆	清晰	平坦	软粘	0.243	0.267	否
11	浅白	硬挺	清脆	模糊	平坦	硬滑	0.245	0.057	否
12	浅白	蜷缩	浊响	模糊	平坦	软粘	0.343	0.099	否
13	青绿	稍蜷	浊响	稍糊	凹陷	硬滑	0.639	0.161	否
14	浅白	稍蜷	沉闷	稍糊	凹陷	硬滑	0.657	0.198	否
15	乌黑	稍蜷	浊响	清晰	稍凹	软粘	0.360	0.370	否
16	浅白	蜷缩	浊响	模糊	平坦	硬滑	0.593	0.042	否
17	青绿	蜷缩	沉闷	稍糊	稍凹	硬滑	0.719	0.103	否

图 6.2 西瓜数据集

bagOfWords2VecMN()，同样运行 30 次，得到平均错误率为 2.67%。确实性能有进一步提升。试进一步比较训练阶段和测试阶段采用词集或词袋的其他情况，并给出对比较结果的分析和解释。

第 7 章 自监督与大语言模型

通用人工智能的第一缕曙光

2022 年 11 月 30 日，美国人工智能研究公司 OpenAI 发布 ChatGPT，仅两个月后，用户数量就已突破了 1 亿，成为有史以来用户增长速度最快的消费级应用程序。那么，ChatGPT 究竟是什么，为什么它有如此大的魅力？它背后的原理究竟是什么？本章将以这些问题为线索，围绕自监督与大语言模型，展开讨论。

正如 1.3 节谈到的，大语言模型源于 2017 年谷歌(Google)公司提出的 Transformer 这种新型神经网络。基于此，谷歌和 OpenAI 分别发展出 BERT 和 GPT 两条主要技术路线。ChatGPT 及其基础模型 GPT-3.5，综合运用了自监督、有监督、环境监督和强化学习等学习范式。本章侧重探讨自监督，第 8 章则侧重探讨环境监督与强化学习。

7.1 Transformer

回顾 2.5 节探讨的全连接多层神经网络，为了解决 5 万个手写数字图像样本的训练问题，定义了一个三层的神经网络，各层的神经元个数分别为 784、30 和 10，因此总的参数量为 $784\times30+30+30\times10+10=23\ 860$。用 5 万除以总的参数量，得到每个参数表达约 2 个样本。这个结果表明，全连接网络的参数量非常大，随着层数的增加很容易导致模型过拟合。另外，全连接网络丢弃了手写数字图像的 2 维空间结构，当成 1 维向量进行处理，这一做法显然也是不合理的。围绕这两方面的问题，各种“非全连接神经网络”被陆续提了出来，包括著名的卷积神经网络和近年来影响巨大的 Transformer。

如图 7.1 所示，Transformer 由左边的编码器和右边的解码器两部分构成。而编码器和解码器都通过 Transformer 层堆叠而成。如图 7.2 所示，Transformer 层由自注意力、全连接网络(前馈网络)和残差连接组成。全连接网络在 2.5 节介绍过了，下面先简单介绍残差连接，然后重点介绍自注意力。

所谓残差连接，其实就是通过“跳跃连接”来消除深度，从而从根本上解决深度网络难以训练的难题。正如 1.3 节谈到的，残差连接已经成为现代神经网络的标配，其影响具有基础性。

7.1.1 自注意力

简单来说，“自注意力”就是在没有顺序依赖的情况下对远距离上下文进行建模。

回顾 6.4 节，无论是词集还是词袋，都假定一个句子中词与词之间没有相关性，相互独立。基于此假定建立的朴素贝叶斯分类器，在文本分类任务上也能获得相当好的性能。但是很显然，一个句子中词与词之间是有相关关系或者上下文关系的，因此上述假定显然是错误的。如果基于此假定来生成文本，将导致无法生成有意义的、连贯的句子。

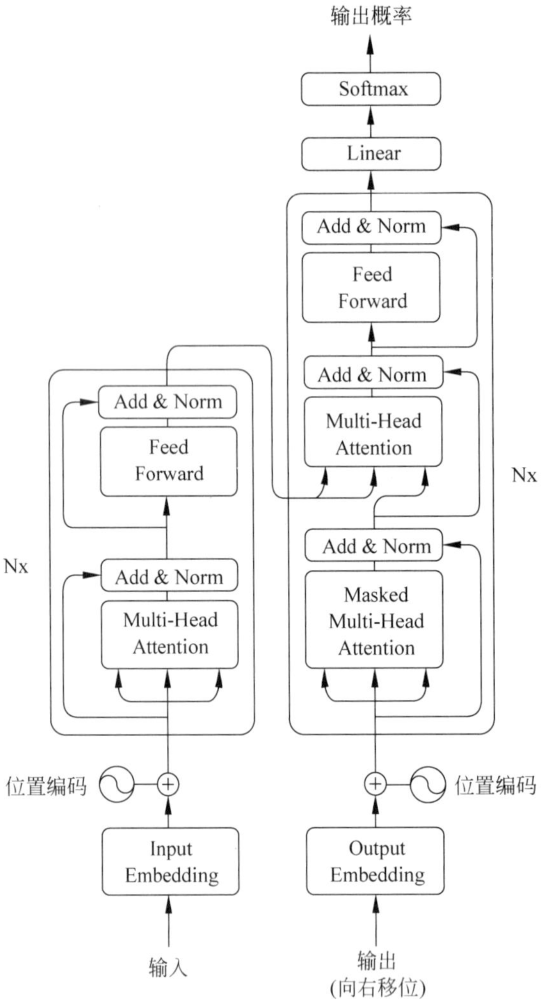

图 7.1　Transformer 整体结构

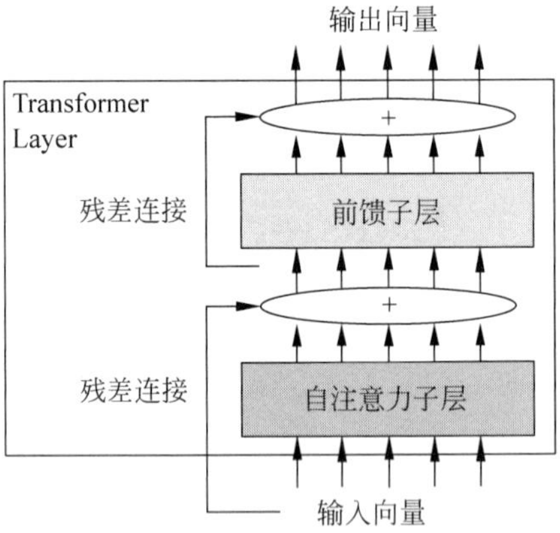

图 7.2　Transformer 层

自注意力采用了创新的方式，对一段文本(不限于一个句子)中的长距离上下文进行建模。具体来讲，自注意力首先使用三个不同的权重矩阵，将输入单词向量 $\boldsymbol{x}_i$ 投影到三种不同的表示中(矩阵相乘就是多组向量之间的内积，就是一个向量到另一个向量的投影，也就是度量两个向量的相似性或相关程度)。

第一种表示称为“查询向量”，定义为

$$\boldsymbol{q}_i=\boldsymbol{W}_q\boldsymbol{x}_i \tag{7.1}$$

是注意力所来自的对象。

第二种表示称为“键向量”，定义为

$$\boldsymbol{k}_i=\boldsymbol{W}_k\boldsymbol{x}_i \tag{7.2}$$

是注意力所去到的对象。

第三种表示称为“值向量”，定义为

$$\boldsymbol{v}_i=\boldsymbol{W}_v\boldsymbol{x}_i \tag{7.3}$$

是正在生成的上下文。

由此，第 i 个词 $\boldsymbol{x}_i$ 的编码结果 $\boldsymbol{c}_i$ 就可以通过对投影向量应用注意力机制来计算。

$$r_{ij} = (\boldsymbol{q}_i \cdot \boldsymbol{k}_j) / \sqrt{d} \tag{7.4}$$

$$a_{ij} = e^{r_{ij}} / \sum_k e^{r_{ik}} \tag{7.5}$$

$$\boldsymbol{c}_i = \sum_j a_{ij} \boldsymbol{v}_j \tag{7.6}$$

其中，d 是 $\boldsymbol{k}$ 和 $\boldsymbol{q}$ 的维数。注意，索引值 i 和 j 一般是针对同一段文本而言，$\boldsymbol{x}_i$ 是需要查询注意力的词（注意力所来自的对象），而 $\boldsymbol{x}_j$ 是这段文本中被查询的其他某个词（注意力所去到的对象）。整体来看，式(7.4)通过 $\boldsymbol{q}_i$ 与 $\boldsymbol{k}_j$ 的内积计算 $\boldsymbol{x}_i$ 和 $\boldsymbol{x}_j$ 的相关程度；然后式(7.5)将各单词之间的相关程度进行归一化，得到归一化的相关系数；最后式(7.6)针对上下文应用相关系数进行加权求和，最终得到词 $\boldsymbol{x}_i$ 相对词 $\boldsymbol{x}_j$ 的注意力编码结果 $\boldsymbol{c}_i$。

有几点需要注意。首先，r_{ij} 和 r_{ji} 不同，这意味着自注意力是不对称的，词 $\boldsymbol{x}_i$ 到 $\boldsymbol{x}_j$ 的自注意力不同于词 $\boldsymbol{x}_j$ 到 $\boldsymbol{x}_i$ 的自注意力。其次，比例因子 $\sqrt{d}$ 可以提高数值稳定性。再者，一段文本中所有词的编码可以同时计算，这意味着可以采用大规模并行计算进行高效的加速。

最重要的一点是，自注意力的三个权重矩阵 $\boldsymbol{W}_q$、$\boldsymbol{W}_k$ 和 $\boldsymbol{W}_v$ 都是从训练样本中学习来的。对于一段文本，第 i 个词 $\boldsymbol{x}_i$ 的编码结果 $\boldsymbol{c}_i$，实际上就是其前面所有词构成的上下文的概要——基于上下文的概要。对于同一段文本，可以学习多组自注意力，以捕捉不同的上下文关系，然后将它们拼接起来，这就是所谓的“多头自注意力”。采用“拼接”而非“求和”，有利于保留尽可能丰富的上下文信息。

自注意力、全连接网络（前馈网络）和残差连接组成了 Transformer 层，一个实用的 Transformer 模型通常由 6 个或更多 Transformer 层堆叠而成。

▶ 7.1.2　词嵌入

图 7.1 中的输入，即词向量 $\boldsymbol{x}_i$，采用的是词嵌入（Embedding）。那么，什么是词嵌入呢？

首先回顾 6.4 节采用的基于词集或词袋创建的文本向量。以词集为例，文本向量（初值为0）的长度为词集的长度，如果输入文本里出现词集里的词，则将文本向量对应元素置为 1；否则，仍为初值 0。这样，文本向量就反映了词集里的词在输入文本里出现的情况，0 表示未出现，1 表示出现。

读者可以思考下，这种表示方式存在什么弊端？第一个明显的弊端是维数高，词集有多大，向量的维数就有多高。第二个弊端是用这种方式表示的一个词（对应一个独热向量）或一段文本（对应一个非独热向量）不能反映相互之间的相似性，如词性的相似性、语义的相似性等。

为了克服这两个弊端，词嵌入表示方式被提了出来。其核心思想是，从数据中学习词的低维向量表示，这种表示同时能够捕捉词之间的相似性，即相似的词相距比较近、不相似的词相距比较远。已经有一些比较常用的通用预训练词嵌入词典可供使用，如 Word2Vec、GloVe 等，这些词典都是在大规模通用语言数据上，采用无监督或自监督学习方式训练出来的。也可以针对特定任务，采用有监督、无监督或自监督的方式训练特定的词典。

1.1.3 节简单介绍了“自监督学习”的概念。本节以 GloVe（全局向量）词典为例，介绍其采用的一种自监督学习方式。

首先定义一个文本上的滑动窗口（如窗口大小为 5，就意味着其包含 5 个词）。定义 X_{ij} 为词 i 和 j 在一个窗口内同时出现的次数，X_i 为词 i 与其他任何词同时出现的次数，则 $p_{ij} =$

X_{ij}/X_i 为词 j 在词 i 的上下文中出现的概率,称为“共现概率”。

GloVe 的基本思想是,将给定的两个词(如“冰”和“水蒸气”)与其他词进行比较,以充分捕捉这两个词之间的关系:

$$p_{w,冰} / p_{w,水蒸气} \tag{7.7}$$

其中,w 表示其他词。这个式子是“冰”和“水蒸气”与 w 的共现概率之比。例如,w 为“固体”这个词时,共现概率比就较高;而 w 为“气体”这个词时,共现概率比则较低;而 w 为“水”这个词时,由于与两者都同样相关,共现概率比将接近 1;而如果 w 为“时尚”这个词时,由于与两者都同样不相关,共现概率比同样将接近 1。

基于这个基本思想,GloVe 最终将两个词嵌入向量的点积转换为共现概率的对数(越相似共现概率越大),并进一步得到损失函数——一个加权的最小二乘。

▶ 7.1.3 位置编码

由 7.1.1 节可知,自注意力与文本中词的顺序无关,因此需要进一步考虑如何将词在文本序列中的相对或绝对位置加入进来。Transformer 采用的是基于不同频率正余弦函数的位置编码(Positional Encoding):

$$\mathrm{PE}_{(\mathrm{pos},2i)} = \sin\left(\frac{\mathrm{pos}}{10\,000^{2i/d_m}}\right) \tag{7.8}$$

$$\mathrm{PE}_{(\mathrm{pos},2i+1)} = \cos\left(\frac{\mathrm{pos}}{10\,000^{2i/d_m}}\right) \tag{7.9}$$

其中,$d_m=512$,是词嵌入向量的维数;pos 是词在文本序列中的位置(如第一个词的 pos 为 0);i 对应 PE 的维度,其取值范围为 $[0,1,\cdots,d_m/2)$,由此可得到各 $\mathrm{PE}_{\mathrm{pos}}$ 向量,其维数为 d_m,与词嵌入向量一致,如 $\mathrm{PE}_{\mathrm{pos}=0}$ 序列为 $[0,1,0,1,\cdots]$,$\mathrm{PE}_{\mathrm{pos}=1}$ 序列为 $\left[\sin\left(\frac{1}{10\,000^{0/d_m}}\right),\cos\left(\frac{1}{10\,000^{0/d_m}}\right),\sin\left(\frac{1}{10\,000^{2/d_m}}\right),\cos\left(\frac{1}{10\,000^{2/d_m}}\right),\cdots\right]$。

由此,每个位置都有一个唯一的位置编码 $\mathrm{PE}_{\mathrm{pos}}$。这个位置编码还有一些重要特点:第一,能够适应比训练集里面所有文本序列更长的序列,因为采用的是正余弦函数来进行计算;第二,便于模型学习到词间基于相对位置的相关关系,因为对于相对偏移 k,$\mathrm{PE}_{\mathrm{pos}+k}$ 可以通过三角函数公式表示为 $\mathrm{PE}_{\mathrm{pos}}$ 的线性函数。

如图 7.1 所示,词嵌入向量和位置编码相加,实现语义信息和位置信息的融合,作为 Transformer 层(如图 7.2 所示)的输入。读到这里,读者可能会问一个问题:为什么是相加,而不是类似“多头自注意力”采用拼接呢?相加不就把两种信息混淆在一起了吗?可以这样来理解,直接拼接固然可以,但是代价很大,维数翻倍。那么,相加有没有可能达到相同的效果呢?答案是可以,因为两个向量相加等同于两个输入向量拼接后做一次线性变换。

▶ 7.1.4 编码器和解码器

前面已经讲到,Transformer 由左边的编码器和右边的解码器两部分构成(如图 7.1 所示)。无论是编码器还是解码器,都通过 Transformer 层堆叠而成,结构上几乎是相同的。下面以机器翻译任务为例(如英文翻译为中文,见图 7.3 给出的一个例子),重点注意两者的不同之处。

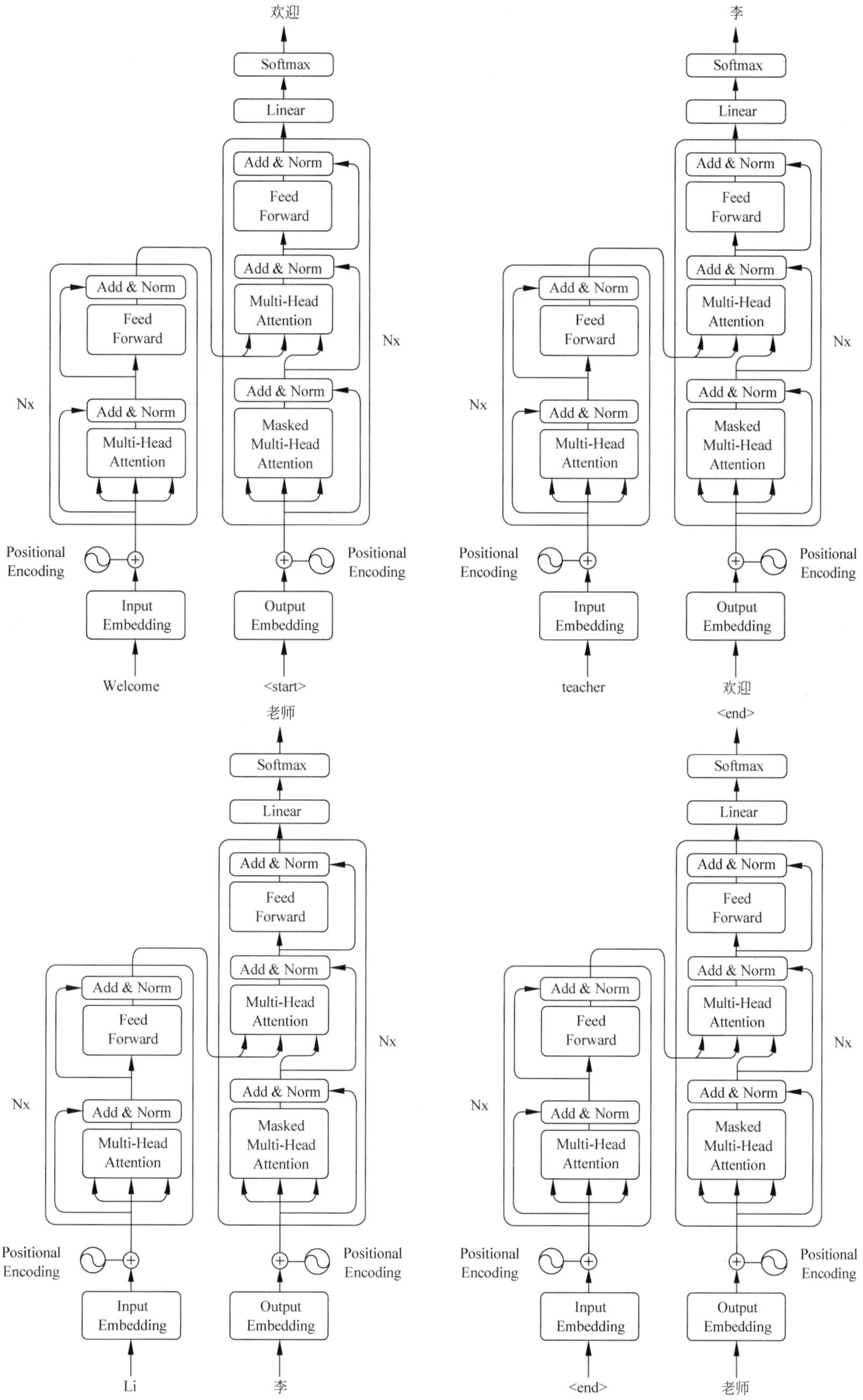

图 7.3　一个英译汉的例子

首先来看编码器(图 7.1 中左边部分)。如图 7.3 所示，输入英文单词“Welcome”，经过词嵌入和位置编码得到输入向量 $\boldsymbol{x}_i$，计算其与英文文本序列(“Welcome teacher Li”)其他单词的多头自注意力，然后经过全连接层，最后得到编码器的输出。特别注意，编码器的输出连接到解码器(图 7.1 中右边部分)的中间。

再来看解码器。除了编码器的输出连接到解码器中间这个输入，已经完成翻译的汉语词语(如“李”)也作为解码器的输入，并计算其与已经完成翻译的汉语文本序列(如“欢迎李”)其他词语的多头自注意力。接下来，编码器的输出与解码器的输入计算多头注意力(如“teacher Li”应该对应“李老师”，而不是“老师李”)。最后经过全连接层和 Softmax，输出翻译结果。

7.2　GPT 与大语言模型的预训练

7.1 节介绍的 Transformer 针对的是“机器翻译”这个自然语言应用任务，其具有编码器加解码器结构，编码器对应源语言(如英语)，而解码器对应目标语言(如中文)。本节将介绍的 GPT(Generative Pretrained Transformer，生成式预训练 Transformer)是 Transformer 的一个变种，其只保留了解码器部分，主要针对的是大语言模型(Large Language Model)的自监督预训练任务。

为什么称为预训练呢？预训练实际上是迁移学习中的一个基本概念，简单地说，就是希望在一个较大的、通用的数据集上学习的预训练模型，能够以较小的代价(如在一个较小的、专用的数据集上进行精调)应用到不同的下游任务中。GPT 就是一个预训练的大语言模型，能够根据给定的一段文本进行续写，即“生成”合乎语法且语义上连贯的后续文本。有了 GPT，通过迁移学习，就可将其应用到问答系统(如 ChatGPT)、文本分类(如情感分析)等诸多下游任务中。7.1.2 节介绍的通用预训练词嵌入词典也是预训练语言模型的一个例子。

那么，GPT 所采用的自监督学习方式具体是怎样的呢？为了说明这一点，首先引入“n 元词模型”这个一般概念：

$$p(w_j \mid w_{1:j-1}) = p(w_j \mid w_{j-n+1:j-1}) \tag{7.10}$$

$$p(w_{1:N}) = \prod_{j=1}^{N} p(w_j \mid w_{j-n+1:j-1}) \tag{7.11}$$

如式(7.10)所示，一般而言，一段文本的第 j 个词 w_j 依赖其前面所有 $j-1$ 个词，“n 元词模型”将其简化为 w_j 仅依赖其前面 $n-1$ 个词($n \leqslant j$)。由此，如式(7.11)所示，一段长度为 N 的文本，其联合概率分布 $p(w_{1:N})$ 就可以按照“n 元词模型”简化为每个词的条件概率的乘积。

取 $n=1$，可得到

$$p(w_j \mid w_{1:j-1}) = p(w_j \mid w_{j:j-1}) = p(w_j) \tag{7.12}$$

$$p(w_{1:N}) = \prod_{j=1}^{N} p(w_j) \tag{7.13}$$

这就是 6.4 节介绍的词集或词袋(即朴素贝叶斯分类器在文本分类上的应用)，一个句子中词与词之间没有相关性，相互独立。

取 $n=2$，可得到

$$p(w_j \mid w_{1:j-1}) = p(w_j \mid w_{j-1}) \tag{7.14}$$

$$p(w_{1:N}) = \prod_{j=1}^{N} p(w_j \mid w_{j-1}) \tag{7.15}$$

这就类似 6.3 节介绍的一种常见的半朴素贝叶斯分类器：每个特征在类别之外仅依赖一个其他特征。

另外，7.1.2 节介绍的 GloVe 词典采用文本上的滑动窗口，这个滑动窗口的大小本质上就是指的"n 元词模型"中的 n。

至此，具体到 GPT，其实采用的就是一个"n 元词模型" $p(w_j|w_{j-n+1:j-1})$，目标是基于前面 $n-1$ 个词 $w_{j-n+1:j-1}$，预测下一个(即第 n 个)词 w_j。n 就是上下文长度。

GPT 采用了约 10 亿单词的训练数据进行自监督预训练，采用了 12 层仅有解码器部分的 Transformer，自注意力为 12 头，输入词嵌入向量的维数为 768，总参数量达到 1.17 亿。后续，GPT-2 的层数达到了 48 层，输入词嵌入向量的维数为 1600，总参数量达到 15.42 亿。用于自监督预训练的文本数据则达到了 40GB。GPT-3 用于自监督预训练的文本数据达到了 570GB，总参数量为 1750 亿。GPT-3.5 则进一步用 179GB 来自 Github 上的代码进行了自监督预训练。GPT-4 据说总参数量达到了 1.8 万亿。

就上下文长度而言，GPT 为 512 字节，GPT2 增加到了 1024 字节，GPT3 则达到了 2048 字节。

7.3 拓展阅读

视频讲解

1. 小故事：李飞飞与 ImageNet

在 AI 领域，华人发挥着巨大影响力。2024 年 2 月 24 日，芯片巨头英伟达公司宣布成立一个新研究部门——通用具身智能体研究实验室。该实验室的领导者是两位 90 后华人博士——范麟熙和朱玉可。而这两人的导师，则更为知名——被称为"AI 教母"的华人科学家李飞飞(见图 7.4)。

图 7.4 "AI 教母"李飞飞

为了生活，李飞飞在饭店刷过盘子，在干洗店打过工。整个高中和大学时代，她的衣服都是从别人丢掉的垃圾中捡的。没人想到，这样一个贫穷的女孩，之后会成为席卷全球的 AI 革命的核心人物之一，甚至被誉为"AI 教母"。

她的征途是星辰和大海，起点却是美国东北部的臭水沟。

16 岁时，李飞飞和父母移民到美国，生活跌入谷底：一家三口挤在一个只有一间卧室的公寓里，没有积蓄，不会说英语，靠繁重的体力劳动维持生计。后来，这个聪明的女孩考上美国最顶尖的高校之一，却没想着毕业后挣大钱实现阶层跃迁，而是投入当时还是"天坑"的人工智能专业中，梦想着教会机器学习，改变整个世界。

坚信数据对人工智能有重要意义的她，在只有一个助手的条件下，创建了人类历史上规模最大的计算机视觉标注数据集 ImageNet。可以说，没有 ImageNet 这个关键催化剂，就没有现在的深度学习和AI革命。

李飞飞一路走来，生在北京，长于四川，又从中国到美国，由物理专业到人工智能领域，靠着其坚强、疯狂与热爱，从一个洗衣女工跨进AI这场科技革命的中心。

2. 感悟与启迪

- 科研有时候就如同一场“豪赌”，认准了就要大胆地“赌一把”。
- 找到属于自己的那颗“北极星”。
- 王国维的三重境界：“昨夜西风凋碧树，独上高楼，望尽天涯路”，此第一境界（远大的**目标**）也。“衣带渐宽终不悔，为伊消得人憔悴”，此第二境界（**坚持**）也。“众里寻他千百度，蓦然回首，那人却在，灯火阑珊处”，此第三境界（机缘巧合、水到渠成的**心态**）也。

第 8 章 环境监督与强化学习

智能体适应环境的基本方式

类比生物体在“环境”中不断学习从而适应环境的过程，智能体也需要在“环境”的监督之下进行强化学习，以适应环境。

1.1.4 节已经对环境监督和强化学习的一般概念做了一个简要的介绍，其中图 1.4 给出了“模型”和“环境”之间的交互。本章将遵从一般的约定，称“模型”为“智能体”，以更好地体现这种学习方式的独特之处。具体来讲，本章将紧接第 7 章，围绕 ChatGPT 采用的 PPO 模型，探讨环境监督和强化学习。

8.1 ChatGPT 的三阶段训练流程

基于第 7 章介绍的采用“自监督”方式预训练的大语言模型 GPT-3.5，ChatGPT 首先针对问答系统进行“有监督”的精调，以实现从预训练模型到下游任务的迁移。接下来，采用人类反馈（即“环境监督”）的方式，训练一个奖励模型。最后，基于奖励模型，采用 PPO“强化学习”算法进行训练。训练流程如图 8.1 所示。

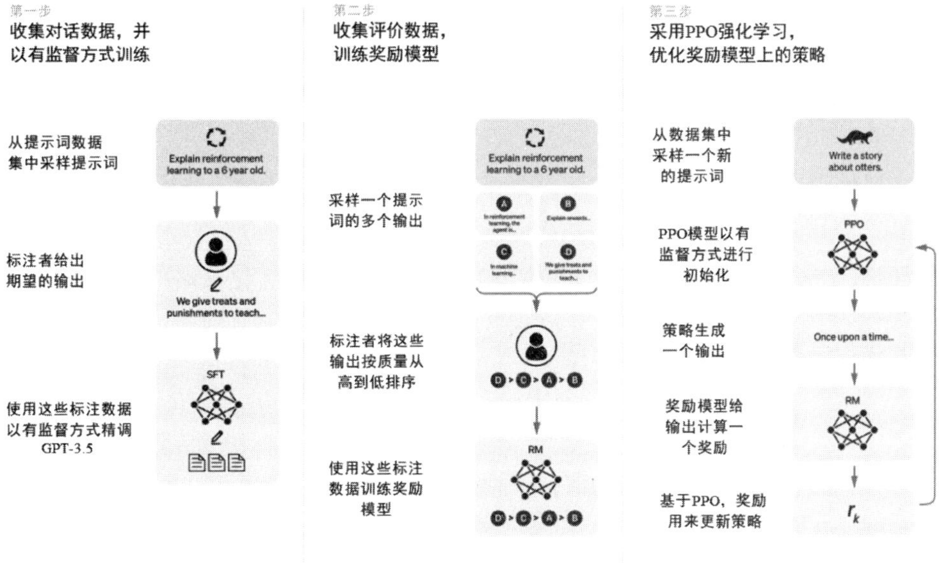

图 8.1 ChatGPT 的三阶段训练流程

有监督学习前面已经讨论得比较多，本章重点探讨后两个阶段：环境监督与强化学习。

8.2 强化学习的形式化

由 1.1.4 节约定的符号，环境监督与强化学习的目标就是选择一个策略 $\pi_{\boldsymbol{\theta}}(\boldsymbol{a}_t|\boldsymbol{s}_t)$，并依据这个策略在环境中采取行动，从而最大化“总奖励”（称其为“期望回报”）。用公式可以写为

$$p(\tau \mid \pi)=\rho_0(\boldsymbol{s}_0)\prod_{t=0}^{T-1} p(\boldsymbol{s}_{t+1} \mid \boldsymbol{s}_t,\boldsymbol{a}_t)\pi_{\boldsymbol{\theta}}(\boldsymbol{a}_t \mid \boldsymbol{s}_t) \tag{8.1}$$

$$J(\pi)=\int_\tau p(\tau \mid \pi)R(\tau)=\underset{\tau\sim\pi}{E}[R(\tau)] \tag{8.2}$$

$$\pi^*=\underset{\pi}{\operatorname{argmax}}J(\pi) \tag{8.3}$$

下面对式(8.1)～式(8.3)进行详细说明。

(1) 策略 $\pi_{\boldsymbol{\theta}}(\boldsymbol{a}_t|\boldsymbol{s}_t)$是关于参数$\boldsymbol{\theta}$的含参分布，典型地，可以用一个全连接多层神经网络来表达。

(2) 状态转移分布 $p(\boldsymbol{s}_{t+1}|\boldsymbol{s}_t,\boldsymbol{a}_t)$表示智能体采取动作 $\boldsymbol{a}_t$，从状态 $\boldsymbol{s}_t$ 转移到状态 $\boldsymbol{s}_{t+1}$。

(3) 从初始状态分布 $\rho_0(\boldsymbol{s}_0)$中采样得到初始状态 $\boldsymbol{s}_0$。

(4) 轨迹 $\tau=(\boldsymbol{s}_0,\boldsymbol{a}_0,\boldsymbol{s}_1,\boldsymbol{a}_1,\boldsymbol{s}_2,\boldsymbol{a}_2,\cdots)$，从而 $p(\tau|\pi)$表示基于策略 π 形成轨迹 τ 的概率分布。

(5) $R(\tau)$表示轨迹 τ 的奖励，一般可表达为 $R(\tau)=\sum_{t=0}^{\infty}\gamma^t r_t$，其中，$r_t=r(\boldsymbol{s}_t,\boldsymbol{a}_t)$是奖励函数，$\gamma\in(0,1)$是折扣因子。引入折扣因子 γ 主要出于两方面的考虑：一方面，直觉上人们更关注时间上更近的奖励；另一方面，为了级数（无穷项求和）的收敛性。

(6) $J(\pi)$就是基于策略 π 的“总奖励”，称其为“期望回报”。

(7) 最优策略 π^* 就是取得最大期望回报 $J(\pi)$的策略。

8.3 策略最优化算法

为了找到最优策略 π^*，基本的方法就是采用 2.3 节介绍的梯度上升，可用公式写为

$$\boldsymbol{\theta}_{k+1}=\boldsymbol{\theta}_k+\alpha\nabla_{\boldsymbol{\theta}}J(\pi_{\boldsymbol{\theta}})|_{\boldsymbol{\theta}_k} \tag{8.4}$$

其中，期望回报 $J(\pi_{\boldsymbol{\theta}})$的梯度$\nabla_{\boldsymbol{\theta}}J(\pi_{\boldsymbol{\theta}})$称为策略梯度，因此这种优化策略的方式被称为“策略梯度算法”。

下面对策略梯度的表达式进行推导：

$$\begin{aligned}
\nabla_{\boldsymbol{\theta}}J(\pi_{\boldsymbol{\theta}}) &= \nabla_{\boldsymbol{\theta}}\underset{\tau\sim\pi_{\boldsymbol{\theta}}}{E}[R(\tau)]\\
&=\nabla_{\boldsymbol{\theta}}\int_\tau p(\tau \mid \pi_{\boldsymbol{\theta}})R(\tau)\\
&=\int_\tau \nabla_{\boldsymbol{\theta}}p(\tau \mid \pi_{\boldsymbol{\theta}})R(\tau)\\
&=\int_\tau p(\tau \mid \pi_{\boldsymbol{\theta}})\nabla_{\boldsymbol{\theta}}\log p(\tau \mid \pi_{\boldsymbol{\theta}})R(\tau)\\
&=\underset{\tau\sim\pi_{\boldsymbol{\theta}}}{E}[\nabla_{\boldsymbol{\theta}}\log p(\tau \mid \pi_{\boldsymbol{\theta}})R(\tau)]
\end{aligned}$$

$$=\underset{\tau\sim\pi_{\theta}}{E}\left[\sum_{t=0}^{T}\nabla_{\theta}\log\pi_{\theta}(a_t\mid s_t)R(\tau)\right] \tag{8.5}$$

推导过程用到了式(8.1)～式(8.3)。第3、4行用了一个恒等变换：$\nabla_{\theta}p(\tau|\pi_{\theta})=p(\tau|\pi_{\theta})\nabla_{\theta}\log p(\tau|\pi_{\theta})$。第5、6行把式(8.1)代入，并且注意到$\rho_0(s_0)$、$p(s_{t+1}|s_t,a_t)$都与参数$\theta$无关，从而求梯度只剩下$\pi_{\theta}(a_t|s_t)$这一项。

由式(8.5)可知，策略梯度$\nabla_{\theta}J(\pi_{\theta})$是关于轨迹$\tau$的期望，因此可以通过样本均值来进行估计。如果让智能体采用策略π_{θ}在环境中行动，就可以得到一系列轨迹，记为$D=\{\tau_i\}_{i=1,2,\cdots,N}$，由此可以对策略梯度估计如下。

$$\hat{g}=\frac{1}{|D|}\sum_{\tau\in D}\sum_{t=0}^{T}\nabla_{\theta}\log\pi_{\theta}(a_t\mid s_t)R(\tau) \tag{8.6}$$

其中，$|D|$为D中轨迹数量(此处为N)。

只要知道策略π_{θ}的表达式，并且可以计算$\nabla_{\theta}\log\pi_{\theta}(a_t|s_t)$，式(8.6)就可以基于收集到的轨迹集合$D$计算出来，然后根据式(8.4)对参数$\theta$进行更新。

▶ 8.3.1 事后奖励

式(8.5)存在一个问题：不管当前t取何值，轨迹τ的奖励$R(\tau)=\sum_{t=0}^{T}\gamma^t r_t$都会把$t$从0到$T$所有动作$a_t$的奖励$r_t$累加起来。显然这是不合理的，因为动作是“因”，奖励是“果”，先有“因”后有“果”，过去的奖励不能算在当前动作的头上。由此，式(8.5)应该修改为

$$\nabla_{\theta}J(\pi_{\theta})=\underset{\tau\sim\pi_{\theta}}{E}\left[\sum_{t=0}^{T}\nabla_{\theta}\log\pi_{\theta}(a_t\mid s_t)\sum_{t'=t}^{T}R(s_{t'},a_{t'},s_{t'+1})\right] \tag{8.7}$$

式(8.7)被称为“事后奖励策略梯度”。为了方便，将事后奖励$\sum_{t'=t}^{T}R(s_{t'},a_{t'},s_{t'+1})$记为$\widehat{R_t}$。

▶ 8.3.2 基于优势函数的策略梯度

首先引入一个结论：

$$\underset{x\sim p_{\theta}}{E}[\nabla_{\theta}\log p_{\theta}(x)]=0 \tag{8.8}$$

这个结论的证明比较简单，用到概率的归一化和前面证明式(8.5)时使用的恒等变换，具体证明过程留给读者自己来完成。

由式(8.8)可知：

$$\underset{a_t\sim\pi_{\theta}}{E}[\nabla_{\theta}\log\pi_{\theta}(a_t\mid s_t)b(s_t)]=0 \tag{8.9}$$

因为$\pi_{\theta}(a_t|s_t)$是一个概率分布，而函数$b(s_t)$仅依赖状态。

由此，式(8.7)可以等价地写为

$$\nabla_{\theta}J(\pi_{\theta})=\underset{\tau\sim\pi_{\theta}}{E}\left[\sum_{t=0}^{T}\nabla_{\theta}\log\pi_{\theta}(a_t\mid s_t)\left(\sum_{t'=t}^{T}R(s_{t'},a_{t'},s_{t'+1})-b(s_t)\right)\right] \tag{8.10}$$

因为加上或减去一项只依赖状态的项并不影响最终的期望值。类似这样使用的任意函数$b(s_t)$被称为“基线”(表示“起点”)。

最常用的基线是如下函数。

$$V^{\pi}(s_t)=\underset{\tau\sim\pi}{E}[R(\tau)\mid s_0=s_t] \tag{8.11}$$

即从状态 $\boldsymbol{s}_t$ 开始基于策略 π 行动而得到的期望回报。将式(8.11)作为事后奖励 $\widehat{R_t}=\sum_{t'=t}^{T}R(\boldsymbol{s}_{t'},\boldsymbol{a}_{t'},\boldsymbol{s}_{t'+1})$ 的起点是符合直觉的。

进一步,可以将式(8.10)中的事后奖励 $\widehat{R_t}$ 这一项替换为

$$Q^{\pi}(\boldsymbol{s}_t,\boldsymbol{a}_t)=\underset{\tau\sim\pi}{E}[R(\tau)\mid \boldsymbol{s}_0=\boldsymbol{s}_t,\boldsymbol{a}_0=\boldsymbol{a}_t] \tag{8.12}$$

注意关键的区别:式(8.12)中起始动作 $\boldsymbol{a}_0=\boldsymbol{a}_t$ 是任意选取的,之后才根据策略 π 来行动。

定义 $A^{\pi}(\boldsymbol{s}_t,\boldsymbol{a}_t)=Q^{\pi}(\boldsymbol{s}_t,\boldsymbol{a}_t)-V^{\pi}(\boldsymbol{s}_t)$ 为"优势函数",即在状态 $\boldsymbol{s}_t$ 任意选取一个起始动作 $\boldsymbol{a}_t$,得到的相对于基线的期望回报"优势"。

由此,最终得到基于优势函数的策略梯度:

$$\nabla_{\boldsymbol{\theta}}J(\pi_{\boldsymbol{\theta}})=\underset{\tau\sim\pi_{\boldsymbol{\theta}}}{E}\left[\sum_{t=0}^{T}\nabla_{\boldsymbol{\theta}}\log\pi_{\boldsymbol{\theta}}(\boldsymbol{a}_t\mid \boldsymbol{s}_t)A^{\pi}(\boldsymbol{s}_t,\boldsymbol{a}_t)\right] \tag{8.13}$$

补充一点。类似用一个全连接多层神经网络来表达策略函数 $\pi_{\boldsymbol{\theta}}(\boldsymbol{a}_t|\boldsymbol{s}_t)$,同样可以用一个全连接多层神经网络 $V_{\boldsymbol{\varphi}}(\boldsymbol{s}_t)$ 来逼近基线 $V^{\pi}(\boldsymbol{s}_t)$,然后类似 2.5 节采用均方差损失函数和随机梯度下降来训练 $V_{\boldsymbol{\varphi}}(\boldsymbol{s}_t)$,即

$$\boldsymbol{\varphi}_k=\underset{\boldsymbol{\varphi}}{\arg\min}\underset{\boldsymbol{s}_t,\widehat{R_t}\sim\pi_k}{E}[(V_{\boldsymbol{\varphi}}(\boldsymbol{s}_t)-\widehat{R_t})^2] \tag{8.14}$$

其中,π_k 表示第 k 轮训练的策略。

算法 1 给出了完整的基于优势函数的策略梯度算法。

算法 1:基于优势函数的策略梯度算法

1:输入:初始策略函数参数 $\boldsymbol{\theta}_0$,初始基线函数参数 $\boldsymbol{\varphi}_0$

2:for $k=0,1,2,\cdots$ do

3:　在环境中运行策略 $\pi_k=\pi(\boldsymbol{\theta}_k)$,从而收集轨迹集合 $D_k=\{\tau_i\}_{i=1,2,\cdots,N}$

4:　计算事后奖励 $\widehat{R_t}$

5:　基于基线 $V_{\boldsymbol{\varphi}_k}$ 计算优势函数的估计值 $\widehat{A_t}$

6:　估计策略梯度:

$$\hat{g}_k=\frac{1}{|D_k|}\sum_{\tau\in D_k}\sum_{t=0}^{T}\nabla_{\boldsymbol{\theta}}\log\pi_{\boldsymbol{\theta}}(\boldsymbol{a}_t\mid \boldsymbol{s}_t)|_{\boldsymbol{\theta}_k}\widehat{A_t}$$

7:　更新策略参数:

$$\boldsymbol{\theta}_{k+1}=\boldsymbol{\theta}_k+\alpha_k\hat{g}_k$$

8:　基于均方差损失函数回归基线函数参数 $\boldsymbol{\varphi}$:

$$\boldsymbol{\varphi}_{k+1}=\underset{\boldsymbol{\varphi}}{\arg\min}\frac{1}{|D_k|T}\sum_{\tau\in D_k}\sum_{t=0}^{T}(V_{\boldsymbol{\varphi}}(\boldsymbol{s}_t)-\widehat{R_t})^2$$

9:end for

8.3.3 近端策略最优化

近端策略最优化(Proximal Policy Optimization)是一个一阶方法,实现较为简单。该方法在每一步更新中,一方面最大限度改进策略;另一方面确保新策略和老策略比较接近,以避免策略发散而导致的性能坍塌。

有两种主要的 PPO 算法：惩罚式与裁剪式。惩罚式 PPO 是指，在目标函数里增加相应的惩罚项（也就是正则项），并且在训练过程中自动调整惩罚系数，从而避免策略发散。裁剪式 PPO 不采用惩罚项，而是采用带有特别裁剪方式的目标函数，从而确保新策略和老策略比较接近。ChatGPT 采用的是后者，因此下面详细介绍它。

裁剪式 PPO 的损失函数为

$$L(s,a,\theta_k,\theta)=\min\left(\frac{\pi_{\theta}(a\mid s)}{\pi_{\theta_k}(a\mid s)}A^{\pi_{\theta_k}}(s,a),g(\epsilon,A^{\pi_{\theta_k}}(s,a))\right) \tag{8.15}$$

其中：

$$g(\epsilon,A)=\begin{cases}(1+\epsilon)A, & A\geqslant 0\\(1-\epsilon)A, & A<0\end{cases} \tag{8.16}$$

式(8.16)中的超参数ϵ是一个小的正数，用来控制新策略和老策略的接近程度。如果优势函数值 $A^{\pi_{\theta_k}}(s,a)$为正，则式(8.15)成为

$$L(s,a,\theta_k,\theta)=\min\left(\frac{\pi_{\theta}(a\mid s)}{\pi_{\theta_k}(a\mid s)},(1+\epsilon)\right)A^{\pi_{\theta_k}}(s,a) \tag{8.17}$$

由于 $A^{\pi_{\theta_k}}(s,a)$为正，那么如果策略 $\pi_{\theta}(a|s)$的概率值升高（意味着状态 s 下采取行为 a 的概率升高），则损失函数的值 $L(s,a,\theta_k,\theta)$也将增加。但是取最小值的操作 min 将确保，一旦 $\pi_{\theta}(a|s)>(1+\epsilon)\pi_{\theta_k}(a|s)$，最大能取到的值就是$(1+\epsilon)A^{\pi_{\theta_k}}(s,a)$，这就是所谓的“裁剪”。由此，新策略不会离老策略太远。类似地，可以分析 $A^{\pi_{\theta_k}}(s,a)$为负的情况，同样可以确保新策略不会离老策略太远。后面这种情况的分析留给读者自己来完成。

算法 2 给出了完整的裁剪式 PPO 算法。

算法 2：裁剪式 PPO 算法

1：输入：初始策略函数参数$\boldsymbol{\theta}_0$，初始基线函数参数$\boldsymbol{\varphi}_0$

2：for $k=0,1,2,\cdots$ do

3： 在环境中运行策略 $\pi_k=\pi(\boldsymbol{\theta}_k)$，从而收集轨迹集合 $D_k=\{\tau_i\}_{i=1,2,\cdots,N}$

4： 计算事后奖励 $\widehat{R}_t$

5： 基于基线 $V_{\boldsymbol{\varphi}_k}$ 计算优势函数的估计值 $\widehat{A}_t$

6： 更新策略参数：

$$\boldsymbol{\theta}_{k+1}=\underset{\boldsymbol{\theta}}{\operatorname{argmax}}\frac{1}{|D_k|T}\sum_{\tau\in D_k}\sum_{t=0}^{T}\min\left(\frac{\pi_{\theta}(a_t\mid s_t)}{\pi_{\theta_k}(a_t\mid s_t)}A^{\pi_{\theta_k}}(s_t,a_t),g(\epsilon,A^{\pi_{\theta_k}}(s_t,a_t))\right)$$

7： 基于均方差损失函数回归基线函数参数$\boldsymbol{\varphi}$：

$$\boldsymbol{\varphi}_{k+1}=\underset{\boldsymbol{\varphi}}{\operatorname{argmin}}\frac{1}{|D_k|T}\sum_{\tau\in D_k}\sum_{t=0}^{T}(V_{\boldsymbol{\varphi}}(s_t)-\widehat{R}_t)^2$$

8：end for

8.4 环境构建与训练奖励模型

8.2节和8.3节探讨了强化学习,本节探讨环境监督部分,对应图8.1中的第二阶段。

由8.2节和8.3节的探讨可知,"环境"提供的奖励 $r_t=r(\boldsymbol{s}_t,\boldsymbol{a}_t)$ 是强化学习的最基本要素,但是对于ChatGPT这一类以聊天方式呈现的智能体,还需要人为构建对话"环境",训练一个符合人类价值观的奖励模型 $r_t=r(\boldsymbol{s}_t,\boldsymbol{a}_t)$。有了这个奖励模型,环境监督与强化学习就可以最终得以实现,这就是所谓的"对齐"过程,即基于人类反馈的强化学习(Reinforcement Learning from Human Feedback,RLHF)。

具体来讲,首先是构建对话"环境",即建立有监督训练数据集 D;然后,以梯度下降方式训练一个基于神经网络的奖励模型 $r_{\boldsymbol{\theta}}$。训练集 D 中每个样本,由聊天模型(图8.1中的第一阶段有监督训练得到的模型)对同一个输入 $\boldsymbol{x}$ 的两个回答 $\boldsymbol{y}=\{\boldsymbol{y}_0,\boldsymbol{y}_1\}$ 构成,人工会标定出这两个回答哪一个更好。接下来,样本输入奖励模型中,得到同一个输入 $\boldsymbol{x}$ 的两个回答的奖励 $r_{\boldsymbol{\theta}}(\boldsymbol{x},\boldsymbol{y}_0)$ 和 $r_{\boldsymbol{\theta}}(\boldsymbol{x},\boldsymbol{y}_1)$。设回答 $\boldsymbol{y}_i$ 更好,则计算损失:

$$L(r_{\boldsymbol{\theta}})=-\underset{(\boldsymbol{x},\boldsymbol{y}_0,\boldsymbol{y}_1,i)\sim D}{E}[\log(\sigma(r_{\boldsymbol{\theta}}(\boldsymbol{x},\boldsymbol{y}_i)-r_{\boldsymbol{\theta}}(\boldsymbol{x},\boldsymbol{y}_{1-i})))] \tag{8.18}$$

其中,$\sigma(x)$ 为对数几率函数(见式(2.21))。如2.3.2节所述,对数几率函数把实数域的输入"挤压"到(0,1)的输出范围内。这样,如果 $r_{\boldsymbol{\theta}}(\boldsymbol{x},\boldsymbol{y}_i)-r_{\boldsymbol{\theta}}(\boldsymbol{x},\boldsymbol{y}_{1-i})$ 为正,则 $\sigma(x)$ 的值在(0.5,1),取对数再取反后就在(0,$-\log0.5$),$r_{\boldsymbol{\theta}}(\boldsymbol{x},\boldsymbol{y}_i)-r_{\boldsymbol{\theta}}(\boldsymbol{x},\boldsymbol{y}_{1-i})$ 越大(意味着奖励越符合预期)则损失越小;如果 $r_{\boldsymbol{\theta}}(\boldsymbol{x},\boldsymbol{y}_i)-r_{\boldsymbol{\theta}}(\boldsymbol{x},\boldsymbol{y}_{1-i})$ 为负,则可知损失函数值在($-\log0.5$,$+\infty$),$r_{\boldsymbol{\theta}}(\boldsymbol{x},\boldsymbol{y}_i)-r_{\boldsymbol{\theta}}(\boldsymbol{x},\boldsymbol{y}_{1-i})$ 越小(意味着奖励越不符合预期)则损失越大。

视频讲解

8.5 拓展阅读

1. 小故事:国产AI基础模型GLM

超大规模预训练模型(也称基础模型、大模型等)快速发展,成为国际人工智能领域研究和应用的前沿焦点。OpenAI ChatGPT和Sora的推出引发了社会和公众的广泛关注,并引起了大模型是否会引发新一轮行业变革甚至新一次工业革命的讨论。

大模型作为ChatGPT和Sora等生成式人工智能技术产品的核心技术基座,正在快速改变产业格局,孕育出全新的用户交互模式,形成舆论引导、社会治理、信息服务等方面的不对称优势。大模型也被认为是通向通用人工智能(Artificial General Intelligence,AGI)的重要途径之一,成为新一代人工智能的基础设施和各国人工智能发展的新方向。人工智能大模型已成为国际科技"必争之地",实现国产全自研、自主可控的人工智能基础模型迫在眉睫。

当前,发展可媲美人类智能的人工智能系统已经成为人工智能领域研究的国际共识,而我国人工智能基础模型研究、应用与产业化发展正处于"从模仿追赶迈向创新引领"的关键时期。大模型的快速发展给全球科技创新带来全新挑战:超大算力需求、超大规模数据需求、全新模型训练算法与框架、安全可信的软硬件系统。此外,大模型的应用需求也更加动态多样,要求对大模型的不同层次进行深入研究。这是个全新的人工智能科学难题,也是赶超国际的机会。

2. 感悟与启迪

- 从模仿追赶迈向创新引领。
- 实现国产全自研、自主可控的根本重要性。
- 繁荣AI科技生态,推动应用落地和产业发展。

第9章 综合实验

9.1 K近邻(KNN)分类器与手写数字识别任务

一、实验目的

(1) 理解和掌握2.1.6节中KNN分类器的代码实现。

(2) 运用实现的KNN分类器完成一个实际任务：对二值手写数字的识别。

二、实验步骤与要求

(1) 获取"二值手写数字数据集",解压后可以看到两个目录：testDigits和trainingDigits,前者为测试集,后者为训练集。仔细查看并熟悉两个数据集,包括数据文件的个数、数据文件的命名、数据文件的内容等。

(2) 编写代码,从文件读入数据,并进行必要的数据预处理。例如,特征需要处理为向量、标签需要根据文件名进行添加等。

(3) 基于测试集的KNN性能测试,包括分类精度和执行时间等。

(4) 模型调优,如k值、距离度量、决策规则、加速等。

三、实验习题

(1) 二值手写数字识别在解决什么问题?

(2) 二值手写数字样本的格式是什么?预处理怎么进行?

(3) 二值手写数字样本需要做归一化吗?为什么?

(4) 二值手写数字数据集中,样本的类别数是多少?每类样本的数目是多少?每个样本的特征数(维数)是多少?

(5) 将2.1.6节中Classify()函数的距离计算方式由欧氏距离改为马氏距离,比较分类错误率的不同。

(6) 调整Classify()函数的k值,对比并分析所得结果。

(7) 调整Classify()函数的分类决策规则,由"多数表决法"改为"加权多数表决法",对比并分析所得结果。

(8) Classify()函数中"sortedDistIndicies=distances.argsort()"具体完成什么功能?试举例说明。

(9) Classify()函数中"sortedClassCount=sorted(classCount.items(),key=operator.itemgetter(1),reverse=True)"具体完成什么功能?试举例说明。

9.2 决策树与隐形眼镜类型预测

一、实验目的

(1) 理解和掌握2.2.6节中决策树模型的代码实现。

(2) 运用决策树模型完成一个实际任务：通过决策树预测患者需要的隐形眼镜类型。

二、 实验步骤与要求

(1) 获取"隐形眼镜数据集",仔细阅读配套文档,然后给出该数据集的基本描述,包括训练样本数、测试样本数、样本特征数、每个特征的含义、是否存在缺失值。

(2) 编写代码,解析 Tab 键分隔的数据行。

(3) 在 2.2.6 节中决策树模型完成训练的基础上,利用隐形眼镜数据完成模型的测试。

(4) 绘制决策树,完成可视化。

三、 实验习题

(1) 在决策树算法中,数值型数据需要怎样的预处理?

(2) 在隐形眼镜数据集生成的决策树上,医生最多需要问几个问题就能确定患者需要佩戴的隐形眼镜类型?

(3) 2.2.6 节中函数 splitDataSet()中去掉的是样本的哪一个属性? 为什么要去掉这个属性?

(4) 2.2.6 节中函数 chooseBestFeatureToSplit()第 6 行语句"uniqueVals=set(featList)"中 set()的作用是什么?

(5) 2.2.6 节中函数 createTree()第 9 行语句"del(labels[bestFeat])"中 del()的作用是什么。

(6) 2.2.6 节中函数 createTree()的第 13 行语句"subLabels=labels[:]"的作用是什么。

(7) 分析 2.2.6 节中函数 calcShannonEnt()的第 10 行语句"shannonEnt-=prob * log(prob,2)"与式(2.6)的对应关系。

(8) 分析 2.2.6 节中函数 chooseBestFeatureToSplit()的第 13 行语句"infoGain=baseEntropy-newEntropy"与式(2.7)的对应关系。

9.3 对率回归与预测病马死亡

一、 实验目的

(1) 理解和掌握 2.3 节中对率回归模型的代码实现。

(2) 运用实现的对率回归模型完成一个实际任务：对病马死亡的预测。

二、 实验步骤与要求

(1) 获取"病马数据集",仔细阅读配套文档,然后给出该数据集的基本描述,包括训练样本数、测试样本数、样本特征数、每个特征的含义、是否存在缺失值。

(2) 如果存在缺失值,分析其是否会影响对率回归模型的使用,如果有影响则用"0"填充缺失值。

(3) 选择特征 23 作为目标变量,将其取值 2(死亡)和 3(安乐死)合并为一个值 0(死亡),并去掉特征 3、特征 24～28。

(4) 编写代码,进行数据预处理,然后完成对率回归模型的训练和测试。

三、 实验习题

(1) 2.3.6 节中函数 loadDataSet()假定了一个样本是两个特征,这个留给读者在实验中来改进,以适应一般情况。

(2) 详细分析 2.3.6 节函数 gradDescent()中代码"dataMat.transpose() * error"与式(2.32)

的对应关系。

(3) 编写代码确认表 2.5 的结果。

(4) 基于表 2.5 计算出 P、R、F_1，并画出 P-R 曲线。根据这些评估结果，请思考有没有可能进一步改进模型，如果可以，应该如何改进？

(5) 图 2.27 的简单数据集能够用对率回归模型完全正确分类吗？如果能，请给出你的解决方案；如果不能，你认为应该如何改进模型以达到目标呢？

(6) 2.3.6 节 loadDataSet()函数的代码行"dataList.append([1.0,float(lineList[0]),float(lineList[1])])"如果修改为"dataList.append([float(lineList[0]),float(lineList[1])])"，则训练出的模型会有什么不同？请先给出分析，然后修改代码来验证你的分析。

(7) 详细分析 2.3.6 节 stocGradDescent()函数中"error＝labelList[randIndex]－h"和"weights＝weights＋alpha * error * dataArr[randIndex]"两行代码各自所做的运算。

(8) 2.3.6 节 stocGradDescent()函数采用了变化的学习率，请你给出其具体的变化规律，分析其不足，并尝试采用不同的变化方案对其进行改进。

(9) 在相同数据上比较 2.3.6 节 gradDescent()函数中"h＝sigmoid(dataMat * weights)"和 stocGradDescent()函数中"h＝sigmoid(sum(dataArr[randIndex] * weights))"的执行效率。比较的结果说明了什么？请给出分析和解释。

(10) 在 dataSet.txt 数据集上运行 2.3.6 节 stocGradDescent()函数，并将结果类似图 2.27 可视化出来。

(11) 根据"病马数据集"上对率回归模型的训练和测试结果，计算出各自的 P、R、F_1，并画出 P-R 曲线。你如何评价你的训练和测试结果？

(12) 对率回归模型可以自然地推广到多类(称为 Softmax)，请尝试实现并在"病马数据集"上进行验证。

(13) 分析实验步骤(2)用"0"填充缺失值的合理性。进一步尝试用均值(如整个特征列的均值)填充缺失值，并与用"0"填充缺失值进行比较，哪一个效果更好？为什么？

(14) "病马数据集"有特征 23(目标变量)的值缺失的情况吗？如果有，你是如何处理的？为什么要这样处理？合理性是什么？

(15) 实验步骤(3)为何要将目标变量的三个取值合并为两个？请结合对率回归模型的原理进行分析说明。

9.4 支持向量机与预测病马死亡

一、实验目的

(1) 理解和掌握 2.4 节中支持向量机的代码实现。

(2) 运用实现的支持向量机完成一个实际任务：对病马死亡的预测。

(3) 与对率回归模型的结果进行比较。

二、实验步骤与要求

(1) 同实验 9.3 的步骤 1～4。

(2) 编写代码，完成支持向量机的训练和测试。

(3) 与对率回归模型的结果进行比较。

(4) 尝试从超参调整、采用非线性核两方面进行优化和改进。

三、实验习题

(1) 请编码实现函数 clipAlpha()。

(2) 请针对 2.4 节中的简单数据集 1 和 2，尝试调整 smoSimple()函数的三个超参 C、toler、maxIter 进行训练，比较各超参对训练结果的影响情况。通过调整三个超参，你能得到更好的训练结果吗？为什么？

(3) 请编写一个名为 plotBestFit()的函数，完成将样本点、决策面、间隔面和 SV 都可视化出来，类似图 2.36 和图 2.37。

(4) 详细分析图 2.37 中的 11 个 SV 的具体情况，给出每个 SV 的具体位置，说明它们与间隔面和决策面的关系，并求 a_n 和 ξ_n 的值。

(5) 请编码实现非线性核 SVM(如高斯核、拉普拉斯核)，并在简单数据集 2 上测试其性能。

(6) 把你的实现与 sklearn 库的 SVM 实现进行比较，哪个性能更优、功能更强？你从中得到什么启发？

(7) 查阅 libsvm 和 liblinear 文档，分析这两个库的不同之处及其适应场合。对比你自己的实现，你从中得到什么启发？

(8) 选取 $\boldsymbol{x}_j$ 目前采取的是随机选取(均匀分布)方式(函数 selectJrand())，请尝试采用其他选取方式(如前文中提到的，使得误差变化最大)，比较有何不同，随机选取方式是否收敛更快、性能更好？

(9) 你认为简单数据集 2 上的最低错误率是多少？你能尝试做到吗？

9.5 全连接神经网络与 Mnist 手写数字识别

一、实验目的

(1) 理解和掌握 2.5 节中全连接神经网络的代码实现，并完成 Mnist 手写数字识别任务。

(2) 从样本增扩、交叉熵损失函数、正则化几方面尝试改进 2.5 节的代码实现，提高 Mnist 手写数字识别的精度。

二、背景知识

(1) 样本增扩。

从 2.5 节的介绍可以知道，神经网络的可扩展性非常好，可以从宽度(每层的神经元个数)和深度(神经网络的层数)两方面让网络变得任意复杂。那么越复杂的网络就需要越多的训练数据(称为"数据饥饿")，以避免模型过拟合，从而提升模型的推广能力。但是很多时候，能拿到的真实数据比较有限，无法满足网络在训练方面的需求。因此如何从已有数据又快又好地生成更多数据，就成为一个基本问题。样本增扩就是解决这个问题的一种基本手段。

简单地说，样本增扩就是基于已有"真实"数据低成本"伪造"更多数据的技术手段。以图像数据为例，由于其信息冗余度较高，因此对一幅图像做一些细微的修改并不会影响该图像上的识别结果，而这些修改都将形成新的数据，从而达到扩充数据的目的。例如，Mnist 的一幅标签为"5"的图像数据，将其上下左右各移动 1 个像素，并不会影响该样本的识别结果，但这样就快速地得到了 4 个额外样本。

(2) 交叉熵损失函数。

交叉熵(Cross Entropy)是信息论中的一个概念：按照概率分布 q 的最优编码对真实分布

为 p 的信息进行编码的长度。在给定 p 的情况下，q 和 p 越接近，交叉熵越小；相反，则交叉熵越大。基于交叉熵可以方便地定义交叉熵损失函数 $L(\boldsymbol{w},\boldsymbol{b})=-\frac{1}{N}\sum_{i=1}^{N}\|\boldsymbol{y}_i\ln\boldsymbol{a}_i+(1-\boldsymbol{y}_i)\ln(1-\boldsymbol{a}_i)\|^2$。显然，给定真值 $\boldsymbol{y}_i$，网络输出 $\boldsymbol{a}_i$ 和真值 $\boldsymbol{y}_i$ 越接近，交叉熵越小；相反，则交叉熵越大。另外，如果真值向量 $\boldsymbol{y}_i$ 的元素取值为 0 或 1(二分类问题)，则交叉熵损失函数只考虑 $\boldsymbol{y}_i$ 或 $1-\boldsymbol{y}_i$ 的元素取值为 1 的项，即要么为 $1\ln a_i$，要么为 $1\ln(1-a_i)$。

(3) 过拟合与正则化。

正如背景知识(1)中谈到的，为了避免过拟合，训练神经网络需要海量的数据。如果数据太少(如一个类别的样本数不足 1000 个)，采用样本增扩是一种途径。除了这一途径，给模型增加约束也是一种常用技术手段。

具体地讲，模型的训练就是在其参数空间中(如 $\boldsymbol{w}$ 和 $\boldsymbol{b}$)搜索最优的 $\boldsymbol{w}^*$ 和 $\boldsymbol{b}^*$，使得损失函数(如上面的交叉熵损失函数 $L(\boldsymbol{w},\boldsymbol{b})$)取得最小值。由于参数空间非常大($\boldsymbol{w}$ 和 $\boldsymbol{b}$ 都是取值范围为实数的向量)，因此对于训练数据相对较少的情况，搜索到的参数完全可以使得这些数据的损失降到最低，从而使得模型处于一种过拟合的状态。既然导致模型过拟合的根本原因是参数空间太大，那么为何不将其限制得更小一些呢？这正是"正则化"的思想：给模型的参数搜索增加约束条件，从而达到限制参数搜索空间的目的。

L_2 正则化(L_2 regularization)是最常见的一种正则化方式，其形式为 $L_2=L(\boldsymbol{w},\boldsymbol{b})+\frac{\lambda}{2N}\|\boldsymbol{w}\|^2$。其中，$L(\boldsymbol{w},\boldsymbol{b})$是原来的损失函数，如上面定义的交叉熵损失函数。而$\frac{\lambda}{2N}\|\boldsymbol{w}\|^2$ 称为 L_2 正则项，因为其中采用了 $\boldsymbol{w}$ 的 L_2 范数 $\|\boldsymbol{w}\|$ 来对 $\boldsymbol{w}$ 的值进行约束，即要求 $\|\boldsymbol{w}\|$ 应该尽可能小。超参数 $\lambda>0$ 称为正则化系数，这个值越小，则对 $\|\boldsymbol{w}\|$ 的值约束越宽松；反之，则越严格。换个说法，λ 就如同一个惩罚系数，值越大则对 $\|\boldsymbol{w}\|$ 惩罚越重。

除了 L_2 正则化，L_1 正则化也比较常见，其形式为 $L_1=L(\boldsymbol{w},\boldsymbol{b})+\frac{\lambda}{N}\|\boldsymbol{w}\|_1$。

三、 实验步骤与要求

(1) 编写代码，实现对 Mnist 数据集的样本增扩(如将每一个数据样本向着上下左右 4 个方向各移动 1 个像素，得到 4 个新的样本)。并用这个增扩后的数据集训练和测试全连接神经网络模型。

(2) 编写代码，实现交叉熵损失函数。并基于此损失函数和 Mnist 数据集训练和测试全连接神经网络模型。

(3) 仅用 Mnist 训练集的前 1000 个样本进行训练，并将训练轮数调整为 400 轮，记录训练和测试过程中的损失函数值、训练集和测试集上的精度。画图分析这些数据，并据此得出模型拟合状态的结论。

(4) 采用交叉熵损失和 L_2 正则化，在 Mnist 数据集上训练和测试全连接神经网络模型。同样，仅用 Mnist 训练集的前 1000 个样本进行训练，并将训练轮数调整为 400 轮，记录训练和测试过程中的损失函数值、训练集和测试集上的精度。画图分析这些数据，并据此得出模型拟合状态的结论。

四、 实验习题

(1) 实验步骤(1)中，用扩增后的数据集训练和测试模型，与原始数据集相比，训练的时间是否有所变化？测试集上的精度是否有所提高？为什么？

(2) 实验步骤(2)中，测试集上的精度是否有所提高？为什么？

(3) 实验步骤(4)相比步骤(3)，模型拟合状态有何不同？为什么？

(4) 实验步骤(4)中，如果用上 Mnist 训练集的所有样本，测试集上的精度可以达到多高？据此，你有什么结论？

(5) 把样本增扩、交叉熵损失和 L_2 正则化都用上，测试集上的精度可以达到多高？据此，你有什么结论？

(6) 定义一个没有隐层的全连接神经网络，比较其在 Mnist 数据集上的性能（是更好还是更坏？多次运行时，性能的稳定性如何），并给出合理的解释。

(7) 统计 Mnist 数据集里，各类别样本数各自有多少个？是否存在类别不平衡问题？如果存在，你认为会对训练和测试结果有何影响？应该如何改进？

(8) 针对 Mnist 数据集，统计出模型的混淆矩阵，并分析分类错误的样本，这些统计和分析对你有什么启发？

(9) 查阅相关网页，了解 Mnist 数据集上相关的工作，了解当前的最高识别精度。谈谈这些信息对你的启发。

(10) 考虑到不同手写数字图像的平均灰度不同，请据此编写一个手写数字识别算法，并在测试集上测试该算法的识别精度。得到的识别精度符合你的预期吗？为什么？请进一步分析被分错的样本，据此证实你的判断。

(11) 尝试用 Mnist 训练出的神经网络识别读者自己的手写数字，识别的精度如何？为什么？你认为可以怎样进一步提高识别精度？请对你的想法进行实际验证。

(12) 你认为样本增扩可能会给模型训练、模型评估带来哪些问题？使用样本增扩应该注意哪些方面？

(13) 比较 L_2 正则化和 L_1 正则化的不同之处，并在 Mnist 数据集上进行验证。

(14) 查阅 Dropout 相关文献，介绍这种正则化方式的基本思想和其主要优势。尝试将其应用到本实验中，是否对测试集上的精度有所提升？

(15) 查阅有关 ReLU 激活函数的资料，比较这个激活函数与对数几率函数的不同之处。尝试将其应用到本实验中，是否对测试集上的精度有所提升？

(16) 正如 1.3 节所谈到的，传统神经网络的深度一旦加深，“梯度不稳定问题（表现为梯度消失或梯度爆炸等）”将导致网络难以训练，残差网络(ResNet)的提出从根本上解决了这个问题。请查阅相关文献，介绍残差网络的基本思想和网络结构。尝试在本实验中验证这种网络结构的有效性。

(17) 批量归一化(Batch Normalizaition)也是一种缓解“梯度不稳定问题”的常用技巧，在某种程度上效果类似“残差连接”。请查阅相关文献，介绍批量归一化的基本思想及其具体实现方式。尝试在本实验中验证批量归一化的有效性。

9.6 线性回归与预测鲍鱼年龄

一、 实验目的

(1) 理解和掌握第 3 章中线性回归模型的代码实现，并完成鲍鱼年龄预测任务。

(2) 完成 LASSO 回归的代码实现，并在数据集上进行实际验证。

(3) 用皮尔逊相关系数、MAE、MSE 三个定量评估指标，对各回归模型的回归质量进行评估和比较。

(4) 定量评估、比较、解释岭回归和 LASSO 回归。

二、 背景知识

3.4 节谈到,LASSO 回归既可以通过梯度下降求解,也可以采用坐标下降方法近似求解。这里简单介绍下坐标下降方法。如图 9.1 所示,为了找到最小值点,可以一次只沿着一个坐标方向(如图中的 x_1 或 x_2)前进,这样形成一系列的下降方向(如图中箭头所示),最终逼近最小值点。

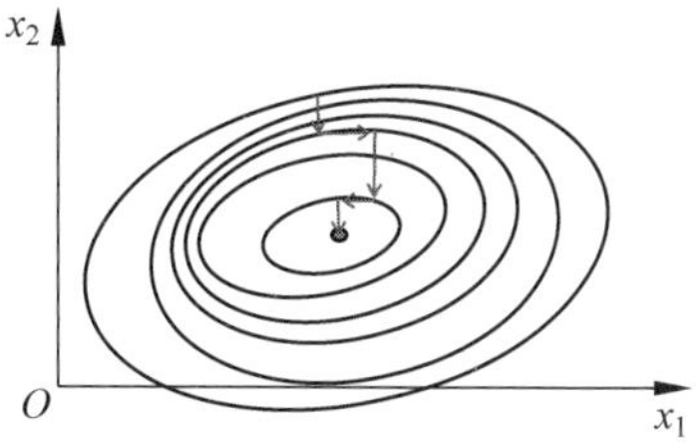

图 9.1 坐标下降方法

三、 实验步骤与要求

(1) 获取鲍鱼数据集:Abalone-UCI Machine Learning Repository。

(2) 描述鲍鱼数据集的样本数量、特征数量、每个特征的具体意义、特征的统计量、类别分布情况等。

(3) 采用第 3 章介绍和实现的线性回归模型(基本线性回归、局部加权线性回归、岭回归)对鲍鱼年龄进行拟合和预测。

(4) 针对鲍鱼数据集,用皮尔逊相关系数、MAE、MSE 三个定量评估指标,对各回归模型的回归质量进行评估和比较。

(5) 完成 LASSO 回归的代码实现(采用坐标下降方法求解),并在简单数据集和鲍鱼数据集上进行实际验证。

(6) 在简单数据集和鲍鱼数据集上定量评估、比较、解释岭回归和 LASSO 回归。

四、 实验习题

(1) 采用梯度下降求解 LASSO 回归,并从收敛速度、解的质量两方面与坐标下降方法进行比较。

(2) 在乐高数据集上完成乐高玩具套装现售价格预测,并对各线性回归模型进行定量评估、比较。

说明:乐高数据集有 63 条数据,每条数据由"生产年、构件数、是否全新、原价、现售价"5 项构成。

(3) 第 3 章所讲的线性回归模型的"线性"是针对权重向量 $\boldsymbol{w}$ 而言的,而非特征向量 $\boldsymbol{x}$。因此 $f(\boldsymbol{x};\boldsymbol{w})$可以是关于 $\boldsymbol{x}$ 的多项式,这样将有助于解决 $\boldsymbol{x}$ 仅为 1 次而存在的欠拟合问题。请编码实现关于 $\boldsymbol{x}$ 的多项式回归,并在实际数据集上进行验证和比较。

9.7 PCA 与数据压缩

一、 实验目的

(1) 理解和掌握 4.2 节 PCA 的原理和代码实现,并完成简单数据集上的验证。

(2) 编写代码,完成 Mnist 数据集上的数据压缩实验。

二、 背景知识

基于 4.2 节的讨论,可以基于特征值谱(即所有特征值的取值)定义一个贡献度:

$$\alpha=\frac{\sum_{j=1}^{K}\lambda_j}{\sum_{j=1}^{F}\lambda_j}$$

很明显，该值衡量了将数据从 F 维降到 K 维后，降维数据对原始数据的保真度。一般至少要求 $\alpha>0.85$。

三、 实验步骤与要求

（1）准备好 Mnist 数据集。

（2）随机选用 1000 幅 Mnist 中的数字 3，计算出其均值，并将其可视化出来。

（3）调用 4.2 节的 pca()函数完成这 1000 个数据样本的降维（K 分别取 1、10、50、250、400、600、784）。

（4）将对应 4 个最大特征值的特征向量分别可视化出来，与均值图像放在一起，进行比较和分析。进一步从原理上给出解释。

（5）利用实验步骤（3）中的降维结果，将某一个样本重构出来，并将其可视化。分析 K 从小到大取值时，样本重构的质量如何变化，以及为什么这样变化。

（6）按照从大到小，用曲线将特征值谱可视化出来。对可视化结果给出解释。

（7）按照从大到小，用曲线将均方误差 J 随 K 变化的情况可视化出来。对可视化结果给出解释。

（8）按照贡献度 $\alpha>0.85$ 的要求，计算 K 的最小取值。

四、 实验习题

（1）给出 Mnist 数据样本的 F 值。

（2）计算实验步骤（5）中重构的样本相对于原样本的压缩率。

9.8 PCA 与数据预处理

一、 实验目的

（1）理解和掌握用 PCA 进行数据预处理的原理和要达成的目标。

（2）编写代码，完成 2 维简单数据集上的数据预处理。

二、 背景知识

PCA 的另一个更加广泛的应用是数据预处理。其目标不是降维，而是对输入的原始数据进行变换，以达到对其一些特性进行标准化的目的（如常见的 0 均值标准化）。典型的情况是，原始数据可能采用了不同的度量单位或者具有很不同的变化范围，这时数据预处理就是后续处理算法成败的关键所在。PCA 能够将数据预处理为 0 均值、单位协方差，从而去掉变量之间的（线性）相关性。

将式（4.5）写为矩阵形式

$$\boldsymbol{SU}=\boldsymbol{UL} \tag{9.1}$$

其中，$\boldsymbol{L}$ 是一个 $F\times F$ 的主对角阵，主对角线上的元素为特征值 λ_j；$\boldsymbol{U}$ 是由列向量$\{\boldsymbol{u}_j\}$组成的正交阵（注意正交阵的列向量是标准正交向量）。将每个数据点 $\boldsymbol{x}_i$ 的变换值定义为

$$\boldsymbol{y}_i=\boldsymbol{L}^{-\frac{1}{2}}\boldsymbol{U}^{\mathrm{T}}(\boldsymbol{x}_i-\bar{\boldsymbol{x}}) \tag{9.2}$$

显然$\{\boldsymbol{y}_i\}$具有 0 均值，且其协方差矩阵为单位阵：

$$\frac{1}{N}\sum_{i=1}^{N}\boldsymbol{y}_i\boldsymbol{y}_i^{\mathrm{T}}=\frac{1}{N}\sum_{i=1}^{N}\boldsymbol{L}^{-\frac{1}{2}}\boldsymbol{U}^{\mathrm{T}}(\boldsymbol{x}_i-\bar{\boldsymbol{x}})(\boldsymbol{x}_i-\bar{\boldsymbol{x}})^{\mathrm{T}}\boldsymbol{U}\boldsymbol{L}^{-\frac{1}{2}}=\boldsymbol{I} \tag{9.3}$$

PCA 对数据的这种预处理常被称为白化（Whitening）或球化（Sphering）。图 9.2 给出了一个例子，图 9.2(a)为 2 维原始数据，图 9.2(b)为对每个变量（维度）单独标准化为 0 均值、单

位方差，图 9.2(c)是最终的白化结果。注意：2 维原始数据的两个维度的取值范围差异很大，且两个维度线性相关；图 9.2(b)中虽每个变量单独都为 0 均值单位方差，但两个变量的线性相关性仍然存在；而白化后的数据具有相同的 0 均值、单位协方差，不再线性相关。

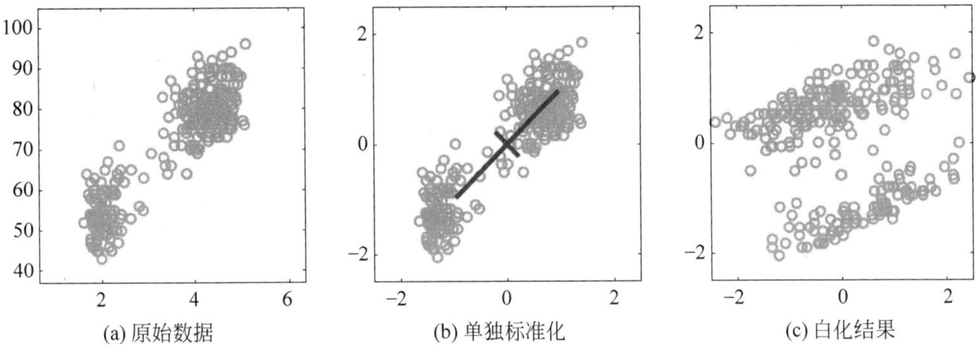

图 9.2 PCA 对数据的预处理

三、 实验步骤与要求

(1) 用 NumPy 的 random.standard_normal()函数生成 2 维简单数据集。

(2) 编写代码，完成 2 维简单数据集上的数据白化。

(3) 类似图 9.2，将原始数据、单独标准化数据、白化数据分别可视化出来，并进行对比和分析解释。

(4) 采用 NumPy 的协方差函数 cov()和相关系数函数 corrcoef()分别计算原始数据、单独标准化数据和白化数据的协方差与相关系数，证实你在实验步骤(3)中所给出的分析解释。

四、 实验习题

请补充完整式(9.3)的证明。

9.9 PCA 与特征脸

一、 实验目的

(1) 理解和掌握用 PCA 进行人脸识别的原理和方法。

(2) 编写代码，实现基于特征脸的人脸识别，并在实际数据集上进行验证。

二、 背景知识

PCA 可以应用到人脸识别上，这也几乎是人脸识别领域的第一个具有里程碑意义的工作——特征脸(Eigenface)。

设 $\boldsymbol{x}_i(i=1,2,\cdots,N)$为 N 个用于训练的人脸图像，这些人脸图像分属 M 个不同的人。首先，对数据矩阵计算得到协方差矩阵 $\boldsymbol{S}$。然后求解特征值问题，得到对应 K 个最大特征值的特征向量$\{\boldsymbol{u}_j\}$，这些特征向量就是所谓的特征脸(Eigenface)，可以将其以图像方式可视化出来，如图 9.3 所示。

接下来将所有训练样本 $\boldsymbol{x}_i(i=1,2,\cdots,N)$逐个投影到由$\{\boldsymbol{u}_j\}$定义的主子空间，并记录其各自的 K 维投影系数值(参见式(4.14))，也就是说，每个训练样本由一个 K 维向量表达。然后将待测试样本 $\boldsymbol{x}_t$ 以同样方式投影到这个主子空间，得到一个 K 维向量。最终的识别过程就是在所有训练样本(分属 M 个不同的人)的 K 维向量中去搜索测试样本 K 维向量的 K 最近邻(KNN)。

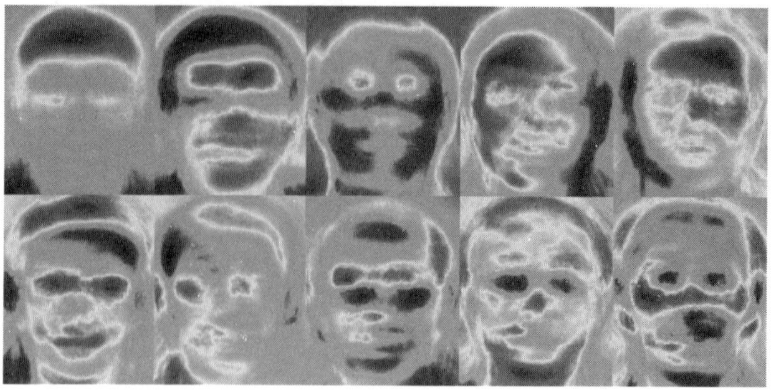

图 9.3 特征脸(Eigenface)

正如 2.1 节已经介绍的,K 最近邻(KNN)算法是经典的统计机器学习算法,它需要定义一个距离或相似性度量,如常用的余弦相似度(参见式(2.3))。如果取 $k=1$,则将搜索到的最相似的那个训练样本的身份作为测试样本的身份,从而完成人脸识别。当然,还可以基于重构误差的思路(如 4.2.2 节推导过程用到的 MSE)来完成人脸识别:将训练样本和测试样本都用 $\{\boldsymbol{u}_j\}$ 进行重构(同样参见式(4.14)),然后在重构的训练样本中去搜索与重构的测试样本 MSE 最小的那一个,并将其身份作为测试样本的身份,从而完成人脸识别。

三、实验步骤与要求

(1) 熟悉 ATT 人脸数据集,给出其样本总数、类别数、分辨率、通道数。

(2) 编写代码,在 ATT 人脸数据集上完成基于特征脸的人脸识别。定量分析识别结果。

(3) 类似图 9.3,将特征脸和基于不同特征脸数的重构结果分别可视化出来,并进行对比和分析解释。

四、实验习题

(1) 观察特征脸的可视化结果,回答如下问题。

① 特征脸捕捉了哪些人脸信息?这些信息对于识别都有帮助吗?

② 从原理层面分析解释特征脸所捕捉的信息。

(2) 基于特征脸的人脸识别效果如何?请思考如何进一步提升识别性能,并在 ATT 人脸数据集上进行实际验证。

(3) 查阅 LDA(Linear Discriminant Analysis,线性判别分析)与 Fisherface 相关资料,将其与特征脸进行原理和方法层面的比较分析,并在 ATT 人脸数据集上进行实际验证。

(4) 尝试针对一般的三通道 RGB 彩色图像,应用特征脸进行人脸识别。

9.10 奇异值分解与餐馆菜肴推荐

一、实验目的

(1) 理解和掌握 4.3.4 节中奇异值分解(SVD)模型的代码实现。

(2) 运用 SVD 模型完成一个实际任务:餐馆菜肴推荐系统的实现。

二、实验步骤与要求

(1) 获取“餐馆菜品推荐数据集”(见下面的矩阵:一行为一个用户,一列为一个菜品),给出该数据集的基本描述,包括样本数、样本特征数、每个特征的含义、是否存在缺失值。

```
[0, 0, 0, 0, 0, 4, 0, 0, 0, 0, 5],
[0, 0, 0, 3, 0, 4, 0, 0, 0, 0, 3],
[0, 0, 0, 0, 4, 0, 0, 1, 0, 4, 0],
[3, 3, 4, 0, 0, 0, 0, 2, 2, 0, 0],
[5, 4, 5, 0, 0, 0, 0, 5, 5, 0, 0],
[0, 0, 0, 0, 5, 0, 1, 0, 0, 5, 0],
[4, 3, 4, 0, 0, 0, 0, 5, 5, 0, 1],
[0, 0, 0, 4, 0, 4, 0, 0, 0, 0, 4],
[0, 0, 0, 2, 0, 2, 5, 0, 0, 1, 2],
[0, 0, 0, 0, 5, 0, 0, 0, 0, 4, 0],
[1, 0, 0, 0, 0, 0, 0, 1, 2, 0, 0]
```

(2) 编写代码,实现基于 SVD 的餐馆菜肴推荐算法,分析所得结果。具体流程为:给定一个用户,推荐系统会为此用户返回 N 个最好的推荐菜品。

① 寻找用户没有评级的菜肴,即"用户-菜品"矩阵中的 0 值。

② 在用户没有评级的所有菜品中,对每一个菜品预计一个可能的评级分数。

③ 对菜品评分从高到低进行排序,返回前 N 个值。

(3) 改变相似度度量方法,对比并分析菜肴推荐结果的差异。

(4) 对比并分析应用 SVD 分解和不做 SVD 分解的菜肴推荐结果的差异。

三、实验习题

(1) 4.3.4 节中函数 svdEst()的第 4 行代码"Sig4=mat(eye(4) * Sigma[:4])"为何要将奇异值转换为对角矩阵?

(2) 4.3.4 节中函数 svdEst()的第 5 行代码"xformedItems=dataMat.T * U[:,:4] * Sig4.I"对应的数学公式是什么?这句代码对数据起到怎样的变换作用?

(3) 4.3.4 节中函数 svdEst()的第 6 行代码"for j in range(n):"是对菜品还是对用户的遍历?

(4) 4.3.4 节中函数 svdEst()的返回值为"ratSimTotal/simTotal","ratSimTotal"和"simTotal"分别指什么?对相似度进行了怎样的处理?这样做的好处是什么?

(5) 4.3.4 节中函数 ecludSim()、pearsSim()、cosSim()为三种不同的相似度计算方法,分别对应欧氏距离法、皮尔逊相关系数法、余弦相似度法。简述这三种相似度度量方法的含义及对应的数学公式。

(6) 4.3.4 节中函数 recommend()实现了怎样的功能?函数的返回值是什么?

(7) 4.3.4 节中函数 recommend()的第一行代码"unratedItems = nonzero(dataMat[user,:].A==0)[1]"实现了怎样的功能?

9.11 K-means 聚类与地理坐标聚类

一、实验目的

(1) 理解和掌握 5.6 节中 K-means 聚类模型的代码实现。

(2) 运用实现的二分 K-means 聚类模型完成一个实际任务:对地图上的点进行聚类。具体任务如下。

假如有这样一种情况:你的朋友 Drew 希望你带他去城里庆祝他的生日。由于其他一些朋友也会过来,所以需要你提供一个大家都可行的计划。Drew 给了你一些他希望去的地址。这个地址列表很长,有 70 个位置。这个列表保存在文件 portland-Clubs.txt 中,这些地址都在俄勒冈州的波特兰地区。

也就是说，一晚上要去70个地方！这就需要一个将这些地方进行聚类的最佳策略，这样可以安排交通工具抵达这些簇的质心，然后步行到每个簇内地址。地址列表中虽然给出了地址，但没有给出地址之间的距离信息。因此首先需要得到每个地址的纬度和经度，然后将这些地址进行聚类以安排行程。

二、实验步骤与要求

(1) 收集数据：获取“地理坐标聚类数据集”。

(2) 准备数据：只保留经纬度信息。

(3) 分析数据：使用Matplotlib构建一个二维数据图，其中包含簇与地图。

(4) 训练算法：训练不适用于无监督学习。

(5) 测试算法：使用5.6.2节中的biKmeans()函数。

(6) 使用算法：输出包含簇及簇中心的地图。

(7) 将聚类结果进行良好的可视化。

(8) 调整簇数目k、聚类方式(K-means算法或二分K-means算法)、距离计算方式等，对比并分析所得结果。

三、实验习题

(1) 5.6.1节中函数kMeans()中矩阵clusterAssment的维度是什么？其第1列和第2列分别是什么含义？

(2) 分析5.6.1节中函数kMeans()的代码“clusterAssment[i,:]=minIndex,minDist ** 2”对应的数学公式。

(3) 5.6.1节中函数kMeans()的标志位clusterChanged的功能是什么？

(4) 5.6.2节中函数biKmeans()的代码“centroid0=mean(dataSet,axis=0).tolist()[0]”的作用是什么？

(5) 5.6.2节中函数biKmeans()的代码“while(len(centList)<k):”表示的循环的终止条件是什么？

(6) 5.6.2节中函数biKmeans()的代码“ptsInCurrCluster=dataSet[nonzero(clusterAssment[:,0].A==i)[0],:]”的作用是什么？ptsInCurrCluster表示什么含义？

(7) 5.6.2节中函数biKmeans()中矩阵splitClustAss的维度是什么？

(8) 5.6.2节中函数biKmeans()的代码“bestClustAss[nonzero(bestClustAss[:,0].A==1)[0],0]=len(centList)”和“bestClustAss[nonzero(bestClustAss[:,0].A==0)[0],0]=bestCentToSplit”分别实现了什么功能？

(9) 5.6.2节中函数biKmeans()中矩阵centroidMat的含义是什么？其维度是多少？

(10) 5.6.2节中函数biKmeans()的代码“clusterAssment[nonzero(clusterAssment[:,0].A==bestCentToSplit)[0],:]=bestClustAss”是如何实现样本簇分配结果的更新的？

9.12 朴素贝叶斯与文本分类

一、实验目的

(1) 理解和掌握第6章“朴素贝叶斯分类器”的原理和代码实现，并完成情绪分类和垃圾邮件过滤两个任务上的验证。

（2）修改代码，尝试在词集里增加一个“未出现词”这个词，并在情绪分类和垃圾邮件过滤两个任务上进行验证。

（3）编写代码，完成第6章习题11给出的西瓜数据集上的西瓜分类实验。

二、实验步骤与要求

（1）编写代码，实现第6章“朴素贝叶斯分类器”，并完成情绪分类和垃圾邮件过滤两个任务上的验证。

（2）修改代码，在垃圾邮件过滤任务上定量比较“词集”和“词袋”的表现，并对比较结果进行分析和解释。

（3）修改代码，尝试在词集里增加一个“未出现词”这个词，并在情绪分类和垃圾邮件过滤两个任务上进行验证。对验证结果进行分析和解释。

（4）编写代码，完成第6章习题11给出的西瓜数据集上的西瓜分类实验。比较此实验与情绪分类和垃圾邮件过滤两个任务的异同点，以及代码实现上的异同点。

三、实验习题

（1）将朴素贝叶斯分类器应用到中文或中英混合垃圾邮件过滤任务上。

（2）在大规模邮件数据上应用朴素贝叶斯分类器，完成垃圾邮件过滤任务。

（3）用于文本分类的“词集”或“词袋”是 n 元词模型的特殊情况，即取 $n=1$ 的1元词模型。请查阅 n 元词模型的相关资料，分析1元词模型的局限性，并思考如何将一般的 n 元词模型应用到文本分类任务上。

（4）第6章用词向量来表示一个句子，其维度就是不同词的总个数。你认为这种表示方法存在什么问题？可以如何进行改进？

附录　kNN的最大后验概率解释

首先，用一维高斯混合分布（由两个一维高斯分布混合而成）生成 50 个数据点，然后用直方图统计的方法估计这 50 个点的概率分布。所谓直方图统计，其实就是将自变量（横轴）的值划分成若干等宽的区间（记为 Δ），然后统计落到每个区间的数据点数，以此估计这些数据的概率分布。图 A.1 给出了 Δ 取不同值时的直方图统计。

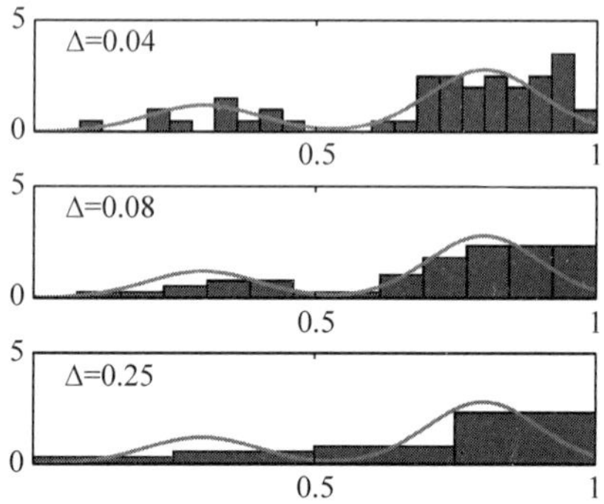

图 A.1　Δ 取不同值时的直方图统计

假设总共有 N 个数据点，其中第 i 个区间里落入 n_i 个数据点，则基于直方图统计可以得到第 i 个区间的概率密度为

$$p_i = \frac{n_i}{N\Delta} \tag{A.1}$$

其中，n_i 除以 N 是为了得到概率值，再除以 Δ 就可以得到概率密度值，因此很容易验证 $\sum p_i \Delta = 1$。

假设有 N 个数据点的训练集包含多个“类别”，用 N_i 表示 C_i 类数据点的个数。为了对新的数据点 x 进行分类，以其为中心取一个恰好包含 K 个数据点的区间 Δ'，则由公式（A.1）得到 x 为类别 C_i 的概率密度为

$$p(x \mid C_i) = \frac{K_i}{N_i \Delta'} \tag{A.2}$$

其中，K_i 为区间 Δ' 内 C_i 类数据点的个数。类似地，由公式（A.1）可以得到 x 的概率密度为

$$p(x) = \frac{K}{N\Delta'} \tag{A.3}$$

且 C_i 类的先验概率为

$$p(C_i) = \frac{N_i}{N} \tag{A.4}$$

则用贝叶斯公式将式（A.2）、式（A.3）和式（A.4）合并，得到 x 为 C_i 类的后验概率（即对 x 的分类）为

$$p(C_i \mid x) = \frac{p(x \mid C_i)p(C_i)}{p(x)} = \frac{K_i}{K} \tag{A.5}$$

由公式（A.5）可见，使得 x 的后验概率最大的 C_i 类，就是 K 个近邻点中数据点最多的那一类。其实，这就是采用投票表决（少数服从多数）的理论依据。

另外，为了便于理解，这里考虑的是数据为 1 维的情况，更高维的情况推导过程也是类似的。

参考文献

[1] CHRISTOPHER B. Pattern Recognition and Machine Learning[M]. Berlin：Springer，2006.

[2] 周志华. 机器学习[M]. 北京：清华大学出版社，2016.

[3] 李航. 统计学习方法[M]. 2 版. 北京：清华大学出版社，2019.

[4] PETER H. 机器学习实战[M]. 李锐，李鹏，曲亚东，等译. 北京：人民邮电出版社，2013.

[5] STUART R，PETER N. 人工智能：现代方法[M]. 张博雅，陈坤，田超，等译. 4 版. 北京：人民邮电出版社，2023.

[6] TREVOR H，ROBERT T，JEROME F. The Elements of Statistical Learning[M]. 2th ed. Berlin：Springer，2008.

[7] 谢文睿，秦州. 机器学习公式详解[M]. 北京：人民邮电出版社，2021.

[8] IAN G，YOSHUA B，AARON C. Deep Learning[M]. Cambridge：MIT Press，2016.

[9] 邱锡鹏. 神经网络与深度学习[M]. 北京：机械工业出版社，2021.

[10] RAFAEL C G，RICHARD E W. Digital Image Processing[M]. 4th ed. London：Pearson，2018.

图书资源支持

感谢您一直以来对清华版图书的支持和爱护。为了配合本书的使用，本书提供配套的资源，有需求的读者请扫描下方的"书圈"微信公众号二维码，在图书专区下载，也可以拨打电话或发送电子邮件咨询。

如果您在使用本书的过程中遇到了什么问题，或者有相关图书出版计划，也请您发邮件告诉我们，以便我们更好地为您服务。

我们的联系方式：

清华大学出版社计算机与信息分社网站：https://www.shuimushuhui.com/

地　　址：北京市海淀区双清路学研大厦 A 座 714

邮　　编：100084

电　　话：010-83470236　010-83470237

客服邮箱：2301891038@qq.com

QQ：2301891038（请写明您的单位和姓名）

资源下载：关注公众号"书圈"下载配套资源。

资源下载、样书申请

书圈

图书案例

清华计算机学堂

观看课程直播